U0149431

本书作者

张天星，女，河北承德人。南京林业大学家具设计与工程专业博士，五邑大学艺术设计学院教师，中国文物学会文物修复专业委员会会员。发表论文 30 余篇。主要研究方向为中国艺术家具造物与设计理念、中国古代大漆家具修复。研究内容涉及理论、实践与科学实验三部分：在理论方面，提出中国古代艺术家具、中国近现代艺术家具与中国当代艺术家具造物理论体系与古代造物对当代设计的启示；在实践方面，参与古代传世大漆表面损伤装饰的修复工作；在科学实验方面，通过对比测试，挖掘中国艺术家具在结构、用料与艺术方面的独特性。

中国艺术家具研究系列｜张天星主编

中国艺术家具概论

Introduction of Chinese Art Furniture

张天星　著

东南大学出版社
SOUTHEAST UNIVERSITY PRESS
南京·2021

内容提要

本书的研究对象是手工艺家具,涉及中国古代艺术家具、中国近代艺术家具与中国当代艺术家具三类,具体包括简述、分类、风格与流派、工艺、设计与启示六方面内容。通过探析研究,本书可为相关学习者、从业者与研究者在解读中国传统家具方面提供可借鉴的方向与启示:第一,手工艺在中国家具文化传承中的角色与地位;第二,经典中国传统家具(中国古代艺术家具)之于当代中式家具设计(以中国当代艺术家具为代表)的意义与价值;第三,中国当代艺术家具设计的核心理论体系。

本书适合高等院校工业设计、产品设计、家具设计与制造专业的师生,以及从事传统家具制作、现代家具设计以及古家具修复与保护等相关人员参考或阅读。

图书在版编目(CIP)数据

中国艺术家具概论/张天星著. —南京:东南大
学出版社,2021.4
(中国艺术家具研究系列/张天星主编)
ISBN 978-7-5641-9372-0

Ⅰ. ①中… Ⅱ. ①张… Ⅲ. ①家具-设计-研究-中
国 Ⅳ. ①TS664.01

中国版本图书馆 CIP 数据核字(2020)第 265265 号

责任编辑:徐步政 孙惠玉 责任校对:张万莹
封面设计:王 玥 责任印制:周荣虎

中国艺术家具概论
Zhongguo Yishu Jiaju Gailun

著 者:张天星
出版发行:东南大学出版社
社 址:南京市四牌楼 2 号 邮编:210096 电话:025-83793330
网 址:http://www.seupress.com
经 销:全国各地新华书店
排 版:南京布克文化发展有限公司
印 刷:南京凯德印刷有限公司
开 本:787 mm×1092 mm 1/16
印 张:19.75
字 数:422 千
版 次:2021 年 4 月第 1 版
印 次:2021 年 4 月第 1 次印刷
书 号:ISBN 978-7-5641-9372-0
定 价:69.00 元

本社图书若有印装质量问题,请直接与营销部调换。电话(传真):025-83791830

总序

中国艺术家具隶属中国传统家具，内含双重因素，即过时性因素与启示性因素。其中，过时性因素是适合所在时代发展"形式化表现"；启示性因素则截然相殊，是具有同根性与传承性的"进步性理念"。中国艺术家具包含中国古代艺术家具、中国近代艺术家具与中国当代艺术家具三类，三者同为艺术家具范畴，必然存在一种内在的联系性。中国古代艺术家具、中国近代艺术家具与中国当代艺术家具隶属不同阶段的家具形式，三者在"形式表现"方面因审美倾向的不同而有所差异。笔者认为，除了"形式表现"方面，还有"造物理念"方面。"造物理念"是文化同根性与文化传承性的关键，正是它的存在才使得中国古代艺术家具、中国近代艺术家具与中国当代艺术家具三者产生内在联系。造物理念作为中国艺术家具中具有进步性与启发性的内容，内含体系性。

当前，中国传统文化复兴趋势不减，家具作为文化的载体之一，势必融入复兴的热潮。通过长期的跟踪关注式调研，基于传统文化的家具形式有二，即基于"手工经验"的家具形式与基于"工业化"的家具形式，前者产生在传统家具行业，后者则植根于现代家具行业。两个行业的传承方式有所差异，前者以"改良"与"嫁接"的手段进行传承，后者则以"贴元素"的方式实现传承。经过长期的市场检验，两种设计模式存在一个共同问题，即借助"效率型"的实践活动方式进行着量化复制，最终走向家具设计同质化的深渊。"效率型"实践活动方式包含手工劳动与机械生产，传统家具行业借助手工劳动的方式延续着造物经验，现代家具则借助机械生产实现着工业设计理论，前者隶属"低效率型"实践活动方式，可为"高效率型"实践活动方式替代；后者隶属"高效率型"实践活动方式，可被"更高效率型"实践活动方式替代。"效率型"实践活动方式的特点在于借助"规律"实现"量化"，以达到普及设计文化的目的。但对于传统文化的发展与传承而言，由于生活方式的演变，仅仅借助"规律的总结"进行传统文化的传承显然不是良策妙法。

通过上述对传统家具文化发展与传承背景的简述，笔者对如下问题进行思考：第一，传统造物理念中的启示性内容；第二，在传统家具的范畴中实践活动方式存在的类别；第三，在传统文化发展与传承中不同实践活动方式的角色与地位；第四，传统造物理念中具有启示性的内容与实践活动方式的关联性；第五，中国传统家具造物理念内含的体系性内容。

现象引起反思，反思促成中国艺术家具研究丛书的形成。本套丛书的初步研究范畴涉及如下方面：第一，从分类、风格、流派、工艺及设计等方面,对中国古代艺术家具、中国近代艺术家具与中国当代艺术家具进行系统研究。第二,以术语解读为对象,采用"横纵向交叉"的方式进行解读研究:在纵向解读术语方面,其以中国艺术家具的发展与传承为目的;在横向解读术语方面,以中国艺术家具的具体实践为目的。第三,从"创新型"实践活动方式的角度提出中国当代艺术家具方法论的探索方向。

研究具有辩证性,由于研究者的学科背景不同,对同一问题的研究,会出现"多样化"倾向,对于传统家具的发展与传承,有人崇尚技术美学,有人信奉手工经验,有人立足形而上,有人专攻形而下。本套丛书立足手工艺角度,挖掘中艺术家具中的启示性内容,以此为基础,为中国当代艺术家具的设计提出合理的传承方向。

张天星

　　时间的脚步无人能够阻挡，现代与传统的碰撞亦无人可以逃避，中国传统家具作为碰撞中的实体，必然是矛盾产生与分歧产生的载体，有人坚守着传统理念，制作着传统家具；有人背离了初心，站到了工业设计的阵营。时间是一切变化的见证者，历经无数的春秋，中国家具已然进入混乱阶段，呈现出一幅诸侯争霸与列国割据之势，有人想以"高仿"占据高地，有人借"改良"树立新标，还有人力争"创新"以夺人眼球，混乱是反思的开始，是抛弃传统另起炉灶，还是在"继"与"承"中发扬光大？若抛弃传统，就等于重新开始，需要以"技术"来跟上工业化发展的脚步，但我国并不是工业革命的发起者。若是站在前人的肩膀上与时俱进，还可再续"核心文化"的影响作用，显然第二种假设更为可行。

　　回首曩日，"东风西渐"，中国文化与艺术傲然屹立于世界艺术之林，家具隶属于其承载者，自然会分享这昔日的辉煌与成就。瞩目今日，"西风东渐"，我国的家具文化已大不如从前，也许是因为西方现代家具设计理论的介入，也许是因为"工艺美术"被调整为"艺术设计"，总之，中国的现代家具设计难以与古时相提并论，秉着重塑"核心文化"的初衷，笔者对中国艺术家具进行较为深入的研究。

　　中国艺术家具既包括传统的中国艺术家具，也包括中国当代艺术家具。笔者对其进行研究，目的如下：第一，引起人们对实践活动方式的关注。实践活动方式包括"效率型"实践活动方式与"创造型"实践活动方式，实践活动方式与工具紧密相连。"效率型"实践活动方式包括手工劳动与机械生产，两者所涉及的工具具有标准性的特征。"创造型"实践活动方式意指手工艺，与之相关的工具具有灵活性的特征。标准性的工具是量化的保证，灵活性的工具则是实现本质性创新的关键。第二，提出设计文化的两重性，即"引导型"的设计文化与"普及型"的设计文化。"引导型"的设计文化是"创造型"实践活动方式的产物，"普及型"的设计文化是"效率型"实践活动方式的结果。第三，找寻合适的文化传承方式。"引导型"文化适合以"找寻思想"为途径实现文化的"引导性传承"，"普及型"文化适合以"找寻规律"为方式实现文化的"普及性传承"。第四，关注设计生命周期的重要性。在家具设计的生命周期中，离不开"创造型"实践活动方式与"效率型"实践活动方式的共同作用，前者可缓解家具产品同质化的现象（因规律的定型所致），后者则可借助追风的形式实现新特色的普及。第五，构建"中国的家具"（非"在中国的家具"）的理论体系。理论体系是树立特色的关键，在对中国艺术家具进行研究时，审美观、设计方法论与设计方法是本研究的重点内容。在审美观方面,立足"工艺"角度,提出中国艺术家具的审美观,而非立足哲学角度。在设计方法论方面,针对中国当代艺术家具而言,笔者提出的"知行学"为中国当代艺术家具的设计方法论,与"事理学"具有本质之别。在设计方法方面,笔者提出加减乘除法、有根·多元法以及多材·跨界法三种设计方法,三者均与设计目的相辅相成。

设计是一种在借鉴中创新的行为模式,中国传统家具作为其中之一,其必会成为设计"再利用"的对象,但在此过程中,"固化"现象尤为明显,即"手工固化"与"理念固化",之于前者表现在传统家具行业,众多匠师借助经验(非手工艺)继续着手工劳动;之于后者表现在现代家具设计行业与高校的家具专业,两者均立足"技术美学"实现传统的与时俱进。现状是原因的外在呈现,笔者将原因总结为如下四点:第一,认知的片面性,其表现在于将明清家具等同于中国传统家具;第二,手工劳动与手工艺的混淆,其表现在于缺失对匠人层面(工匠、艺匠与哲匠)的差异化意识;第三,误解文化传承的本质,其表现在于形式的固守;第四,缺失造物理念的体系性解读。

中国艺术家具作为"中国的家具"(非"在中国的家具"),其借助具有创造性的实践活动实现了文化的传承。通过本书的研究,望对目前的当代中式家具设计有所助益:第一,通过对中国古代艺术家具与中国近现代艺术家具的解读,为当代中式家具设计提供反思的内容,诸如对实践活动方式的反思、对文化角色的反思、对文化传承本质的反思。第二,通过对中国当代艺术家具设计的研究,为当代中式家具设计提供较为系统的理论体系。审美观的明晰与否,解决了当代中式家具设计立足点合理与否的问题。设计方法论的探究,打破了仅借助"规律"进行设计的固化模式。设计方法的提出,纠正了当代中式家具设计方法脱离设计目的的错误行为。

一部著作的形成是多方协作互助的结晶,感谢传统家具行业前辈的知无不言;感谢院校师长们的宝贵建议;感谢广东省新中式家具设计工程技术研究中心与广东省高校中华优秀传承文化基地(广式家具)的支持;感谢2019年度五邑大学校级本科教学质量与教学改革工程招标项目(JX2019075)、广东省一流课程和课程思政项目(中式家具设计)、广东省一流本科专业建设项目(环境设计)、广东省课程思政教学团队项目(侨乡特色文化设计)等的赞助与支持。

张天星

目录

1 中国艺术家具的简述

　　艺术并非遥不可及，也需融入生活，走进大众。家具是艺术的载体之一，也是文化的象征，所以家具也需艺术化。艺术与家具的结合，使得设计与工艺密不可分。艺术脱离家具，将无法传承，家具脱离艺术，将失去文化性，故艺术家具是时代的产物、文化的沉淀。

　　中国艺术家具之字眼似乎比较陌生，到底什么是中国艺术家具？其是怎么样形成的？我们该如何使其永不落幕？在以下所述之内容的字里行间，可以找到所有问题的答案。

1.1　"中国艺术家具"一词的产生与发展

　　艺术家具既然是时代的产物，便不存在时间的限制。古时有艺术家具，现代也不例外。也许你会认为此处的艺术家具是毫无使用价值的装饰品，也许你会认为笔者所提之艺术家具类似于"唯美运动"下诞生的"艺术家具"，然而，这里的中国艺术家具不属于前者，更与后者全然不同，其是"工艺设计"运动下的产物。

　　约翰·C. 富古森于 1940 年在其《中国艺术研究》一书中，将中国的传统家具称为"艺术家具"，尽管其所指范畴仅为"明式家具"，但足以证明中国文化在他国人眼中的分量。但是这一提法在当时并未被采纳。直到 1998 年，"艺术家具"之称号才得以崭露头角，上海第一个以红木家具为代表的"艺术家具"市场（红木馆）的成立，标志着"艺术家具"称号开始萌芽；2006 年中国工艺美术学会工艺设计分会在上海《解放日报》开设"艺术家具"专版，拉近了时尚与技术、艺术与学术之间的距离；2007 年，《新民晚报》的"艺术家具"专版和"中国红木艺术家具网"的相继成立，涉及的内容颇为广泛，如设计与工艺、风格与流派、木鉴、市场分析等，为艺术家具的发展奠定了坚实的基础，并推动其进入形成与发展期；2008 年，首届中国（上海）国际红木艺术家具展的举办以及《艺术家具》杂志的出版，使得"艺术家具"步入了成熟阶段。

任何事物的发展都需历经萌芽、形成与发展以及成熟期，中国艺术家具也不例外，日渐成熟的"艺术家具"的称号越来越深入人心，被颇多的媒体以及家具企业所采用。

本书所提之艺术家具既包括中国古代艺术家具，也包含中国近现代艺术家具，还不排除中国当代之艺术家具。中国古代艺术家具是承载古时文化与艺术的载体，涉及青铜、漆器、陶瓷、木质、竹藤、玉石、金银等多种形式，可谓是后来者研读与借鉴的来源之一；近现代艺术家具作为文化融合的产物之一，其影响力虽难以与古代艺术家具相提并论，但近现代艺术家具却也是不同文化在邂逅之时的一种诠释与应对，诠释在于以"中国之法"予以表现"异国之元素"，而应对则在于设计的"对路性"；中国当代艺术家具作为当下中国设计的代表之一，不仅要重拾"国风西渐"的辉煌，更要塑造当今中国设计的典范之作，故在风格方面，中国当代艺术家具涉及新古典、新海派、新中式与新东方等。

总之，中国艺术家具是不同时代之文化的产物，无论是古代艺术家具，还是近现代艺术家具，抑或是当代艺术家具，均是艺术家具在不同时代的文化诠释与艺术表现。

1.2 中国艺术家具的定义

对于中国艺术家具的理解，可谓是仁者见仁、智者见智，有人认为艺术家具应该偏重艺术性，有人则认为应侧重于工艺性，之所以说法不一、观点有别，是因为每个企业的立足点不同，如在传统家具行业中，匠师们较为关注家具的工艺性，认为工艺精湛，即为"艺术家具"。而现代家具企业与高校的家具专业则认为艺术性较为重要，造型抽象、设计思维不同于常人，即为"艺术家具"。从郑曙旸先生对艺术家具内涵的诠释中可见一斑，其认为艺术家具是具有使用价值、形状独特且美观的家具，但是新的矛盾又产生了，"形状独特"与"使用价值"真的可以兼容吗？我们暂且抛开上述之分歧，回到问题的原点，到底中国的家具是什么？其与"在中国的家具"有何分别？

1.2.1 "中国的家具"与"在中国的家具"

"中国的家具"与"在中国的家具"虽只有一字之别，但其内的含义却截然相反，正如"在中国的佛教"与"中国的佛教"一般[1]，前者遵守的是印度之宗教与哲学的传统，而后者则是将外来的佛学与中国的道家和儒家相互融合，使之成为中国文化的一部分。"在中国的家具"和"中国的家具"也是如此，前者是依照西方之设计原则与美学法则，而后者的引领者则是中国文化与哲学思想，即便是借鉴西方之思想，也是在中国文化与哲学的熔炉中历练过的，正如瓦格纳的"中国风"式"中国椅"与中国工匠所出之明式圈椅一样，前者虽是以明式家具为蓝本，但依然是基于"技术美学"之思想下的西方设计，故其应归属至"在中国的家具"之列。而后者则不同，其是基于"工艺美学"之思想下的中国设计[2-3]，故其隶属于"中国的家具"之范畴。

从上述所举的案例中可知，"在中国的家具"与"中国的家具"确有本质之别，无论是在未进入机械化时代的过去，还是步入工业化的今天，"中国的家具"依然需具有中国特色。中国的家具有古代、近代与现代之别，在古时，匠师们用中国的造物理念（通过对器物所实施的技术来彰显主观群体的哲学倾向）生产制作着"中国的家具"。时至近代，由于中西文化的碰撞，"中国的家具"出现了革新，但此种革新并非"彻底的改变"，而是在原有的造物理念上融入了些许西方美学，虽然匠师们将这些带有他国元素的家具冠名为"洋庄"，但其依然位列"中国的家具"之队伍。

工业化的出现代表着现代化的开始，随着机械化大生产与批量化的来临，"中国的家具"似乎出现了断裂，曾经的经典之作已成为过往云烟，伴随着"设计师"一词的出现（该词是伴随着工业设计而产生的），现代家具设计从业者似乎将全部精力都倾入"技术美学"与"工业设计"的热潮之中，津津乐道地生产着"在中国的家具"，而与现代家具行业相对应的传统企业，也未能将"工艺美学"发扬光大，只是凭借自己的实践经验与数年的积累重复着古人之作，此时的中国家具似乎已出现了止步不前之状。

随着时间的慢慢前行，人们对西方设计元素出现了疲劳之感，于是一系列的"寻根"现象开始出现，该种现象的外在表现就是大量中式现代风格的涌现，如新中式、中国风、现代中式、时尚新中式、新东方、现代东方、新古典、新苏式、新京式与新广式等，虽然这"百花齐放"之现象有些混乱无序，但足以证明相关从业者（学者、设计师、匠师等）已意识到中西文化的差异之处了。在不断的实践中，上述的探索逐渐出现了分化，即以"工艺美学"之思想为基础的"中国的家具"之形式与以"技术美学"为思想基础的"在中国的家具"之形式，由于两者的思想源头与文化基础存在本质性的差异，故前者之形式多云集于传统家具行业以及个别的现代家具行业之中，而后者之形式则多出自现代家具行业之手。

综上可知，"中国的家具"与"在中国的家具"有着本质之别。

1.2.2 工艺设计与工业设计

设计有艺术设计、工业设计与产品设计之分，到底中国艺术家具该归属哪类呢？上述这三类，均不是中国艺术家具的归宿，而其真正的归宿是"工艺设计"，也许你会疑惑，也许你会诧异，疑惑在于这个概念似曾相识，但又有些许陌生之感，而诧异在于该概念形式的抽象与难以理解。工艺设计是凭空产生的吗？是新生代概念吗？都不是，其祖先是中国工艺美学（工艺美学是 1981 年工艺美术史家田自秉先生提出的）。

工艺美学是造物的美学[4]，即美化生活用品及生活环境的美学，其倡导的是在实践操作中彰显主观群体的审美取向，故工艺美学所关注的不只是"技术"或者狭义的"工艺"，还有通过技术所呈现的精神寄托，所以其涉及的范围较"技术美学"广，既包括生活美，又不排除艺术美，还涵盖着科学美。工艺美学作为连接形而上与形而下之间的桥梁，必然离不开中国之哲学思想的渗透，位列"轴心时代"的春秋战国促进了中国主流之哲学思想的诞生，即儒家与道家，与此同时，也奠定了中国工艺美学之思想的开端，自此之后的工艺美学均是在此基础之上的融合与取舍，如汉代的深沉宏大、魏晋南北朝的秀骨清像、唐代的雍容华贵、宋代的严谨含蓄以及明代的经世致用等，均是不同形式之哲学思想透过客观存在的外在表现。

工艺设计作为工艺美学的继承者，其内必然流淌着工艺美学的血液。首先，工艺美学倡导制作过程与设计过程的高度统一，那么工艺设计必然也会将此种"工艺观"纳入其践行的范畴之中。其次，工艺美学与中国哲学密不可分，作为其后继者的工艺设计，也未曾忘记工艺美学的初衷，如知行学的提出，便是将中国哲学发扬光大的最好例证。

工业设计与工艺设计同属时代之产物，有相同点，也有不同点。相同点在于对待机械的态度，它们均顺应时代的发展，积极面对机械化时代的到来，均有"为我所用"之态。前者利用机械化，达到了批量生产的目的，而后者则以科技发展为基础，为"我"提供更广的发展空间，正如进入铁器时代的春秋战国，利用铁器制造更为先进的铁质家具制作工具（如铁斧、铁锯、铁凿、铁铲、铁刨等），使得家具无论在形制上，还是在工艺上，均出现与众不同之感。"工欲善其事，必先利其器"（图 1-1、图 1-2），中国艺术家具在古时如此，在现代亦如此，可以机械化作为媒介，利用其提高与改善艺术家具制作工具的精良度。

图 1-1　手工艺工具 1

图 1-2　手工艺工具 2

　　工艺设计与工业设计的不同点在于生产方式（即工艺过程）之上，工业设计是以"技术美学"为思想基础，利用批量化生产达到了莫里斯所倡导的"为大多数人之设计"的目的，即为"大众市场"服务；而工艺设计则是以"工艺美学"为思想基础，体现手工艺或手工艺之精神的目的。一个需依靠机械来完成，一个则可以脱离机械而单独实现，所以工业设计与工艺设计在制作过程中产生了差异化，即在模仿程度上出现了难易之分，依靠机械生产的，较易被复制，而以机械为媒介的，则难于模仿，对于工艺设计而言，难于模仿的不是形制，而是其内的神韵（形易得，而神难取）。以中国家具的"磨工"为例，无论是历经髹饰的漆木家具，还是彰显本色的硬木家具，均需历经"这三分工与七分磨"的过程，试问这出自匠人之手的"磨功"（图 1-3）与机械之"磨擦"的感觉可否同日而语？这便是机械与手工艺的差别之所在，即工艺设计与工业设计的分歧之处。

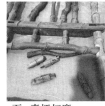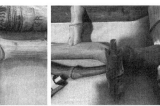

a至c 素坯打磨　　　　　　　　　　　　　　　　d 上漆打磨

图 1-3　素坯打磨与上漆打磨

　　也许曾经有人认为从工艺美术运动—新艺术—装饰艺术—现代主义

是手工艺向机械化过渡的见证，该种论点与工业化的初衷极为相符，但笔者认为其犯了穿凿附会之过，手工艺与机械化本是平行之关系，故它们之间无法存在过渡与演变，除非其中一方改变原有之目的，方可实现这所谓的过渡、演变或同化。同为工艺美术运动之倡导者的莫里斯与斯蒂克利（Stickly），便是该种论证的最佳案例，莫里斯预想通过中世纪式的"手工艺方式"来实现其"为大众服务的目的"，即将手工艺变成工业化生产，但最终结果却事与愿违，由于其所出之作品均为手工制作，故无法进入大众市场。虽同为工艺美术的倡导者，斯蒂克利与莫里斯却有所区别，其不回避机械化时代的来临，预想通过"工业化的方式"来达到工艺美术运动所倡导的"手工艺复兴"之目的，但结果仍然是残忍的，由于其所制造的 craftsman furniture（工匠家具）无论是在形式方面，还是在工艺与装饰方面，均较容易被模仿，故其所倡导的 craftsman furniture 很快就变成了可批量生产的工业产品。综上可知，手工艺与工业化之间无法真正地实现过渡与演变，如此看来，工业 1.0 时代所提的"以机械化代替手工劳动"的口号似乎有些自相矛盾。总之，在坚持初衷的基础上，无法实现过渡与演变的现实，亦是工业设计与工艺设计的区别。

通过以上之论述可知，工业设计作为技术美学的继承者，其无法脱离机械而独自存在，工艺设计作为工艺美学的继承者，较为重视手工艺或者手工艺精神，故其既可借助机械，亦可脱离机械（表1-1）。

表 1-1　工业设计与工艺设计对比

分类	工业设计	工艺设计
思想基础	技术美学	工艺美学
设计原则	实用性、舒适性、艺术性、安全性、工艺性、经济性、系统性与可持续性等	功能性（既包括物质层面的功能性，也包括精神层面的功能性）、适用性、艺术性与经济性
目的	针对大众市场	倡导匠人精神

1.2.3　工艺设计运动与他国手工艺运动

设计运动是开启一段新篇章的必要之举，由于西方之设计理论的长期熏陶，人们对"工艺"一词的理解早已与曩日有别，在工业设计的年代，主观群体的眼中仿佛只容得下"技术美学"，而全然将"工艺美学"置于世外。笔者正是基于上述所示的原因，才提出了"工艺设计运动"。工艺设计运动作为一场以恢复"手工艺精神"或者"匠心"为核心的设计运动，其目的是将设计（即"工艺"中的"美"，也称之为"设计过程"）与技术（"工艺"中的"工"，也可称之为"制作过程"）再次融为一体，以达"设计中有技术，技术中有设计"之境地。

提及手工艺运动，工艺设计运动不算新鲜，日本的"民艺运动"与西方之"工艺美术运动"，均是以恢复"手工艺"为口号的设计运动，虽同为在机械时代所提之倡导，但由于文化之差异，中国之"工艺设计运动"既不同于重点倾向于"大名物"或"杂器"的"民艺运动"，更不同于口号与实践相背离的英国之"工艺美术运动"。

1）工艺设计运动与工艺美术运动

同为倡导手工艺精神或手工艺之回归的设计运动，工艺设计运动与工艺美术运动依然尚存"共性"与"个性"之处。之于"共性"之处，两者均以倡导工艺与设计相统一为目的。之于"个性"之处，两者的不同在于以下几点：第一，工艺美术运动对机械持否定态度，其认为工业革命是导致人们背井离乡、身染疾病、环境污染之源，除了民生方面，机械的出现还降低了大众在审美之方面的能力与意识。但在对于机械与工业的态度上，工艺设计运动持中立之态度，虽然工业革命使机械代替了双手，但工艺设计对其并无仇视之意。第二，工艺美术运动憧憬回到中世纪，因为只有早期之中世纪的素朴才能平复 1851 年水晶宫博览会带来的创伤与刺激，但工艺设计运动并无"逃避"之意，笔者并未因个人的喜好而倾向于某一时期，只是以倡导"手工艺精神"或者"匠心"为初衷，以达"国风"再次"西渐"之目的。第三，工艺美术运动所倡导的是"合作式"的设计，即通过美术家或者艺术家与匠师的合作，来打破纯艺术与实用艺术之间的界限。对于工艺设计运动而言，无需以融合纯艺术与实用艺术为目的，此话之意并非将纯艺术与实用艺术划清界限，而是提供了两种模式，即纯艺术与实用艺术既可以"合作式"之方式参与设计，又可以"借鉴式"之途径融入设计。第四，工艺美术运动有"民主性"设计之倾向，但是最后所成作品由于手工艺过于精美，而成本剧增，导致结果与初衷走向了相互背离之势。然而在工艺设计运动中，并未提及以"大众化"或"精英化"倾向作为"手工艺精神"或"匠心"回归的平台。

综上可知，工艺设计作为倡导手工艺精神回归的设计运动，但与西方之工艺美术运动依然有颇多的不同之处。

2）工艺设计运动与民艺运动

任何事物均有"共相"与"殊相"之别，工艺设计运动与民艺运动亦不例外。在"共相"方面，笔者总结为三点：第一，两者均认为民族的才是世界的，工艺设计运动的目的在于使中国工艺美学思想得以在当代的家具设计界生根发芽，而日本民艺运动也是为了摆脱中国及西方的影响，走出自己的艺术之路。第二，工艺设计运动与民艺运动均认可"手"之重要性，无论是手工艺时代，还是机械时代，均离不开"手"的参与。同为身体的一部分，但在不同的背景之下，其地位与角色却截然有别，在手工艺时代，"手"是连接"形而上"与"形而下"的客观存在之一，而在机械化时代，"手"得以解放，但在解放的同时，"美"与"工"也出现了独自分离之感。由此可见，手之重要性。

工艺设计运动与民艺运动除了"共相"之外，还有"殊相"的存在，笔者将其归纳为以下几点：

第一，民艺运动对其支持的工艺范畴予以界定，柳宗悦以倡导"大名物"与"杂器"之美来印证其对于民间之工艺的眷恋与青睐，由此可知，在柳先生的心中，工艺是有等级之别的。对于工艺设计运动而言，笔者并未将"工"与"美"给予范畴的限定，对于同一种工艺，还可有不同的表现形式，而促使其百家争鸣与百花齐放的正是不同的"受众群体"。而民艺运动将所倡导之工艺锁定于民间，无疑是抹杀了工艺在表现形式上的多样性。

第二，民艺运动对"精致之物"与机械充满了抵触感，对于前者，柳宗悦将之称为"贫穷之器"或"粗货"，除此之外，其还认为"工巧"是导致美出现缺陷的罪魁祸首，由此可见，其对非民间之作的嫌弃之情。另外，其对于机械，民艺运动也尤为反感，不仅认为机械所出之物的美是"有限的""停滞的""规范的"，还将工业主义视为扼杀工艺之美的凶手。工艺设计运动虽然也是倡导手工艺精神回归的设计运动，但其并不抵触与仇视机械，而是将机械的角色定位于辅助之列，如木材的干燥、荫室温度与湿度的控制、辅助制漆（如在退光漆的制作中，可采用蒸汽、电热以及红外线等设备予以辅助）等，均可有机械的辅助。另外，工艺设计运动对"工巧"的理解有别于民艺运动，在中国的哲学观中，工巧是成就"良器"的步骤之一，无论是《考工记》中的"天有时，地有气，材有美，工有巧，合此四者，然后可以为良"，还是《荀子·强国篇》中的"刑范正，金锡美，工冶巧，火齐得，剖刑而莫邪已"，均将"工巧"视为成就"良器"工艺的一部分，而非将其单独提出加以抨击。

第三，民艺运动认为手工艺应该是自由的，无需规律，也不需要约束，但在工艺设计运动中，手工艺虽然重要，但依然需要原则与禁忌，如髹饰工艺中的"法"、"戒"与"失"、"病"与"过"等，均是在成器过程中"约束"方面。

第四，民艺运动倡导"皈依自然"，故其将装饰认为是华而不实之举，但是在工艺设计运动中，并无对装饰的轻蔑态度，因为装饰也是承载文化的载体之一。

第五，民艺运动的目的是将手工艺中之"工艺"变得"民主性"与"团队性"，以实现柳宗悦所言的"相爱道"目的，但在工艺设计运动中，笔者并未想将"工艺"封印在某一个设计范畴，无论是在"中国的艺术设计"范畴之内，还是在"中国的工业设计"范畴（而非"在中国的工业设计"）之中，均可成为工艺设计运动的实践者。

第六，民艺运动对"个性之美"持否定态度，从柳宗悦对"大津绘"中"法则美"的认可（该处的法则美是对祖先之做法总结与重复，正如大津绘中的一笔一画均是继承之果，并非是主观群体放笔所绘）可见其对于传统之工艺的皈依与个性之美的否定。而中国工艺设计运动所倡导的是"有心"之作，而非对于祖先之法的无限重复。

第七，民艺运动对他国文化持保守态度，任何"否定"与"新事物"的产生均源于对"肯定"与"旧事物"的不满，民艺运动亦不例外，中国传统文化的影响与西方现代艺术的介入，均是民艺运动萌发的诱因，从柳宗悦对于冲绳首里建筑之上"本葺瓦"（是平瓦和筒瓦相互组合而成的铺瓦）的高度赞扬，可感知其对于西方艺术的厌烦之感。对于外来之文化与艺术的影响与渗透，工艺设计绝无抵触之意，只是需采用合理的处理方法，使其融入中国的设计之中，使之成为"中国的设计"，而非"在中国的设计"。由此可知，过于皈依于某种形式（民艺运动的保守源于其所倡导的"皈依"，皈依即顺从，柳宗悦认为的皈依之范畴包括自然、传统与组织，无论是何种形式的皈依，均会走向"有限"与"停滞"），定会与"跨界"无缘。

综上可知，工艺设计与民艺运动既有相似之处，又存差别之处。

1.2.4 工艺美学与技术美学

无论是隶属于"中国的工业设计"范畴的中国当代家具设计，还是皈依于"工艺设计"队列的中国当代家具设计，均需正视"工艺美学"与"技术美学"之间的本质之别。

1）工艺美学

工艺美学对中国艺术家具至关重要，无论是古代艺术家具还是近代艺术家具，抑或是当代艺术家具，均离不开工艺美学思想的引导。工艺美学以人工所造之物为载体，来体现主观群体对于其内造物理念的思考，该种思考既包括思想层面的，亦涉及物质层面的，思想之层面离不开中国哲学，亦离不开中国之艺术的审美取向，如诗歌、绘画与书法等；而物质之层面也难以抛开材料、技法与工具等独立发展，前者属于形而上，后者属于形而下，形而上者谓之"道"，形而下者谓之"器"，"道"与"器"原本有层次之别，但工艺美学的出现，使得"道"与"器"之间的距离不再遥不可及，而是通过技法，将"道"之精髓与"器"完美融合，故工艺美学是以不同技法为纽带，将主观群体的哲学思想与审美倾向通过形式各异的材料等客观存在加以彰显的一种美学形式。

通过上述内容可知，工艺美学中包括两大主要内容，即"技法"和"哲学思想"与"审美倾向"。之于前者而言，其既不同于以满足"物质基础"为目的之"手工劳动"，亦与"工业设计"下"机械化"不尽相同，其是具有手工艺或者手工艺精神（匠人精神）的"制造过程"。之于后者而言，其所囊括的美既不同于设备与机械所出之"局限性"与"规则性"的美，亦不同于"纯艺术"范畴之下的"随心所欲"的美，工艺美学的美是具有"弹性化"的美，其既可以彰显具有"共性"的美，又不会置"殊相"之美于不顾。"共相"之美是形成"时代性"之"风格"的关键，而"殊相"之美则是传达"地域性"与"流派"的核心。可见，只有在"手工艺"或者具有"手工艺"精神（或"匠人精神"）的"技法"之下，"弹性化"的美才能尽显其"共相"下的"多元"（"共相"之美具有统治性，但由于主观群体之审美取向具有"各向异性"，故其又可在"统一"中尽显"多样化"之式）与"殊相"中的"统一"（美之"殊相"源于主观群体之审美，但此种审美并非漫无边际与随行所欲，其需与所在时代之"哲学思想"或"文化形式"相得益彰，这便是"殊相"之下的"统一"）。

2）技术美学

"技术美学"诞生于 20 世纪 50 年代末至 60 年代初，由捷克的一位设计师与艺术家佩特尔·图奇内提出，其与"传统美学"不能同日而语，"技术美学"诞生于工业革命后的大机器生产时代。

技术美学包括两方面的内容，一方面为生产中的"美学问题"，另一方面则是在生产中与美学相关的"设计问题"。之于美学，其不仅具有"共相"之处，还内含"殊相"之方面，"共相"是一个时代与一个地区对"美"之方面的共识，而"殊相"则与之相反，其主观性更胜于"共相"中的"美"，故其可视为"个性"的代言。单独的"美"是抽象的，只有主观群体将其赋予"载体"之上，"美"才能脱离"想象"层面的抽象。但"美"与"载体"之间无法实现直接的融合，而需要纽带的帮衬，此时充当桥梁角色的便是"技术"。综上可知，美预想得以传播，不仅需要主观群体的青睐，还需载体与技术的支持。

除了"美"的问题，"技术美学"中还包括"设计"方面的问题，设计是解决主观群体与客观存在之间矛盾的方式，在非工业时代，设计在平衡"人"与"物"的关系中实现"美"与"善"的统一，而在工业时代，设计是尽力诱导"主观群体"适应"客观存在"。对于技术美学中的设计，实则是处理矛盾的过程，矛盾的双方即为"美"与"源于机械"的"技术"，由于机械所能体现的"美"具有规则性与限制性，故对"美"的筛选便是最佳之缓和与解决上述矛盾的良方。在上文中，笔者已经提及"美"不仅包括"共相"方面，还有"殊相"部分的彰显，这两种形式之美并非均适合以"批量化""标准化""大众化"的方式予以表达。由此可见，技术美学中的设计是机械选择主观群体之美的过程。

总之，技术美学与工艺美学并不相同，前者是对"美"进行筛选，使其适合"机械时代"的"定律"与"规则"，而后者则是为"美"寻找合适的载体，使之在"平等"（无需历经筛选）中彰显"共相"与"殊相"的精彩。

1.2.5　匠人与匠人精神

在中国设计回归之际，匠人精神已成为找回设计的关键之词，无论是传统家具行业，还是现代家具行业，均以此作为提升设计与彰显文化的必要举动，但在践行此种精神的过程之中，出现了错误的等同倾向，即将"匠人"与"匠人精神"一视同仁。

中国的家具行业有传统与现代之别。传统家具行业需要较为丰富的实践经验予以支撑，故它的等同倾向更为明显。为了说明"工匠"不一定等于"工匠精神"，笔者将做一个假设命题，即假如"工匠"等于"工匠精神"，倘若此命题成立，那么是不是代表所有的"工匠"均具"工匠精神"呢？答案无疑是"否定"的，精神属于文化之层面，若作为"执行者"的"工匠"具备了"知"之层面的能力，当然可成为"工匠精神"的代言人，如晋之戴逵，元之张成与彭君宝，明之"三朱"、濮澄与张希黄以及清之潘西凤与吴之璠等，但并非所有的执行者（即工匠）均具应有的"知"之素养，故此命题不成立，由此可见，"匠人"并不一定等同于"匠人精神"。为了拓展"匠人精神"的范畴，笔者再做一假设命题，即"匠人精神"只局限于"匠人"之中，倘若此命题成立，便将"匠人"以外的诸如"文人"的其他群体一律排除，那么除"匠人"以外的"其他群体"均无"匠人精神"吗？答案无疑依然是"否定"的，因为无论是皇室与贵族，还是文人与僧侣，其中均有具备

"匠人精神"者，如宋代的苏轼、欧阳修与李嵩等，明代的高濂（如其所著之《遵生八笺》中提及"墨匣有雕红。黑漆匣，亦佳"。又剔红下曰："以朱为地，刻锦；以黑为面，刻花。锦地压花，红黑可爱。"）与曹明仲（著有《格古要论》，其内亦有对于器物的设计与观点，如其所言之："元朝嘉兴府西塘杨汇新作者虽重数多，剔刻深俊者，其膏子少有坚者，但黄地子最易浮脱。"）及明熹宗等，均非真正的"匠人"，但却身具"匠人精神"，由此可见，"匠人精神"未必来源于作为执行者的"工匠"。

通过上述的假设命题可知，"工匠"不一定等同于"工匠精神"，"工匠精神"也不一定来源于"工匠"。

1.2.6 中国艺术家具之界定

通过前面的论述可知，中国艺术家具不仅隶属于"中国的家具"之范畴[5-8]，且是"工艺设计"的产物之一。对于"艺术家具"而言，除了笔者所提之"中国艺术家具"之外，还有"美国艺术家具"的存在，故在明了中国艺术家具之定义的同时，应将其与美国艺术家具予以区分。

1) 中国艺术家具与美国艺术家具之别

提及艺术家具，笔者想将中国艺术家具与西方艺术家具加以区分，西方之艺术家具，最众所周知的可谓是"美国艺术家具"，从其萌芽到成熟（一般认为是 20 世纪 40 年代），美国艺术家具可谓是西方设计运动的一面镜子，无论是"工艺美术运动"与"唯美运动"（Aesthetic movement），还是"新艺术运动"与"装饰艺术运动"，抑或是"民艺运动"，均是其萌发灵感的源泉。

基于不同的设计思想与理念，中国艺术家具与美国艺术家具有如下之不同点：第一，对于"简"的理解，美国艺术家具在此问题的理解上，由于受到工艺美术与日本作品的影响，其将"简"的范畴狭隘化，在造型上，美国艺术家具为了营造"简"之感，钟爱水平与垂直之结构的运用，在装饰方面，为了加强"简"之势，其常以"光素"示人。而中国艺术家具在对"简"的理解上，与之有所不同，"简"的范畴既包括"自身的简"，也包括"融后之简"，之于前者而言，其包括形制的简，亦囊括装饰的简，但装饰的简并非只局限于材料之本色的彰显，还包括一些以雕刻、镶嵌与髹饰之工艺所成的纹饰与图案之"简"。由此可见，虽同为艺术家具，但由于思想与文化的差异，致使两者对于"简"之诠释迥然有异。第二，对于"美"的理解有所不同[9-13]，对于美国艺术家具而言，由于"唯美运动"（Aesthetic movement）的影响与引导，其所呈现的美更倾向于"纯艺术"领域，但在中国艺术家具中，其内在的美并非独存之美，而是与功能性并存的"实用之美"，如非髹饰类家具中的榫卯，其外表的美观与内部的合理与科学密不可分。第三，在范畴方面，中国艺术家具在范畴方面较美国艺术家具广，中国艺术家具有古代、近代与当代艺术家具之别，而在美国艺术家具中[9]，只有近代与当代之分。

综上可知，于"外"于"内"，两者之艺术家具均有较大的差别之处。

2）中国艺术家具之诠释

通过以上的论述可知，中国艺术家具隶属于"中国的家具"范畴，而非"在中国的家具"之列，无论是古时的中国艺术家具，还是近代的中国艺术家具，抑或是当代的中国艺术家具，均应以"中国的家具"之身份屹立于家具界，虽然在西方也有"美国艺术家具"的存在，但是其始终是"在中国的家具"之列，与代表"中国的家具"之近代艺术家具依然属异路之作（由于美国艺术家具的成熟与中国之近代艺术家具的时间相近，故不能以代表全面的中国艺术家具与之相比）。由此可见，中国艺术家具作为"中国的家具"之子成员，与"在中国的家具"有着本质的区别。

中国艺术家具并非是某个时代家具的特指称谓，而是不同历史阶段家具文化的概述与总结，历史有过去、近代、当下之分，中国艺术家具自然不应例外，时代的进步、文化的位移、哲学的参与、材料的更替、工艺的发展、社会的影响、不同文化的交融等，均赋予不同阶段的艺术家具不同的内涵与情感寄托。时代是区分不同种类艺术家具的标志，故中国艺术家具应具有时代精神。时代性是中国艺术家具在历史中的"纵向"表现，除了纵向之外，其还身具"横向"之特点，即中国艺术家具在同一时代中不同的表现形式。可见，中国艺术家具不仅需要有代表"时代性"的"风格"存在，亦需彰显"地域性"的"流派"参与。

任何事物均有所属之范畴，中国艺术家具亦不例外，在没有进入工业化的古时，先人们用"工艺美学"思想延续着中国古代艺术家具的辉煌。"工艺美学"作为中国艺术家具的核心思想，具有"与时俱进"性，故其不应随着教育部的更名而出现断裂（在1998年，教育部将"工艺美术"专业调整为"艺术设计"）。"工艺设计"作为"工艺美学"在当代的继续，与"工业设计"有着本质之别。中国当代艺术家具作为中国当代设计文化的寄语者，不应走向"在中国的设计"的范畴，如"在中国的家具""在中国的工业设计""技术美学"等阵营。

中国艺术家具作为"工艺美学"与"工艺设计"的具象表达者，必然有别于"手工劳动"与"机械化"下所成之品，"手工劳动"在"美"与"文化"的表达上具有"平等性"，而"机械化"则与前者不同，由于受到诸如设备等客观存在的制约，其所表现的"美"是历经"筛选"后的"美"。之所以前者既可传达"共相"之美，又可表述"殊相"之美，其原因在于前者具有"匠人精神"（或手工艺精神），但需注意的是，"匠人精神"不可与"匠人"以等号画之。

就本身而言，中国艺术家具虽属形而下之列，但若无其之承载，形而上之思想便无所附着，故中国艺术家具是连接客观存在与主观群体之思想的桥梁之物，无论具有统治性的哲学思想，还是具有差异性的审美取向，均是与主观群体密不可分，由此可见，中国艺术家具无法脱离主观群体独存，故其应该是人文的。

综上可知，中国艺术家具欲想名副其实，应具备以下几个特点：第一，中国艺术家具作为一个综合概念而言，应隶属于"中国的家具"之范畴；第二，中国艺术家具作为发展中的一员，必然具有历史的"纵向"性与"横向"性，由此可知，中国艺术家具不仅具有代表"时代性"的"统一性"，还具有彰显"地域特色"的"多样性"；第三，中国艺术家具中不仅有古代与近代之别，还有当代艺术家具的存在，提及当代艺术家具之时，必然要明确其所述范畴，作为工艺美学的继承者，其应位列"工艺设计"之中，而非"工业设计"之列；第四，中国艺术家具是承载"共相"之美与"殊相"之美的平台，故人文性必不可少；第五，中国艺术家具并非是"手工劳动"与"机械化"之下的表现形式，而应将"匠人精神"融入其中；第六，中国艺术家具作为文化与审美的传达者，不同的主观群体均可参与其中，故"匠人精神"的来源未必只局限于"匠人"或"匠师"。

1.3 特征

时代的差异性，决定了艺术家具的工艺与形式的发展是可变的，但"根"作为文化基因的延续，上承先人之哲学与思想的精华，下启现代文学与艺术的灵感之门。当代艺术家具需要将"根"留住，留住并非意味着照搬照抄、恢复古制，而是继承先人所创之精髓。工艺美学强调工艺（或技术）与艺术的统一，当代艺术家具作为后来之继承者，理应有此精神（该精神即当代艺术家具之核心特征）。除此特征之外，使用价值、适用性、艺术性与经济性也是其特征的重要方面。另外，从中国自古以来形成的"工艺观"可知，"艺术与技术的高度统一之特征"和

"使用价值之特征"均属"功能性"之范畴，故中国艺术家具的特征可总结为以下四个方面，即功能性、适用性、艺术性与经济性。

1.3.1 功能性

中国艺术家具的功能性，与北欧所提的"功能主义"有所区别，其既包括客观存在的物质性，又包括主观群体的审美取向，故中国艺术家具的功能性具有双重特征，即形而下的物质性（物质层面的功能性）与形而上的精神性（精神层面的功能性）。形而下的物质性即器物的使用价值，所强调的是"致用利人"之思想，正如墨子的"节用观"一般，均是以"于人有用"为基本出发点；形而上的精神性所涉及的是主观群体的审美取向与精神寄托，之所以中国艺术家具的功能性中会出现形而上之层面的存在，其根本原因在于中国对"工艺观"的理解与诠释，如在没有进入机械化时代的古时，中国工艺观可理解为手工艺＋设计过程，而在步入工业化的今天，中国工艺观则可诠释为技法（"技法"有别于"技术"，技术有赖于机械，而技法则视机械为辅助之工具）＋设计过程，可见此处的技法是具有手工艺精神的技术，功能性作为中国工艺观的产物，必然会将其内的精髓予以继承与发展。

综上可知，中国艺术家具之功能性包括两方面的内容，一方面是"致用利人"的"使用价值"，即"物质层面"的功能性。另一方面则是"技以载道"的发展观，即"工"与"美"的高度统一，属于"精神层面"的功能性。

1）使用价值——物质层面

使用价值作为功能美的一部分，其体现的是物于人的作用，此观点也是工艺美学之基本思想，即重己役物与致用利人。使用价值可谓是适用性、艺术性与经济性三大特征的基础。适用性本就是生活方式的产物，其无法脱离器物的使用价值。艺术性是人们审美倾向的表达，若脱离了使用价值而独存，则与"艺术设计"全然无别。经济性是商品流通的重要途径，而使用价值是一切商品的共同属性，故使用价值与经济性密不可分。

使用价值作为中国艺术家具的子特征之一，并非单纯地等同于"物质"层面的实用性（具有实用性不一定是商品），还与主观群体的思想密不可分。中国的哲学讲究人与自然的和谐，故使用价值虽然是将"客观存在"加以改造，使之成为对"主观群体"有利的客观存在，但是此种改造并非"无法无天"，而需"度"的把握，此处的"度"便是使用价值的思想流露（无论代表思想的"中""和""宜"，还是约束行为的"法"与"戒"，均是实现"度"的重要手段）。

综上可知，使用价值虽为功能性中的物质层面，但也无法脱离精神层面的掌控，这便是中国艺术家具的精髓之所在，即上承形而上之精神层面，下启形而下之物质层面（这两者之间的链接，笔者将其称为"形而中"）。

2）"工"与"美"的高度统一——精神层面

"工"即制作过程，"美"属设计过程，工与美的合二为一便是中国对于"工艺"的诠释，由此可知，其与机械化大生产所提之"工艺"不可同日而语，而是赋予中国艺术家具"功能性"于精神内涵的重要因素。

中国艺术家具讲究内外兼修与形神兼备，即中国工艺美学思想中所言的"文质彬彬"，欲想避免"文胜质则史"或"质胜文则野"，那么制作过程与设计过程密不可分，这便是成就中国艺术家具功能性之精神内涵的核心之所在。

新观点诞生，必然伴随着新问题的降临，我们如何表达这精神层面的功能性呢？答案只有一个，即"手工艺精神"。随着工业化的普及与教育部将学科目录中的"工艺美术"调整为"艺术设计"，中国设计中的"手工艺精神"一直处于逐渐淡化之势。也许你为瑞士钟表之精细所打动，也许你因《入殓师》（获奥斯卡最佳外语片的日本影片）的高超技艺而被深深震撼，也许你会静静地凝望着钧窑的天蓝、月白与色如晚霞之美，心中虽有所感，但却难以形容，令你念念不忘的不是新奇的形制，而是其内在的无以言表的精神内容，这便是手工艺精神或者匠人精神赋予受众群体的无形力量。

综上可知，中国艺术家具的功能性在精神方面的体现不仅是中国之"工艺观"的代表，也是其有别于工业设计的特别之处，更是支撑"工艺设计"逐渐走向成熟的核心。

1.3.2 适用性

适用性是生活方式的表达与诠释，其不属于静止之概念的范畴，随着文明水平的提高与文化的沉淀，生活方式呈现动态化发展，故其不仅具有时间性，还具有空间性。中国艺术家具作为表现生活方式的实体之一，自然需遵循适用性原则，低型家具离不开席地而坐，高型家具离不开垂足而坐，故设计适合的家具才是真正的以人为本、重己役物、致用利人，并将之融入恰当的生活方式之中，这便是艺术家具的"适用性"。

文震亨（文徵明的曾孙）曾在《长物志》中论述"适用性"之原则，适用性与人如影随形，可见古人已意识到"适用性"与"生活方式"之间的联系。

生活方式包括两大方面内容，即主观群体的思想意识与客观规律，两者有时和谐，有时矛盾，生活方式便是主观群体之思想意识与客观规律在矛盾中达到和谐统一的果实，如在垂足而坐遇到席地而坐时，矛盾也就乍现了，正如朱熹指出，当时的生活方式已出现改变，但与之相符的家具并未诞生（朱熹言："夫子像设置于椅上，已不是，却陈列祭品于地，是甚义理。"），致使寺庙中的圣人无法优雅地享用贡品，随着时间的推移，前述矛盾不再相互对立，而是转化为和谐，即高型家具的出现，这便是适用性的体现之一。

适用性作为生活方式的代表，自然也离不开上述两者，即主观群体的思想意识与客观规律，无论是前者，还是后者，均属抽象之列，对于中国艺术家具而言，两者在矛盾之后产生的和谐统一已化为"相对的具体化之物"，即哲学思想的表达（主观意识与客观规律相互作用的内在体现）与中国"工艺观"的形成（主观意识与客观规律相互作用的外在体现）。

1）适用性与哲学思想

思想是区分设计的重要因素，中西设计之所以有别于彼此，其原因就在于哲学思想与审美标准的不同，中国讲究与自然和谐相处，而西方则倡导改造自然，阿基米德曾说："给我一根杠杆，我可以撬动整个地球。"这足以显示其改造自然的勇气与信心。由于哲学思想的不同，导致各方的美学法则也不尽相同，中国艺术家具的审美讲究在"动与静""虚与实""阴与阳""有与无"中寻求平衡矛盾双方的"中庸"（互相矛盾双方相互依存所表现出来的"恰到好处"，从而保持同一体的和谐与统一，所以中庸等于"中"加"和"，"中"即恰到好处，是前提条件，而"和"是统一，是产生的结果）之道与"美与善"合一之径。

中国的哲学思想作为时代的产物，既有继承也有创新（继承是绝对的，而创新则是相对的）。以汉代所提口号为例，汉代在奉行了初期"无为"的哲学思想之后，又提出了"独尊儒学"之说，虽为"独尊"，但其还是在儒学之基础上，添加了阴阳学的成分，使之发展为"天人感应"之说，相对于"原有之意"的儒学（原版），"天人感应"属创新的理论，但是相对于"应用之意"的儒学（发展中的儒学）而言，其则属继承之列，在继承与创新之间的哲学思想（继承—创新—再继承—再创新的无限循环），即是形而上在适用性方面的表达。

2）适用性与工艺观

中国之工艺观是主观群体之思想意识的具体化，是伴随着适用性而产生的，中国艺术家具作为描画古人到今人的生活轨迹，无论是家具之制作过程（工），还是对其的设计过程（美），均可视为生活方式的缩影，正如史前陶器上的装饰，其大多集中于中部及以上部位，而底足及其以下之部位，则大多呈素面无纹之状态，这亦是先人的生活方式所需，在没有椅凳桌案类家具出现之前，陶器通常被置放于地面之上，无论先人是站立，还是蹲坐，陶器总在其视平线之下，故此种安排的装饰对于主观群体而言，则属"最宜欣赏"角度，亦是适用性的表现之一。再如纹饰之演变与器物种类的增减，同样是适用性选择的结果，以商周两代为例，商代尚鬼神、轻礼仪、杀人殉葬、重刑罚等，正如《礼记·表记》中记载，"殷人尊神，率民以事神，先鬼而后礼"，故其纹饰多有神秘诡异之色（如商早期之兽面纹青铜方鼎与中期之龙虎青铜尊等），而到了周朝，尚鬼神之观念逐渐淡薄，忌奢靡之风，尚礼乐，禁酗酒，故在其器物的纹饰中，神秘诡异的色彩日益减弱，并出现了单纯化的取向（如窃曲纹、重环、垂鳞纹等几何纹饰的出现），不仅如此，由于思想观念的转变，器物之种类也随之而变动（如酒器的数量呈下降趋势，但食器的种类与数量却有上升之态，除此之外，还诞生了新鲜器种，如编钟）。

总之，哲学思想作为中国文化（形而上之层面）前行的记录，必然离不开适用性的选择，工艺观作为中国文化的外在表现（形而中，即形而上与形而下之间的桥梁），亦离不开适用性的沉淀。

1.3.3 艺术性

中国艺术家具隶属于实用艺术范畴之内的艺术性，故也是生活方式的产物之一，中国艺术家具的艺术性有内外之分，古代如此，而今亦如此，这便是中国"工艺观"在艺术性方面的呈现与彰显。外是装饰与造型，内指结构与技法，无论是"错彩镂金"，还是"出水芙蓉"，均离不开两者的配合（即内外兼修、表里如一）。

艺术性是主观群体通过设计与制作，将思想意识注入客观存在的过程，故艺术离不开所在时代人们的思想与审美。彩陶（仰韶文化）之上的彩绘（如神人、舞蹈人、四瓣花、网纹与鱼纹等），代表着新石器时代的先人对自然的崇拜和图腾的尊重；青铜器上纹饰的演变（如走过了鼎盛期的青铜器，到了春秋战国时期，其纹饰依然采用浮雕式装饰，但出现的概率与商周相比，呈下降趋势，人们开始喜用平面化的装饰形式，以至于从战国中期开始，素面器物日渐流行）与技法（失蜡法、针刻、错金银、嵌红铜与鎏金等）的更新，代表着其进入生活的痕迹；玉器上流畅的线条（单阴线与双阴线等）与镶嵌（受到阿拉伯"痕都斯坦"风格的影响，在玉器表面镶嵌宝石等物），承载了主观群体对玉的钟爱，正如孔子所言"君子比德于玉"（玉之十一德，是在齐国名相管仲之"九德"的基础上拓展而来），无论是其上的装饰，还是背后的技法，均蕴含着人们对玉之"十一德"（仁、智、义、礼、乐、忠、信、天、地、德与道）的崇尚；漆器之上精美的图案装饰与其内种类繁多的技法，如质色髹饰、罩明、描饰、填嵌、阳识、堆起、戗划、雕镂、复饰与纹间等，均是艺术性的表现与散发；竹、藤、木亦是如此，其作为中国艺术家具的用材之一，记录着不同群体（如宫廷、贵族、文人、市民等）的思想意识与审美取向，以宋之文人为例，无论是文人绘画，还是书法，抑或是家具，均讲究"意境"的散发，追求物质本身的美，如《韩熙载夜宴图》《十八学士图》《张胜温画卷》等绘画中出现的宋式家具（由于宋家具尚存之实物寥寥无几，故绘画是我们欣赏与研究的来源之一），均呈现出劲瘦有力之态，劲瘦是外表，有力是感觉，这便是宋代文人家具的艺术性所在。

综上可知，无论是何种材料的艺术家具，其艺术性并非只具"单面性"，即"极为重视形式"的艺术性（过于重视造型的重要性）与"过于重视技术"的艺术性（凸显技术的呈现），中国艺术家具的艺术性具有"双面性"，即外在的艺术呈现与内在的艺术气息，这便是中国之"工艺观"的"艺术性"所在，既不倾向"文胜质"，又不偏爱于"质胜文"，其追求的是"文质彬彬"与"内外兼修"之美。

总之，无论是以手工艺为主的过去，还是倡导机械为先的如今，中国艺术家具的艺术性均无法脱离设计过程与制作过程，设计过程是主观群体将哲学思想注入客观存在的先行官，而制作过程则是主观群体将哲学思想与审美取向具体化的关键所在，以佛学为例，同样是与儒、道两家的和谐相融，但其表现形式却是截然不同，在唐代呈现的是雍容华丽之态，而在宋代，则走向了空灵简寂的一面，无论前者，还是后者，其艺术性的呈现均是"工"（制作过程）与"美"（设计过程）共同作用的结果。

1.3.4 经济性

本书所指的经济性，与工业设计中所言的经济性有所不同，其既包括"价格",也不排除价格背后的"价值"。价值与价格虽只有一字之别,但内在的含义却有所区别,价值是一种共识,是不同价格所追求的共同目标。价值与价格作为艺术家具的两端,引领着不同的文化取向。文化有时尚与经典之别,只是在不同的取向之下,有的可以"引领潮流"(价值和时尚的碰撞),有的演变为"大众之需"(价格与时尚的相遇),有的进化为"专业定制"(价值与经典的邂逅),有的则走上了"专注批量"之路。

中国艺术家具作为文化的载体,既离不开时尚的引领,亦离不开经典的再现,时尚代表当下,经典则是曩日之事的延续,此两者作为审美的两极,承载着新旧文化与艺术在交替之时所出现的种种表现。经典也好,时尚也罢,均离不开主观群体的参与,主观群体自身所具的"知识"与需求,是时尚与经典出现百花齐放现象的根本所在,有人的知识仅限于权威的传授,有人的知识来源于经验所得,还有些人的知识是通过顿悟所生。另外,除了知识的来源外,还有对象的需求也会影响艺术家具的走向。有人需要通过家具体现自身的价值所在,如自我价值依附型、怀旧依附型与互相依附型等,有的人则是大众文化的参与者。无论是古代艺术家具还是当代艺术家具,均会出现上述情况,如古代艺术家具中的剔红、剔彩与堆红、堆彩,由于剔红与剔彩的制作工艺较为复杂,尤其是诸如张成与杨茂等名家所出之作品,并非人人所能拥有之物,故为了满足大众对时尚的需求,堆红与堆彩之法相继出现。再如当代艺术家具中的新中式,既有以"工艺美学"之思想为指导的(方法论是知行学),亦有以"技术美学"为思想基础的(该种形式的新中式有别于西方工业设计之下的"新中式",而是中国工业设计之下的"新中式",其方法论是事理学),前者是文化的领导者,而后者则是文化的普及者。

总之,中国艺术家具的经济性不仅包括外在的价格,亦包括价格背后的价值取向。

1.4 结语

艺术与家具的结合,并非是以家具为载体来表达"纯艺术"的个性化之心声,而是将其融入文化,成为诉说生活方式的途径之一。中国艺术家具虽为当代所提的概念,但其范畴并非仅局限于当代,除了中国当代艺术家具之外,还有中国古代艺术家具与中国当代艺术家具之别。虽然在时间上,三者有着明显的界限与分别,但是在思想与实践方面,却均以秉承"工艺美术之思想"与"中国之工艺观"为核心,相对于前者而言，其是将精神层面之中国的形而上融入作为物质层面之形而下的桥梁与纽带，相对于后者而言，其是诉说以技法呈现美之过程的具象表现。

凡是家具，便有中西之别，对于中国艺术家具亦不例外，故笔者套用冯友兰先生之"在中国的佛教"与"中国的佛教"，将家具分为"在中国的家具"与"中国的家具"，以示中西之别。无论是中国古代艺术家具，还是中国近代艺术家具，抑或是中国当代艺术家具，均属"中国的家具"范畴之列，而非"在中国的家具"之范畴。

中国艺术家具作为古代、近代与当代之艺术家具的总称，其必然是与时俱进的，那么工业化作为与时俱进中的具体表现之一，它的降临影响了人们对于"手工艺"或者"手工艺精神"的曲解，其与"手工劳动"是完全不同的两个概念，故机械化代替的是"手工劳动"，而非"手工艺"及"手工艺精神"。工业化对于现代家具的影响甚大，故在工业设计占据大半边天的背景之下，笔者提出了"工艺设计"与"工艺设计运动"等名词，以示中西方在工业化背景下对于"工艺观"理解的差别化以及各国（西方之工艺美术运动与日本之民艺运动）对于"手工艺"或"手工艺精神"之理解的"共识"与"己建"。

通过上述的论述，中国艺术家具在"是什么"的问题上已经较为明了了，为了强化中国艺术家具中之核心内容，笔者概括其四方面的特征，即功能性、适用性、艺术性以及经济性，在功能性方面，中国艺术家具不仅具备使用价值的"物质性功能"，还身负集"工"与"美"高度统一的"精神化功能"；在适用性方面，笔者从哲学思想入手，再落脚于生活方式；在艺术性方面，由于中国艺术家具中之"艺术"并非希腊人笔下的"多余之艺术"，故其中的"艺术"不能脱离"技法"而独存；在经济性方面，中国艺术家具作为商品，其必然具有经济性，其经济性是"价值"或"价格"与"经典"或"时尚"相邂逅之产物中的一种或几种。

综上可知，对于中国艺术家具的理解，不仅需要从多方面入手，完成其概念的明确，还应赋予其特征来强化其存在的坚定性。

第 1 章参考文献

［1］冯友兰. 中国哲学史新编［M］. 北京：人民出版社，1982.
［2］田自秉. 工艺美术概论［M］. 上海：知识出版社，1991.
［3］杭间. 中国工艺美学思想史［M］. 太原：北岳文艺出版社，1994.
［4］孙长初. 中国古代设计艺术思想论纲［M］. 重庆：重庆大学出版社，2010.

［5］张天星. 中国艺术家具概述［J］. 家具与室内装饰，2013（9）：18-21.

［6］林作新. 谈谈中国的家具业［J］. 家具与室内装饰，1998（4）：1-6.

［7］刘文金. 对中国传统家具现代化研究的思考［J］. 郑州工业学院学报
　　（社会科学版），2002，3（3）：61-65.

［8］刘文金. 中国当代家具设计文化研究［D］. 南京：南京林业大
　　学，2003.

［9］李敏秀. 中西家具文化比较研究［D］. 南京：南京林业大学，2003.

［10］郑曙旸. 中国红木艺术家居设计的创新［J］. 家具，2008（S1）：22-26.

［11］许美琪. 中国家具业需要文化的自觉［J］. 家具与室内装饰，2012
　　（11）：11-12.

［12］唐开军，杨星星. 现代中式家具的开发方法与途径［J］. 家具，2001
　　（3）：55-58.

［13］张帝树. 中国家具贵在中而新［J］. 家具，2003（3）：45-51.

第1章图表来源

图 1-1 至图 1-3 源自：展会拍摄.

表 1-1 源自：笔者绘制.

2 中国艺术家具的分类

2.1 从时间与空间上

无论是文明的提升，还是文化的沉积，均需时间的历练与空间的延展，中国艺术家具作为文化的载体，记录着时代车轮碾过的痕迹。中国艺术家具作为文明的产物，诉说着主观群体思想意识的延续与变革。时间的变化与空间的转换，赋予中国家具以不同的身份，为了较为清楚地区分不同阶段的中国艺术家具，笔者将其分为三个类别，即古代艺术家具（1911 年之前的艺术家具）、近代艺术家具（1911 年至 1949 年之间的艺术家具）与当代艺术家具（1949 年至今的艺术家具）。

2.1.1 古代艺术家具

古代艺术家具作为近代与当代艺术家具的典范，无论是在造型方面，还是在结构方面，抑或是在装饰方面，均彰显了"变中求同，同中有变"的奇妙之处。古时的家具有古代家具与古典家具之别，前者指的是出现在古代的家具，既包括实用性的普通家具（对造型、工艺及设计思想无特殊要求），也包括经典家具（造型优美、工艺精湛且具有时代特征的家具形式）；而古典家具则与之不同，其范围较小，是古代经典的家具，无论是设计思想与造型，还是制作技术，抑或是表面装饰，均需具有代表性。艺术家具作为古典家具的一员，理应传承其内的精华内容。

古代艺术家具与生活方式密不可分，席地而坐限制了家具形式的升高，故低型家具在唐代以前是主角。由于丝绸之路的开通[1-3]，促进了汉代与外界的交流，于是"胡床"沿着丝绸之路来到西汉时期，它的出现，使得古时的中国家具形式有所提高，但并非主流。隋唐时期当属家具形制的过渡时期，出现了低型与高型家具并存之局面。而时至宋代，则全然不同，垂足而坐的生活方式已经成为生活的主流，故高型家具也随之而兴起。从低型家具到渐高型家具，再到高型家具，古代艺术家具历经了形制的蜕变与种类的拓展。

古代艺术家具与哲学思想息息相关，但与哲学相比，则显得更为难以驾驭，因为古代艺术家具不仅要将不接地气的"形而上"把握恰当，而且还要关注日用之器的实践活动，即工艺（设计过程＋制作过程）。中国的哲学观在春秋战国时期得以绽放，正如史学家雅斯贝斯所言，该时段是一个不平凡的时代，即"轴心时代"，古希腊产生了诗人荷马、哲学家巴门尼德、赫拉克利特、柏拉图与数学家阿基米德等，印度迎来了优波尼沙与佛陀的时代，巴勒斯坦则出现了一大批诸如利亚、以赛亚与耶利米等先知式的预言家，而在此时的中国，即春秋战国时期，则迎来了哲学界的百花齐放与百家争鸣，灿若群星的思想家们正孕育着中国主流与非主流的哲学思想，如孔丘、老子、庄周、墨翟、孟轲、杨朱、惠施、公孙龙、邹衍、韩非与荀况等。中国古代艺术家具隶属于工艺美术之范畴，故其无法脱离同期的哲学思想的影响。在儒家、道家、墨家与法家并行的特殊年代，中国古代艺术家具的工艺观必然呈现出多样化之趋势，加之在此时已进入了铁器时代，得心应手的工具定会使家具的工艺技术有所提高，如战国的"错金银"的龙凤案与采用失蜡法（或称蜡模浇铸法）的青铜的禁（湖北随州曾侯乙墓中出土）等，均是该时期工艺观的见证。从秦开始，出现了选择性哲学之思想，即符合当时情况的哲学思想。随着"六王毕，四海归"形式的到来，秦朝结束了分封，使得中国出现了统一的局面，从而"法家"思想登上了历史的舞台，秦朝与同期的罗马一样，均是实践派的代表，开沟、挖渠与筑建长城等，样样涉及，那么此时的家具，自然呈现出"重实用功能"的面貌，故此时的工艺观略带现代主义思想。时至汉代，则出现了不同之势，该时期无论是在理性上，还是在审美与实用上，抑或是在造型与色彩上，均可谓典范之作，法家的急功近利与不讲仁义，使得汉代避法家而远之，于是儒道两家成为该时代的首选哲学思想。"天人感应"（强调人与自然的统一性）的提出，使得家具在装饰形式上，有别于前朝之式，云气纹作为汉代的流行式样，体现了汉代特有的美学气概，即深沉、雄大、浪漫与热烈。到了"玄学"（新道家）盛行的魏晋南北朝时期，家具又出现了新的变化，在种类上有所拓展，墩、椅与凳等新品种进入人们的生活，在纹饰上流行莲花与忍冬纹饰（金银花或卷草纹），并出现了圣贤高士的装饰题材。魏晋时期，虽然战争频繁，但思想却异常解放。"士"之生活方式的影响，使得人们崇尚清谈与清议之风，家具作为与其相伴之物，必然带有"士"之态势，我们可从当时的诗歌、青瓷、书法与绘画等窥探一般。无论是陶渊明的"采菊东篱下，悠然见南山"，还是王羲之书法之"初发芙蓉，自然可爱"，抑或是竹林七贤的淡泊逍遥与遨游山林，均散发着"清、秀、神、俊"之韵，家具作为与之平行发展的文化载体之一，必然包含着与上述之物同样的哲学思想。历经战乱的恐惧与人性的解放，人们迎来了史上最为昌盛的时代——唐朝，佛教自东汉时期进入中国，在接受与排斥中过着颠簸不定的生活，直至唐代，其佛理的精密与论证的逻辑性，引起了道家与儒家的关注，故佛教在唐代得以稳定生存，儒家与道家将其从"在中国的佛教"变为"中国的佛教"，于是儒释道在唐代得以恰当融合。唐代是较为宽容与开放的朝代，其吸收了不少的外来文化与工艺，为"我"所用，如波斯文化与中东、欧洲之优秀工艺等。家具作为表现思想的实体之一，必然不会孤立于上述这些思想之外。唐之家具不复存在，但是瓷器还尚存于世，如越窑、邢窑、唐三彩与长沙窑等，其丰满的造型与以线为主的装饰纹饰，均可作为当时家具的影子。审美具有周期性，到了宋代，一反唐代"雍容华丽"之风，而追求"清淡典雅"之味，理学（新儒学）的出现，使得"质朴之风"油然而起，即追求物质自身的美，如金丝铁线的哥窑与紫口铁足的钧窑，该种主流哲学思想必然也会渗入家具之领域，从《十八学士图》中，我们可以了解一二，其空灵的形式，足以将理学思想表现得淋漓尽致。主流与非主流如影随形，当时不仅考古风盛行，而且绘画入侵工艺领域，所以家具在装饰方面，可能会有反于主流之作，正如磁州窑对比鲜明的黑白色装饰。到了明代，在哲学思想上，不仅有理学（被认为是儒家中的现实主义派）的继续，还有心学（被认为是儒家中的理想主义派）的开始，所以铸就了明代之工艺美学的多样化，家具作为工艺美学中的一员，自然不会以单一的形式存在，既有"错彩镂金，雕缋满眼"之类，亦有"初发芙蓉，自然可爱"之态。市民、文人、宫廷与民间构成了明代工艺美学的四大体系，不同体系之间相互影响，必然酝酿出不同审美取向的家具作品。除此之外，西学的传入，加之泰州学院"百姓日用即道"口号的提出，使得"技艺"被列入圣人之学的范畴，故实用美学得以发展，而此思想在家具设计中也有所表现，即简约、雅致与注重功能性。清代作为中国史上最后一个封建制社会，满人为了成为正宗的清代之统治者，用"理学"来填补游牧民族的精神缺憾，故以"理学"作为国家的主体思想，所以清初之家具形式，必然带有明代简约之风。而后，由于盛世的到来，加之洛可可风格的影响，在装饰形式上，出现了富丽繁密之风。走过康雍乾的繁华，清代开始出现了衰落，尤其是在1840年之后，清王朝在战争中无法继续封建制度的发展，在此种情况下，出现了"经世致用"思想，家具作为思想的载体之一，必然受其影响，在"实学"倡导下，家具的形式必然与康雍乾之时有所不同。

总之，古代艺术家具无法脱离哲学思想与生活方式的更替与改变，从儒家与道家的独立而存到天人感应的提出（儒家与道家的结合），再到佛家的融入（儒释道相结合），加之生活方式的变革，必然引起古代艺术家具在形制与装饰方面的变化（图2-1）。

图 2-1　古代艺术家具图例

2.1.2　近代艺术家具

民国的开始，意味着近代艺术家具悄然走入人们的生活，中西合璧之思想在此时期开始绽放。海派当属此时较为典型的中西合璧风格。马克思有言，矛盾存在于万事万物之中，海派也不例外，有响应中西合璧思想的主观群体（改革派），亦有反对的声音（保守派），正如汉学与宋学之争一般，是该尊重其"应有之意"，还是应该顺从其"原有之意"，对它的判断因人而异，保守派支持延续古代艺术家具的做法，不应添加外来元素，而改革派则认为将外来元素作为点缀，乃无伤大雅之事。保守派也好，改革派也罢，都是留住"有根设计"的主力群体的一员，近代艺术家具之所以种类不一，原因就在于矛盾双方（即保守派与改革派之争）的相互作用。

家具并非是独立发展之物，其与建筑的演变密切相关，时至近代，西方思想大量涌入中国，很多国家在中国设立租界（图 2-2），如英国、法国、俄罗斯、美国等，在此种情况下，不仅西式之白木家具大量流入中国，西方古典之装饰元素与风格也一并而入，如洛可可式、巴洛克、新古典等等。在建筑上，中国传统建筑形式逐渐将西式设计融入其中，如从封闭式迈向宽敞式、水泥墙的应用、斗拱的简化等，石库门住宅群的出现（图 2-3），即是中西合璧的结果；在家具上，或多或少地采用了西式元素作为点缀，正因为如此，此类型的家具被保守派称为"洋庄"家具。

a 英国领事馆　　　　　　　　　　b 俄罗斯领事馆

图 2-2　租界建筑

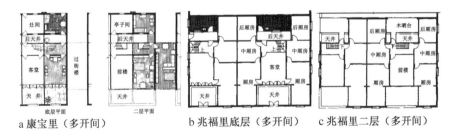

a 康宝里（多开间）　　b 兆福里底层（多开间）　　c 兆福里二层（多开间）

图 2-3　石库门建筑平面图

由于人们在原有的生活方式中混入了西式元素，故中国近代艺术家具在形式上出现了创新，如三门衣柜、片子床、梳妆台等。近代艺术家具从不抗拒新鲜元素的挑战，如与装饰艺术运动相结合，促进了 Art Deco 家具形式的诞生（图 2-4）。

在形式上，近代艺术家具虽与古代艺术家具有些许差别，但并不意味着对传统的反叛，而是创新式的继承，既继承了古代艺术家具之精髓，如榫卯结构的延续，又出现了些许的与时俱进之痕迹，如家具新类型的问世。工业生产是任何国家都无法避免的事实，我们并不倡导莫里斯式的强烈反对之态度，但艺术家具也不会走向批量生产的范畴，近代艺术家具作为转型之作，在手工艺与机械化大生产中找到了平衡，为后来艺术家具的发展，提供可借鉴之路。

图 2-4　Art Deco 家具

2.1.3　当代艺术家具

当代艺术家具作为中国文化与艺术之与时俱进的产物，有别于纯粹的"艺术设计"与以满足大众市场为主的"工业设计"，前者是个性的体现，无需考虑作品的实用性，而后者则过于依赖机械化，缺少必要的"匠人精神"。对于中国文化与艺术的诠释，各行各业的看法均有不同，但是大致可分为两类，一类是延续"西方的现代设计"的路线，一类则以"中国的工艺技术"为主，前者多出自高校的现代设计师，而后者则来自工厂的工匠们。相对于古代艺术家具与近代艺术家具，当代之艺术家具当属创新之作，在创新之初，各种元素均被挖掘，并加以利用，于是新古典、现代中式、新中国主义、新中式、现代东方、新东方、新亚洲主义等相继出现，但是由于两个行业之间的断层，以至于两者对当代艺术家具的诠释均有偏见之处，前者缺乏对中国家具结构的研究，而后者则排斥西方的设计理念，所以最终出现的结果就是，出自现代设计师之手的作品过于概念化或现代化，而出自传统工匠之手的作品则充满了对传统的怀旧之情。

当代艺术家具设计作为"中国的家具"的一部分，虽然不需拘泥于古时，但也不能将中国古代艺术家具之精髓抛弃。如何处理与把握设计与工艺之间的关系，是当代艺术家具所要面临的问题之一，面对西方文化的冲击，我们无法躲避，也无须躲避。文化相融、思想交流本是拓展设计思路的必经之路，但是在借鉴与利用的同时，必须分清主次与先后。当代艺术家具作为工艺设计的产物，必然无法将设计与工艺（内部工艺—榫卯结构与外部工艺—装饰工艺）分开，对于当代艺术家具的设计，我们可以融入风格派、立体主义、表现主义等艺术表现形式，也可注入后现代主义与波普运动等思想形式，但不能脱离中国之工艺而独立存在。

综上可知，对于当代艺术家具的理解，出现了不同看法与观点，针对这种较为混乱的状况，笔者提出了当代艺术家具之四分法，该法以文化和工艺作为风格分类的基础，在中国文化、西方文化、传统工艺与现代工艺（非指西方之现代工艺）的相互交叉中，产生不同的风格形式。

2.2 从使用功能上

使用功能既是中国艺术家具得以立足的前提之一，也是细化中国艺术家具之类别的标准之一，由于生活方式的变革，使用功能出现了些许之改变，家具在历经低型到高型的蜕变之时，出现了与之相符的家具形式，如椅类、桌类、橱类、架类等高型家具。

中国艺术家具作为古今文化的载体，形式出现异同、类别出现多样化是必然之事，按照使用功能的差别，我们可将中国艺术家具分为椅凳墩类（坐具）、桌几案台类（承具）、床榻类（卧具）、柜橱架箱盒类（庋具）、架具、屏风类（屏具）等。

2.2.1 坐具

椅凳墩类虽同属坐具，但区别甚大，椅子不仅具有与凳、墩类相同之功能，即坐，还有前两者不具备之功能，即供人倚靠。椅子又称"倚子"，在唐德宗贞元十三年（797年）间，有对其的文字记载。而对于"椅子"一词的最早的记载，则是源于日本天台宗高僧慈觉大师圆仁所著之《入唐求法巡礼行纪》一书，书中提及：相公及监军并州郎中、郎官、判官等皆椅子上吃茶，将僧等来，皆起立，作手宣礼，唱："且坐"。可见，唐朝不仅出现了椅子这种坐具，还出现了"椅子"一词。随着生活方式的改变，椅子的种类逐渐拓展，出现了诸如靠背椅、扶手椅、玫瑰椅、圈椅、交椅、灯挂椅、南官帽椅、太师椅、宝座、禅椅、轿椅、鹿角椅、长椅、摇椅、躺椅、沙发椅、茶台椅、休闲椅、餐椅等等（图2-5）。

凳类与椅类不同，其是无靠背有足之坐具，凳子的历史较为悠久，正如宋吴曾所言："床凳之凳，晋已有此器。"其还有"橙"（南宋洪迈提及："有风折大木，居民析为二橙，正临门侧，以侍过者。"）与"兀"（陆游曾言："往时士大夫家，妇女做椅子、兀子。"）之称。凳之种类也不在少数，如方凳、圆凳、长条凳、月牙凳、床尾凳、茶台凳、梳妆台凳等

a 椅（南宋《西园雅集图》）；b 圈椅（南宋《五山十刹图》）；c 扶手椅（日本正仓院藏）；d 美人靠（安徽博物馆）；e 沙发椅；f 禅椅（春在复制品）；g 茶台椅（合兴）；h 海派扶手椅

图 2-5　椅类

（图 2-6）。

　　墩子是伴随垂足而坐之起居方式而诞生的一类坐具，早在唐代就有对其的记载，且形式已出现了多样化，时至宋代，墩子还是在朝廷上礼遇高级官员的特殊坐具，如《宋史》中所言："遂赐坐。左右设墩。"墩子也有鼓凳、圆墩、方墩、绣墩（周身施有精美织物之装饰的圆墩）、藤墩等之别（图 2-6）。

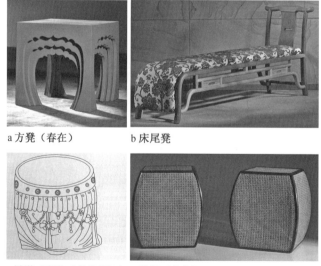

a 方凳（春在）　　　b 床尾凳

c 绣墩（南宋《却坐图》）d 藤墩（春在）

图 2-6　墩类与凳类

2.2.2　承具

桌、几、案、台类属承具之范畴,桌子作为高坐式起居方式的产物,在以席地而坐为生活方式的时代,其功能被几、案类家具所承担。

桌与几案有别,前者的足端位于承面至四角处,而后者之足端呈缩进之状态。按照其使用功能,桌子可分为高桌、低桌、条桌、方桌、供桌、书桌、琴桌、经桌、抬桌、挑桌、围栏桌(桌面及其以上部分形似露台)、棋桌、画桌、酒桌、茶桌、餐桌、咖啡桌等等(图2-7)。

a 七巧桌　　　b 清式活面棋桌　　c 抬桌(《羲之写照图》) d 折叠桌(金代壁画)

图 2-7　桌类

案的历史较长,在低型时期,无论是作为礼器,还是生活用具,其都是常见之物。宋代之前,案子较为低矮,而宋代之后,其形制也逐渐升高,正如陆游所言:"而其墓以钱塘江为水,越之秦望山为案。"但在升高之初,其与高脚桌似乎并无太大差别。对于案的分类,也没有统一的标准,按照面子的形状,有翘头案与平头案之别;按照形制分,则有条案、架几案等之分;按照功能分,又有画案、书案、供案、香案、炕案等(图2-8)。

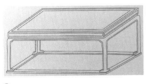

a 案(北宋《围炉博古图》);b 翘头案1(北宋《梅花诗意图》);c 棋案(南宋《中兴瑞应图》);
d 翘头案2(网络)

图 2-8　案类

至于几,则是古人在席地而坐时期用以凭依之家具,而后逐渐演变为置放小件物品的承具,几作为情感的载体之一,其充满了主观群体的思想寄予,如欧阳修之言"岂如几席间,百态生浓纤",苏轼之"窗扉静无尘,几砚寒生雾",陆游之"从今几砚旁,一扫蟾蜍样",均彰显了文人对几的青睐。在形式上，几有高型与低型之别；在使用功能上，有花几、香几、茶几、榻几、炕几、桌几、书几、足几、燕几、琴几、套几、蝶几、沙发几、叠几、被几等（图2-9）。

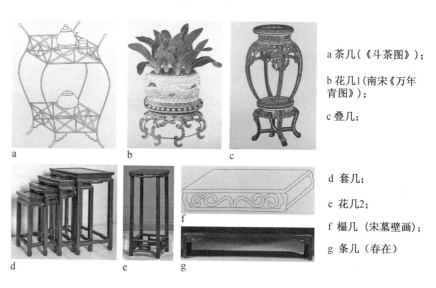

a 茶几（《斗茶图》）；

b 花几1（南宋《万年青图》）；

c 叠几；

d 套几；

e 花几2；

f 榻几（宋墓壁画）；

g 条几（春在）

图2-9　几类

台是近代中国艺术家具某类承载类器物的称谓，其具有较强的地域性，在海派家具与广作家具中，常有此称谓的出现，诸如茶台与梳妆台（图2-10）。

a、b 茶台

c 梳妆台

图2-10　台类

2.2.3　卧具

床榻类属卧具之列，最早的床之概念有二，即坐具和卧具，如汉代《说文解字》中提及："床，安身之坐者。"这表明早期床的主要功能是坐具。当床作为卧具时，其种类也是较为繁多的。从材料上可分为木床、藤床、土床、竹床与玉床等；从形式上，可分为架子床（三面设围子，四角有立柱，且其上有盖的卧具）、拔步床（又有"千工床"之称，形似居室）、屏板床（现代形制，床身的通透性加强，且可从两侧上下）、片子床等（图 2-11）。

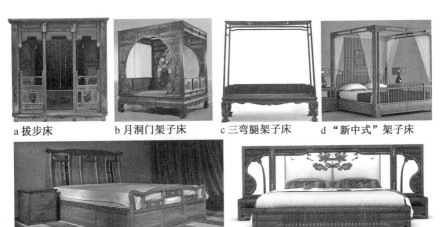

a 拔步床　　b 月洞门架子床　　c 三弯腿架子床　　d "新中式"架子床

e 新中式卧具1（传统家具行业）　　f 新中式卧具2（现代家具行业）

图 2-11　床类

　　榻与床一样，早期之功能也是供人坐于其上，东汉刘熙在《释名》中有言："榻，言其体，榻然近地也，小者曰独坐，主人无二，独所坐也。"榻之功能也较为灵活，也可作为卧具之用，其与床同属卧具，但其形制方面却彼此有别，正如《释名》中所言："长狭而卑者曰榻。"榻之形式也是多变的，从结构上，有箱体与框架、有束腰与无束腰、带托泥与无托泥与设置围子（罗汉床）与无围子（平板榻）之分；从材料上，有木榻、竹榻、石榻等之别。床也好，榻也罢，从古代到近代再到当代，由于生活方式的演变，与不同文化形式的相互影响，其必然出现相应的变化（图 2-12）。

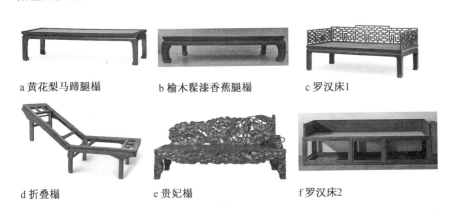

a 黄花梨马蹄腿榻　　b 榆木髹漆香蕉腿榻　　c 罗汉床1

d 折叠榻　　e 贵妃榻　　f 罗汉床2

图 2-12　榻类

2.2.4　庋具

柜橱架箱盒等类属于庋具之类，庋具是用于放置、收藏物件的储藏类家具（图2-13）。

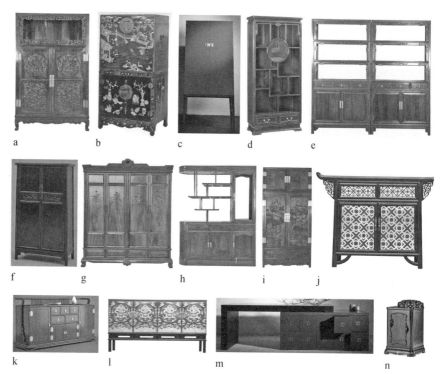

a 万历柜；b 彩绘方角柜；c 当代中式柜类；d 丝翎檀雕博古柜；e 亮格柜；f 圆角柜；g 衣柜；h 隔厅柜；i 顶箱柜；j 翘头柜；k 餐边柜；l 四门柜；m 电视柜；n 床头柜

图 2-13　橱柜类

（1）按其形制分，有圆角柜与方角柜之别。

（2）按照其功能，可分为药柜、顶箱柜、万历柜、朝服柜、亮格柜、炕柜、碗柜、大衣柜、书柜、橱柜、电视柜、隔厅柜、组合柜、画柜、文件柜、酒柜、米柜、餐边柜、鞋柜、首饰柜、玩具柜等（图2-13）。

（3）按照所设置的门板数，还有二开门与四开门等之分，其与柜的形式大致相同，只是南北方称谓的不同，其与柜子一样，也有不一的形式与繁多的种类，如书橱、闷户橱、五斗橱、碗橱、佛橱、衣橱等等。

箱盒与橱柜一样，均属贮藏类家具，其区别主要体现在尺寸上，一般大者为箱，反之则为盒，还可称之为函、匣、奁等（图2-14）。

（1）箱盒也有颇多的种类，如朱漆盒、黑漆盒、镜盒、梳妆镜箱、

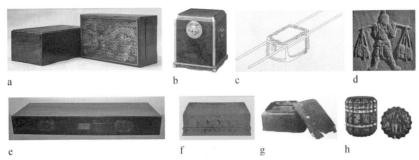

a 首饰盒；b 衣箱；c 抬箱（宋代壁画）；d 挑箱（宋墓壁画）；e 乐器盒；f 经盒；g 剔锡盒；h 镜匣

图 2-14　箱盒类

书箱、衣箱、行李箱、抬箱、药箱、轿箱、座箱、画箱、官皮箱、食盒、印盒、果盒、纸巾盒等。

（2）对于较大者之箱子而言，其有三种陈设方式，即地上、桌上与手上。

① 体积大的，设于地上。

② 体积适中者，放于桌上。

③ 而体积小者，则捧于手上。

2.2.5　架具

架具是中国艺术家具不可缺少的门类之一，古时如此，当今如此，架具包括灯架、巾架、盆架、瓶架、衣架、镜架、乐器架、炉架、笔架以及其他类等。在爱迪生没有发明电灯之前，人们以油灯和蜡烛来获取光明，故需支撑之物，即灯架。灯架有高矮之分，即矮灯座与高灯架之分，为了保证其稳定性，常有灯座与之配合使用，如十字形、曲足形、屏座形、支架形与平底形等。除此之外，灯架的造型也是变化颇多，如树杈形、S 形、托盘形、动物形（如汉代之铜灯）以及其他仿生形等。

衣架是挂衣服的架具，估计功能亦如此，起源于春秋战国之衣架，有横式与竖式之分（图 2-15）。

巾架是专门放置毛巾的器具，其犹如衣架的缩小版，由底座、立杆、横杆等部件组成（图 2-15）。

盆架的种类也是五花八门，如火盆架、花盆架、面盆架等（图 2-15），其中不仅有直腿形的，还有三弯腿与柱腿状的。

瓶架是专门置放瓶子的架类器物（图 2-15），其与盆架类似，只是瓶架比盆架略高，在结构上，有箱形与框架形之别。

镜架隶属于梳妆之行列，是用以支撑镜子的支架（图 2-15），其无论是在种类上，还是在结构与装饰上，均呈现出多样化之特征，如椅凳类、床榻类与桌案类等均可成为镜架之造型的灵感来源。

乐器架是为置放乐器之用的，如鼓架、钟架、磬架、方响架、钲架、镈架、琴架等（图 2-15），乐器种类繁多，形式不一，故盛放其的架子自然也不例外。

除了上述之架类外，还有秤架、兵器架、钵架（都承盘）、帽架、笔架、砚架、桶架、纺架、枕架、戏架等等。总之，功能的细分不仅是生活精致化的表现，更是人类文明提升的外在体现。

a 灯架；b 汉凤凰灯；c 汉朱雀灯；d 铜羊灯；e 面盆架；f 火盆架；g 镜架；h 衣架1（宋墓壁画）；i 衣架2；j 瓶架（《华春富贵图》）；k 巾架（金代壁画）；l 笔架（辽墓壁画）；m 钵架（《张胜温画卷》）；n 箭架（《乐书》插图）；o 帽架（壁画）；p 砚架（辽壁画）；q 围架（宋壁画）；r 炉架（《碾茶图》）；s、t 鼓架（《乐书》插图）；u 镈架（《乐书》插图）；v 方响架（《乐书》插图）；w 磬架（《乐书》插图）

图 2-15　各式架类

2.2.6 屏具

屏风是古人室内的重要组成部分，有装饰、分割空间之功能，常置于宝座、椅、榻之后。屏风与其他家具一样，是古人思想之承载者，汉人李尤在《屏风铭》中提及："舍则潜辟，用则设张，立必端直，处必廉方，雍阏风邪，雾露是抗，奉上蔽下，不失其常。"此段描述，不仅描述了屏风的特征与功用，还道出了屏风是儒家道德伦理的化身，赋予其深刻的文化内涵。屏风之形式也不在少数，如地屏、座屏、插屏、围屏（曲屏）、挂屏等，无论是上述何种屏风，均有设置屏心之结构，其上的装饰形式更是大不相同，如宫廷、文人、富商、市民等，均有各自的审美取向，故在装饰题材与造法上，也是差别连连。

综上可知，从古至今，人们的生活方式不断出现波动，故艺术家具的功能也随之而出现不同程度的演变与细分，无论是古代艺术家具，还是近代艺术家具，抑或是当代之艺术家具，种类与形式均需满足主观群体的"适用性"的原则。

2.3 从材料上

中国艺术家具的用材可谓是种类繁多，大致可分为青铜家具、陶石家具、木家具（漆木和硬木）、竹藤家具、混合类家具等。

2.3.1 青铜

提及青铜器（图2-16），夏商周自然不可被忽略，在此时段里，可谓是青铜器的鼎盛之时，无论是祭祀、还是礼乐，抑或是宴飨，均离不开青铜器的参与，如青铜的"俎"（屠宰祭祀品的案子）、禁（置放祭祀品的案子）、酒器（爵、角、斝等温酒器，瓠、觯、杯等饮酒器，尊、罍、瓿、壶、觥、缶等盛酒器）、食器（簋、簠、豆等盛实器）、水器（匜、盘等）与乐器（铙、钲、鼓、钟等）。

到了春期战国，青铜器的身份逐渐在发生变化，大多数青铜器已经走下庙堂，面向了生活（如铜镜——平面镜、凸面镜与凹面镜，带钩，灯具，器坐，鉴等的出现），故此时之青铜造型出现了些许变化，正如孔子所出之著名慨叹，即"觚不觚"（此话反映了青铜器造型的演变），虽然与前朝有别，但青铜器却迎来了其第二个艺术高峰期，出现了嵌红铜、失蜡法（蜡模浇铸法）、鎏金、针刻等创新技法，使得青铜器更为

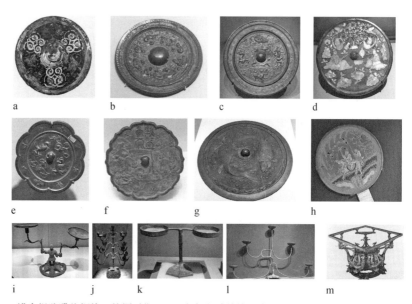

a 错金银狩猎纹铜镜（战国时期）；b 六朝之神兽镜（南京博物院）；c 隋之铜镜（中国国家博物馆）；d 唐之铜镜1（中国国家博物馆）；e 唐之铜镜2（南京博物院）；f 宋之铜镜（中国国家博物馆）；g 金之铜镜（中国国家博物馆）；h 清之红漆描金铜镜（南京博物院）；i 战国铜灯（中国国家博物馆）；j 秦汉铜灯（中国国家博物馆）；k 西汉铜雁足灯（南京博物院）；l 西汉铜灯（南京博物院）；m 错金银青铜龙凤鹿方案架（战国中期）

图 2-16　青铜类

引人注目。

　　而到了秦汉时期，由于漆器的繁荣与陶器的发展，使得青铜器的发展远不如从前，其脱下了"礼器"之外衣，成为生活用品的一部分（器物的重量趋向减轻，装饰日渐简朴），如铜灯（青铜多枝灯、铜羊灯与彩绘铜雁灯等）、熏炉（如错金云纹青铜博山炉）与铜镜的大量出现，且制作与设计尤为考究。

　　对于青铜的情感，秦汉之后的古人并未将之置于一旁，而是出现了仿制之风，如两宋期间，特别是宋徽宗以后，不少的瓷器以商周之青铜器为楷模（宋代盛行考古风，金石学便是其产生的结果），再如元代，亦有名家制作仿青铜器制品（如沈铸父子），古代如此，今下亦如此，也有匠师与设计师对青铜情有独钟。青铜器作为时代的标志，不仅承载着人们对信仰的寄托，也记录着自身角色转变的历史，即从礼器转变为生活用品。

2.3.2　陶石

　　陶石家具中的精品也是中国艺术家具门类之一（图 2-17），这里的陶泛指陶与瓷家具，对于陶瓷家具而言，其变化主要体现在釉色和装饰上。中国陶瓷可谓是世界级的瑰宝，西方人，尤其是宫廷与贵族，曾以拥有一件中国瓷器而感到自豪，这也为17—18世纪的"中国风"播下了潜在的种子。无论是中国的素色陶瓷（青瓷、白瓷、影青、黑釉等），还是彩色陶瓷（斗彩、五彩、青花、粉彩等），在不同的朝代均有不同的表现形式。正如上述所言，工艺是人和材质之间的对话，其离不开主观群体的哲学思想，亦无法脱离实际物体的承载，宋代理学成就了五大名窑的素雅与质朴，而儒释道相结合的唐代则塑造了唐三彩的华丽与雍容。

a 东晋陶凭几　　　b 青花　　c 红釉　d 蓝釉　　e 青釉　　f 斗彩

g 青花墩 h、i 青花盒　　　　　j 徽派砖雕　　　k 徽派石雕 l 石绣墩

图 2-17　陶石类

陶瓷家具亦属陶瓷之范畴，自然也可将上述工艺表现得淋漓尽致，由于家具的部件繁复，加之陶瓷自身的局限性，故陶瓷家具种类较少，笔筒、笔架及小绣墩等是常见之物。对于石材，大家并不陌生，徽派建筑中形式不一的石雕，那深沉却又不失灵动的感觉让人过目难忘。

对于石家具而言，虽不及石雕丰富，但也是备受文人青睐之物，如宋之米芾，赏石成痴，故得名"石痴"，再如苏轼，也喜欢在池水中供养天生文采之石头，正因为如此，宋代之"赏石文化"是非常昌盛的。石桌、石墩是常见的石家具，但也偶有石踏、石砚屏（置放于砚台旁边，用于挡风以延缓砚台中水分的蒸发，是文人常用的器物）之类器物的出现，如在《宋朝事实类苑》中便有记载："王樵，字肩望，淄川人。性超逸……预卜地为圹，名茧室，中置石踏……"提及石砚屏，我们必然会想起欧阳修的紫石砚屏、黄庭坚的乌石砚屏以及苏轼的月石砚屏等。陶石家具是历史为后人留下的可发展式艺术之一，我们没有理由不去接受，是继承式的发展，还是扬弃式的创新？这是"中国的家具"在发展过程中需面临的问题之一。

2.3.3　木材

木家具有漆木与硬木之别，漆木和硬木是中国古代艺术家具的主要类别，代表着中国艺术的不同方向。

髹漆的历史较为悠久[4-5]，从原始社会起，其就有所发展，如在河姆渡原始社会遗址中出土的"木胎朱漆碗"，便是"用漆"的证明。而后又从商周出土的漆器残片中，可见髹漆技术之精湛，残片之上的漆面不仅乌黑发亮，还兼有彩绘与镶嵌等工艺。

纵观古今，漆家具之上的工艺（该工艺是制作过程与设计过程的统一，即工加美）众多，历朝历代均有对其的传承与创新，如春秋战国的麻布胎，汉代的纻器、针刻、戗金、金银箔贴花与镶嵌，魏晋南北朝的犀皮、彩绘与戗金，唐代的夹纻、嵌螺钿、金银平脱漆器，宋元的漆雕、戗金银、堆漆与嵌螺钿，明代的彩绘、描金、堆漆、雕填、款彩、漆雕、百宝嵌等以及清代的嵌螺钿、填漆、戗金、彩绘、描金、瓷胎漆、漆雕、金漆镶嵌等，当代的彩绘、描金、剔红、剔彩、堆漆、推光漆、断纹漆、镶嵌等等[6-7]（图 2-18），均是传承与创新的见证。

图 2-18　髹漆类

不同的工艺所呈现的艺术效果有所差异，如漆雕与堆漆，它们与描金不同，前者三维感较强，而后者则以二维之方法表达中国的文化与艺术。不仅如此，艺术之间的相互影响也甚是明显，如断纹漆，其效果与宋之哥窑颇为类似，断纹漆以自身之特点作为装饰，充分将"素"的概念推向极致。

中国的漆器不仅影响了日本（图 2-19），还在西方产生了不小的波动，如作家雨果室内之"漆器壁龛"，德国作家德吕翁《大家族》之作品中所提及的"黑花红漆家具"、奥地利茨威格《同情的罪》中所提及的"中国漆盆"。这些漆家具不仅仅只存在于小说中，在现实中也有存在，如奥地利女王特蕾莎之"中国漆器厅"、伊丽莎白一世时代之"蓝色卧房"中的漆器桌子等等。不仅如此，由于对于漆器的钟爱与追捧，巴洛克与洛可可也曾受其影响。由此可见，漆器的影响之巨大。

图 2-19　日本漆器

　　硬木家具与漆木家具同属中国文化的一部分，由于硬木的质地较软木的大[8-10]，故其无论在装饰工艺上，还是结构工艺上，均与漆木家具有所不同。在改革开放之后，由于王世襄、杨耀等人著作与论文的相继出现，硬木家具受到众多人的追捧，如红木厂家、收藏者、学者与消费者等，于是仿古家具充斥着大小市场，不仅如此，还出现了仿古家具的审美标准，即形、材、艺、韵。家具与绘画难以分割，漆木家具如此，硬木家具亦如此，重点表现在其装饰之工艺上，硬木家具常以雕刻、镶嵌等手法来表现纹饰的生动感，如浅浮雕、深浮雕、圆雕、综合雕、嵌木、嵌玉石、嵌百宝、嵌瓷、嵌螺钿、嵌骨木、嵌象牙、嵌珐琅等[11-12]。

　　仿古是中国文化回归的必经之路，仿造的同时即是学习的过程，古人对于材料的尊重、对文质并行与神形兼备的追求以及对于中国哲学在家具中的体现等，均是我们需要实践与领会的。历经深入的剖析，一些厂家不再拘泥于仿古，开始自行创新，如预应力技术（使得木材之无缝拼接成为现实，即用蜡分子将木材中的水分子置换）、硬木弯曲技术（图2-20a）、丝翎檀雕（利用丝翎铁笔，以刀代笔，用木材作为载体，将中国的工笔画呈现其上）（图2-20b、图2-20c）、光影雕（在光与影的作用下，将木雕、中西绘画技艺苏绣相结合）（图2-20d 至图2-20f）、嵌金银丝（是金银错与金银平脱漆器之继承者，将依附性较强的金银丝镶嵌至大型家具之上）（图2-20g、图2-20h）、蛋壳镶嵌（图2-20i）等，均是在仿古过程中的收获。而在结构方面，结构精密、严丝合缝的榫卯结构，更是我们后辈需要继承的精髓，曾经有学者将明代之硬木家具置放于水中，浸水一段时间之后，再将其内部拆开，令人惊奇的是，其内部完全没有水入侵的痕迹，这便是榫卯结构严丝合缝的表现之一。

总之，硬木家具作为继漆木、榉木之后的又一大家具形式，承载着与前两者不同的文化形式与哲学思想，如明代为何尚"黄"，而清代又因何尚"黑"等，这些均是在朝代更替之时出现的文化哲学现象之一。

a 硬木弯曲技术　b、c 丝翎檀雕　　　　　　　　　　　　　　　d 光影雕1

e、f 光影雕2　　　　g、h 嵌金银丝　　　　i 蛋壳镶嵌

图 2-20　硬木家具

2.3.4　竹藤

竹藤家具作为中国艺术家具的又一类别，不仅丰富了中国艺术之门类，也将中国的工艺观中之"宜"（即和谐、适应、合理）体现得淋漓尽致。与石家具相比，竹家具的种类更多，如竹椅、竹榻、竹舆、竹夫人（唐称之为"竹夹膝""竹几"，宋将之叫为"竹夫人""青奴""竹奴""竹姬"等，天气炎热时，常置于床席间，可拥抱、也可搁脚等）（主要供夏季所使用，如"淳熙三年夏，吴伯秦如安仁，未至三十里，投宿道上白云寺，泊一室中。喜竹榻凉洁……不解衣曲肱而卧"）、竹床（在宋代较为多见，如杨万里之曾作有《竹床》之诗、吕荥阳有诗曰"竹床瓦枕虚堂上"、苏轼《仇池笔记》中也曾提及"成都青城山老人村中有'竹床'"）、竹雕之笔筒等。

由于竹子的种类繁多（淡竹、水竹、刚竹、苦竹、青竹、桃竹、毛竹、紫竹、楠竹等 200 余种），资源丰富，故在民间较为常见，除了其自身的使用价值之外，其还被赋予颇多的情感与寄托，如文人对竹的垂爱，所以在"咏竹"与"画竹"中，将其进一步人格化，如苏轼言："宁可食无肉，不可居无竹，无肉令人瘦，无竹令人俗。"不仅如此，一些文人还将竹制成文房清玩与雅器，日日与之相对，以培养清雅之品格（文人爱竹，大概与佛教不无联系，竹心为"空"，与佛教之"空无观"有异曲同工之妙）。时至现代，设计师依然没有放弃对竹的热爱，如利用竹编之工艺设计灯具、瓶类、盘类等（图2-21）、继承与创新竹刻工艺之辉煌等。

图2-21　现代竹制品

另外，在竹家具中，还有一类较为特殊的家具形式，即斑竹家具，斑竹又名"湘妃竹"（该竹也是人格化之物，如斑竹与娥皇、女英的故事不可分割，晋人张华记载："尧有二女，舜之二妃，曰湘夫人，舜崩，二妃啼，以涕挥竹，竹尽斑。"），其上赋有大小不一的斑点，具有特殊的观赏价值，所以又有"观赏竹"之称。匠人常以之制作小型工艺品，如笔杆、竹扇等，斑竹家具乃少见之物，故较为珍贵（图2-22a、图2-22b)，除了匠人之外，画家也喜用斑竹作为描画之物，如元代钱选的《扶醉图》、元代刘贯道的《梦蝶图》与清代《慈禧太后像》中具有斑竹的身影。

藤与竹、木一样，均是源于自然之物，对于藤之使用，其可单独成器，也可与木家具相混而用，即软屉。藤材料不仅结实耐用，而且自然美观，所以赢得了颇多的追随者。如宋人将之单独制作成器，虽然我们不曾见到流传至今的实物，但是我们可从宋画中窥探一二，如《文会图》（图2-22c）、《十八学士图》、《消夏图》、《罗汉图》、《荷亭对弈图》、《浴婴图》、《勘书图》等，均可从中看到宋人对藤制坐墩的精致描述。而对于后者，匠师们常利用藤编工艺，将之赋予座面、榻面、罗汉床面等之上（图2-23）。

a、b 斑竹家具　　　　　　　c 藤制坐墩（《文会图》）

图2-22　竹类

图 2-23　藤类

2.3.5　混合类

混合类家具，即多元设计的一种，是当代艺术家具中常见之物，如将不锈钢、玻璃、亚克力板、碳钢（曲美之碳钢系列作品）等现代材料融入艺术家具的设计之中（图 2-24）。万事万物皆可成为设计之源，但是如何把握"万物并存而不相害，道并行而不相悖"之分寸，如内部之结构的对接、材料之纹理的过渡等，均是多元化设计所需考虑之问题。

图 2-24　混合类

2.4　从结构上

中国的起居方式有高低之别，这是影响家具形式与结构的主要因素之一，席地而坐的年代，家具主要以低型为主，然而在垂足而坐的生活方式得以普及之后，家具的形制出现了革新，高型家具登上了历史的舞台，成为人们日常生活的主流。既然家具在形式上有高低之分，那么其结构必然有所不同，在建筑的"大木梁结构"未成熟之时，低型家具均以"箱体"为主，但是在其发展成熟之后，"框架"结构便逐渐成为家具形制的主流，框架结构成为主流，并不意味着箱体结构的消失，其依然是部分家具形制的结构形式，如盒、箱、小型柜、匣等。另外，除了"箱体"与"框架"结构外，中国艺术家具还存在第三种结构形式，即"其他类"，该类家具是模仿"非箱体"或"非框架"类的器物而得，如模仿青铜器、陶瓷、玉器等。综上可知，中国艺术家具的结构有三种，即箱体、框架与其他形制。

2.4.1 箱体

箱体结构是席地而坐之生活方式的产物，在唐及其以前，家具主要以低型的箱体结构为主，箱体结构的形式有二。一是四面均以板材围之，板材可以是一块，亦可以为多块拼合而成，为了缓解箱体的沉闷之感，板材上均以不同形式的开光作为装饰，如壶门式。中国家具以木为主，故尚存于世的箱体家具已鲜少见到，但是我们可从绘画及出土的其他材料的文物中了解一二，如《孝经图》《围炉博古图》与《十八学士图·作书》中的榻，四川广雒杨镇北宋出土的陶椅，《道子墨宝·地狱变相图》、《十六罗汉像其二》与《西园雅集图》中的坐具，《妆靓仕女图》《韩熙载夜宴图》及江苏淮安杨庙北宋宋墓壁画中的案，《赏乐图》和《十六罗汉像其二》中的几等，均是该种形式的箱体结构（图 2-25）。

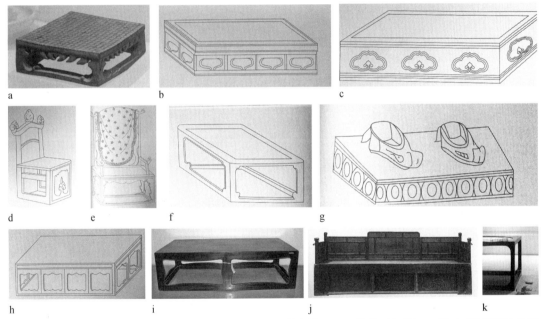

a 白釉围棋桌（隋）；b 榻1（《消夏图》）；c 榻2（《围炉博古图》）；d 陶椅（宋墓）；e 椅（《道子墨宝·地狱变相图》）；f 凳（《十六罗汉像其二》）；g 足承（《张胜温画卷》）；h 案（《韩熙载夜宴图》）；i 榻3（春在）；j 朱黑漆暖床（明后期）；k 几（大清翰林）

图 2-25 箱体结构一

除此之外，箱体结构还有第二种形式，即"框架"之感的出现（图 2-26），该种形式的箱体结构与第一种有所不同，前者是板与板之间的围合，即腿足与"托泥"合二为一（即家具中托泥非单独部件，是由于板材之间的围合而出现的"托泥"之感），而后者之腿足与托泥则有相互独立之势，该种分离预示着框架时代的来临，如现藏于日本正仓院中之"木画紫檀棋局"（唐）、《荷亭对弈图》与《宫诏纳凉图》中的榻，《围炉博古图》与《状镜图》中的长凳、《碾茶图》与《围炉博古图》中的案以及《听阮图》与山西高平开化寺北宋壁画中的香几等，均是此类形式的箱体结构。

a 木画紫檀棋局（唐）　　b 榻（《听阮图》）　　　　c 方凳（《围炉博古图》）　d 平头案（宣明典居）

图 2-26　箱体结构二

综上可知，箱体结构与框架结构存在着千丝万缕的联系，从最初的箱体到"框架式"的箱体再到框架结构，是蜕变与演化的见证。

2.4.2　框架

框架结构的出现既离不开高型起居方式的流行，也离不开大木梁建筑形式的成熟，大木梁结构是我国传统结构建筑中的一种骨架，即在柱上用梁和矮柱重叠装成，以达到支撑屋面的作用，该种形式对家具形制的影响极大，即促进了框架式结构的成熟。在框架结构中，有很多部件是对梁架结构的模仿，如腿足（效仿建筑中的柱子）、矮老（短柱的效仿）、罗锅枨（月梁的效仿）、霸王枨（角梁的效仿）、横枨（建筑子梁的效仿）与一腿三牙之结构（模仿斗拱之式样与作用）等，均可视为梁柱结构中子部件的浓缩版。

框架结构的出现，并非意味着箱体结构的消失，而是对其的补充与丰富。在形式方面，框架结构出现了简洁化的倾向，简洁源于用材的由厚变薄（箱体结构用材较厚）与类似于梁柱结构等部件（诸如枨子、矮老等）的出现，均为其平添了些许轻便（轻便在于用材之厚薄的变化）与通透之感（图 2-27、图 2-28）。

在连接方式上，框架结构还出现了新的革新，即"攒边打槽装板"的做法应用，该法的实施既减轻了板材的重量，又解决了木材的变形问题（"收缩缝"与穿带的设置，便是解决上述问题的关键所在）。

而在种类与形状上，框架结构较箱体结构更为丰富与多样，不仅在

图 2-27　非折叠类

a　　　　　　　　b　　　　　　　　c　　　　　　　d

a至c 黄花梨折叠凉床；

d 黑漆皮面折叠桌（明末）；

e 折叠床

e

图 2-28　折叠类

种类上有所增添（以几为例，除了传统的凭几之外，还增添了茶几、花几、香几、榻几、炕几、桌几、书几、燕几等新鲜品类），而且在构成家具的子部件的形式方面也颇为丰富（无论是腿足与束腰，还是几面与托泥，均出现了多样化的倾向。论腿足，有直腿、三弯腿、内翻马蹄腿、外翻马蹄腿、蜻蜓腿、香蕉腿、象鼻腿、交叉腿、侧脚腿、收分腿、三条腿、四条腿、六条腿等；论几面，有圆面、方面、六边形面、矩形面、围栏面等；论束腰，也有高低与有无之分，可见这子部件的姿态纷呈与表现不一）。

　　不仅如此，对于内部结构与造法而言（即榫卯方面），亦出现了新鲜之作，如夹头榫、插肩榫、抱肩榫、楔钉榫、粽角榫、烟袋锅榫、揣揣榫、栽榫、格肩榫、裹腿枨、大进小出、逐段嵌夹等，均是伴随着框架结构的发展而走向成熟的，既然是框架结构，就无法回避各种框架之间的接合，框架的形式有水平（大边与抹头、直材与直材的交叉、弧形弯材之间的交叉、板心与边框、厚板与抹头等）、竖直（平板角接合、方材角接合、圆材角接合、板条角接合、腿足与边抹、腿足与枨子、矮老与面子、卡子花与面子、矮老与牙条、卡子花与牙条、霸王枨与腿足、霸王枨与面子、腿足与面子、腿足与托泥、立柱与墩作等）与丁字形（横竖材丁字形接合、腿足、牙子与面子的接合以及角牙与横竖材之间的接合等）之别，故所用连接方式包罗甚广，既有对箱体结构的继承，亦有创新之作。

　　综上可知，框架结构的成熟不仅在外部形态上为中国艺术家具增添了颇多的新鲜之感，在内部结构上亦是如此，这一内一外的蜕变，诉说着中国文化与艺术的丰富与包容。

2.4.3　其他形制

　　除了框架与箱体结构之外，还存在其他类别，即板箱结构、折叠结构、捆绑结构、翻模制范式结构与跨界结构等。板箱结构可视为箱体结构的继承者（图2-29），在该种结构中，以板材间的接合为主要构成方式，以案为例，板箱结构的案与框架结构之案不同，前者涉及的是板与板之间的接合，面板也好，足板也罢，均需以"板材状"出现（板足的造法有两种，其一是以厚板为足，其二是以攒框装板之法形成腿足）。

图 2-29　板箱

　　折叠结构包括"交叉结构"与"非交叉结构"（非交叉结构依然属于框架结构之范畴，如展腿桌与折叠床等），其中的交叉结构可视为框架结构的变体，胡床可为最早的折叠结构形式，在进行演变与丰富的过程中，又出现了折叠桌、折叠椅、折叠床与折叠茶几等形式（图2-30）。另外，对于折叠的处理方式，亦有分别，可分为上折式与下折式，以坐具为例，若坐面为绳编的软屉，该坐具的折叠方式为下折式，若坐面为硬屉，那么折叠方式则以上折为主。虽然早期的折叠结构源于异域，但历经中国文化的洗礼，其已被赋予十足的中国特色。

a 折叠桌（金代壁画）　　b 交椅　　　　　c 下折式　　　　　d 上折式

图 2-30　折叠式

捆绑结构指的是以"编"为主的家具形式，如草编、麻编、柳编、藤编与竹编等（图 2-31），由于该类家具无法像木家具一样，采取榫卯结构加以连接，唯有采用此法将其固定到一起，编织工艺可谓是中国的古老工艺之一，据《易经·系辞》中的记载可知，该工艺可追溯至旧石器时代，如先人们以植物韧皮编织而成的网罟。编织工艺不仅历史悠久，且工艺精湛，如在浙江湖州钱山漾村出土的竹编制品（新石器晚期作品）中可发现，不仅大部分篾条均历经了刮磨过程，还出现了不同花纹图案的编织，如人字形、梅花形与十足形等。历经时代的演变，编织技术一再进步，历朝历代均有编织名品涌现，如汉代以蔺草（又名马蔺马兰草与灯芯草）编织的席，唐代以麦秆编织（山西蒲州）、藤编（福建、广东）、柳编（河北沧州）的手工艺品，宋代的竹编制品（不仅品种丰富，且工艺精湛，可在每平方米的面积内编织 120 根篾条，有的还需以金线饰之）以及明清的草编、藤编与竹编类作品等（在 19 世纪末开始出口），均是编织技术的发展与演变的写照。综上可知，捆绑结构作为中国的古老工艺之一，与榫卯结构一样地精彩绚烂。

a 笼

b 树

c 影

图 2-31　捆绑式

翻模制范式结构指的是陶器、瓷器、青铜、铸铁器与以麻布为胎的漆器等形式的家具类型，翻模制范所得之器皿与实心器物相比，无论是设计过程还是制造过程，均较后者复杂。以青铜器为例，预想得到最终所需之品，必然要历经制内模、制外范、制内范、合范、浇铸与修整等六道工序。中国的文化与艺术具有传承性，故在翻模法的采用上，亦不例外，虽然陶瓷、瓷器与麻布胎漆器和青铜器的制作过程有所不同，但原理大致相同，故笔者将此类型的家具归结为翻模式之列。

跨界结构是指借用或模仿其他器物或形体的一种结构样式（图 2-32a 至图 2-32c），该种方法也是拓展创新之路的途径之一，如借用古代青铜器、瓷器与玉器等的器形，将其融入中国艺术家具的设计之中，正如图 2-32a 与图 2-32b 一般，前者是模仿古代战车之形，而后者则是借用青铜之鼎的造型，诸如此类的借鉴，便是"效仿其他器物之形"的案例。除此之外，还存在一种仿生式的形体，即模仿自然中之动植物的造型，正如图 2-32d 与图 2-32e 一般，前者是将"自然中之动物"的形体融入设计之中的案例，而后者则是以"自然中之植物"的形态为效仿对象。

a   b   c   d   e

a 战车宝座（中飞）；b 古鼎沙发（中飞）；c 风云（红古轩）；d 仿生椅(三福)；e 根雕组合(匠心坊)

图 2-32　跨界图例

综上可知，中国艺术家具之的形制不仅局限于箱体结构与框架结构，除此之外，还有板箱、折叠与跨界之形的存在。

2.5　从其他方面

中国艺术家具的分类除了上述几类，还可按照使用对象与组合方式等将其分类。

2.5.1　使用对象

从使用对象上，可分为宫廷家具、文人家具、民俗家具、宗教家具等。

使用对象不同，家具在结构与装饰上会有些许异同，宫廷家具需与皇家思想相呼应，其在风格上具有统治性与影响性，与文人家具和民俗等家具类型不同，宫廷家具的实用功能远不及其象征性，正如《史记》之记载："天子以四海为家，非壮丽无以重威。"（萧何曾对高祖所说之言），故宫廷家具无论是在形制方面，还是在装饰、形式与精神性方面，均需彰显出皇家之威严，如在形制上，为了彰显其大气，需以大尺度与之相配；在装饰与形式方面，为了体现出用者的身份与地位，应采用象征性较强的纹饰。另外，宫廷的家具也离不开帝王的审美取向，故其形式也是繁简皆有之，如唐朝早期提倡"淳朴而抑奢华""绝奢侈而尚简约"等思想，故皇室之家具必然有所响应，而到唐中期，佛教思想逐渐与儒家与道家相结合，故此时的家具出现了华丽之风。

再如宋代宫廷之家具，虽然宋代以平淡、素雅为审美主流，但是宫廷家具还是存在"错彩镂金"之类华丽风格（图2-33a、图2-33b），如宋太祖的宝座（通体髹红漆，且在结构边角处采用鎏金镶嵌技艺，草叶纹与云纹布施于其上，搭脑末端各圆雕一髹金漆凤头，嘴衔挂珠，宝座方中带圆，不如隋唐家具厚重，体现出一种线条的韵律美），属宋家具中较为华丽者。而真宗、仁宗、神宗、哲宗、徽宗（图2-33c）等所用之家具，均属平淡、雅致之列，这与皇帝的思想难以分割，如仁宗在天圣七年与九年，颁布禁用朱漆等法令："禁京城造朱红色器皿"与"禁朱漆床榻"等，但尽管如此，为了树王者之威，在形制上，还是采用大尺度的设计形式。

a 太祖之宝座　　　　　b 仁宗后之座椅　　　　　c 徽宗之座椅

图 2-33　宫廷家具图例

秾华之美也好，简素之美也罢，在封建制度之下的皇室家具的象征意义远大于其实用价值。文人家具是文人思想彰显的平台与载体，自隋唐实施科举制度以来，民间贤才得以重用，由于他们饱读诗书，对中国之哲学思想研究较为透彻，故文人家具在思想上离不开所在时代哲学的影响，另外，民间淳朴的生活观念与艺术趣味也是他们难以割舍的，故在审美上，形成了一种清新雅洁、宁静恬适的取向，在家具设计中，也定有所体现，如追求逍遥于山林且尚"清谈"的魏晋之文人、倡导"绚烂之极归于平淡"之境界与以赏石、赏木为乐趣的明代文人等，均是青睐本质之美的代表者。

至于民俗家具，与宫廷家具形成鲜明对比，前者具有多样性（地域性），而后者具有统治性（风格）。民俗是地域性的标志，不同区域的艺术家具，在造法与装饰上，有所差别，如苏作家具的婉约与京作家具的大气。

宗教类家具亦有繁简之分，以佛教为例，以佛之本生题材为思想来源（空无观）的家具形式就较为质朴、淡雅，而以佛之变生题材为灵感的，则与前者不同，变得华丽非凡，由此可知，佛教家具并非千篇一律，要么华丽，要么极简，或是两者的折中。如禅宗，其也是佛教中的一流派，讲究"净心""自悟""顿悟"，禅椅、禅床等便是禅之境界的最好案例，如《张胜温画卷》中七祖之座椅（初祖达摩、二祖慧可、三祖僧璨、四祖道信、五祖弘忍、六祖慧能、七祖神会），虽材质（竹、树枝、木等）不同，但是均尚"简"。佛教家具之中较为华丽者也居多，如盛唐之佛教家具、宋绘画《六尊者像》中之家具形式等。总之，有人崇尚佛之本，有人向往西方极乐之美好，所以，佛教之家具自然出现了繁简并存的局面。

2.5.2　组合方式

在组合方式上，有单体家具与组合家具之别，椅凳、桌案、床榻、箱盒与架子等均可单独使用，故可称之为单体家具，至于组合家具，其概念有三，一是通过单件组合可拓展其功能的家具形式，如燕几（运用模数化设计思想之案例），其可谓是最高的组合家具之一，燕几初以六为度，故得名"骰子桌"，后又增加一几，合而为七，故又有"七星"之称，其可根据不同的条件，不仅可组合成 25 种形式（图 2-34a），如大小长方形桌、大小方形桌、T 形桌、山字形桌、门字形桌、坛丘形桌等，还可拼凑成 76 种格局，如回文、屏山、斗帐、函石、虚中、瑶池、悬帘、双鱼、石床、万字形、金井等（图 2-34b、图 2-34c）；二是以不同功能之单件家具的组合（图 2-35），如古时之厅堂家具、宗祠家具、厢房家具、书房家具等，再如现代之客厅家具、卧房家具、餐厅家具等，均属组合之列。另外，还有一些较为特殊的单体组合，如《备经图》与《孝经图》中的桌上设几（桌上桌）与榻上置椅等形式（之所以有这些形式的出现，即高型家具与低型家具同时使用，也许是在起居方式转化之际，古人对于传统之起居方式的留恋，即席地而坐），亦属于组合类家具。

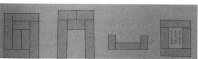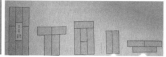

a 燕几之形式　　　b、c 燕几之格局

图 2-34　燕几

图 2-35 单体家具组合

2.6 结语

中国艺术家具的分类具有多角度特性，其主要包括以下几个方面，即基于时间与空间角度、基于使用功能角度、基于材料的角度、基于结构的角度以及基于其他的角度。立足时间与空间的角度，中国艺术家具可细分为中国古代艺术家具、中国近现代艺术家具以及中国当代艺术家具。中国古代艺术家具的范畴较广，既包括传世量较大的明清家具，也包括以出土状态存世的夏商周、春秋战国、秦汉、魏晋南北朝以及唐宋等不同的家具；立足使用角度，其可归为坐具、卧具、庋具、架具与屏风类等；立足材料角度，中国艺术家具需突破"唯硬木论"的狭隘倾向。家具是时代中的家具，其所用材料呈现多样化的趋势，故此，中国艺术家具的用材涉及青铜、陶石、木材、竹藤以及混合类材质；立足结构角度，笔者将中国艺术家具分为三大类别，即箱体、框架与其他形制，前两者是中国艺术家具的主要形制结构，后者隶属一些特殊结构，涉及板箱结构、捆绑结构、翻模结构（或是一体成型结构）以及折叠结构；除了基于上述角度的分类，还可立足使用对象与组合方式方面进行分类。通过总结可知，中国艺术家具的分类并非仅有"使用功能"一个角度，其还存在与家具相关的其他角度。

第 2 章参考文献

［1］胡文彦. 中国历代家具［M］. 哈尔滨：黑龙江人民出版社，1988.

［2］崔咏雪. 中国家具史：坐具篇［M］. 台北：明文书局，1986.

［3］胡德生. 中国古代的家具［M］. 北京：商务印书馆，1997.

［4］朱宝力. 明清大漆髹饰家具鉴赏［M］. 深圳：海天出版社，2007.

［5］刘传生. 大漆家具［M］. 北京：故宫出版社，2013.

［6］王世襄. 髹饰录解说［M］. 北京：生活·读书·新知三联书店，2013.

［7］王世襄. 中国古代漆器［M］. 北京：生活·读书·新知三联书店，2013.

［8］濮安国. 明清家具鉴赏［M］. 杭州：西泠印社出版社，2004.

［9］胡德生. 胡德生谈明清家具［M］. 长春：吉林科学技术出版社，1998.

［10］濮安国. 明式家具［M］. 济南：山东科学技术出版社，1998.

［11］濮安国. 中国红木家具［M］. 杭州：浙江摄影出版社，1996.

［12］克雷格·克鲁纳斯. 英国维多利亚阿伯特博物馆藏中国家具［M］. 丁逸筠，译. 上海：上海辞书出版社，2009.

第 2 章图片来源

图 2-1 源自：《中国家具史图说》与《凿枘工巧图录》.

图 2-2 源自：笔者拍摄.

图 2-3 源自：《石库门规划》.

图 2-4 源自：典传.

图 2-5 至图 2-9 源自：《中国宋代家具》与企业提供.

图 2-10 源自：企业.

图 2-11、图 2-12 源自：《凿枘工巧图录》与企业提供.

图 2-13 源自：企业.

图 2-14 源自：作坊、《中国宋代家具》与《中国古代漆器》.

图 2-15 源自：企业、博物馆与《宋代家具》.

图 2-16 源自：《中国工艺美学思想史》与博物馆.

图 2-17 源自：博物馆与企业.

图 2-18 源自：博物馆.

图 2-19 源自：日本琉球—博物馆.

图 2-20 源自：企业.

图 2-21 源自：设计师.

图 2-22 源自：可乐马博物馆.

图 2-23 源自：《凿枘工巧图录》、企业与博物馆.

图 2-24 源自：传统家具行业与现代家具行业.

图 2-25 源自：《中国宋代家具》、企业与杂志.

图 2-26 源自：《中国宋代家具》与企业.

图 2-27 源自：企业与《凿枘工巧图录》.

图 2-28 源自：企业.

图 2-29 源自：《中国宋代家具》与杂志.

图 2-30 源自：设计师.

图 2-31 源自：传统家具企业.

图 2-32 源自：《中国宋代家具》.

图 2-33 源自：《中国宋代家具》与企业.

图 2-34 源自：《中国宋代家具》.

图 2-35 源自：家具企业.

3 中国艺术家具的风格与流派

风格是时代性的体现，流派是地域性的彰显，前者可以标榜中国艺术家具在纵向发展中留下的痕迹，而后者则可以见证中国艺术家具在横向蔓延中出现的变化。

3.1 中国艺术家具的风格研究

风格是工艺美学思想的外在表现，其不仅记录着艺术家具的"变"，还谱写着艺术家具的"不变"，"变"在于时代的更迭与交替，而"不变"在于"根"的递承性。根据时代的差异，笔者将中国艺术家具分为中国古代艺术家具、中国近现代艺术家具与中国当代艺术家具三部分，这"三部曲"谱写着中国家具在时代变迁与外来思想介入的情况下做出的反应与应对。

3.1.1 风格与时代性

风格是时代的坐标[1-3]，流派是文化差异的印记，任何艺术形式在不同的时代背景下，其表现形式有所不同，这便是风格的差异化。而同一种风格，由于地域的差别，同样会出现多元化的表现形式，流派由此而诞生。艺术家具是时代的产物、不同文化形式相互碰撞的结晶，不论是古代艺术家具，还是近代艺术家具，抑或是当代艺术家具，均存在不同的风格与流派。

对于风格而言，古代、近现代与当代有所区别，之于古代而言，其与中国的起居方式密不可分，如在"席地而坐"的年代，中国古代艺术家具的风格以"楚式"与"汉式"为主，且常以"漆器"作为表现的主流。而进入"起居方式杂糅"和"垂足而坐"的年代，家具的风格也随之出现了革新，即隋唐式、宋元式以及明清式之风格的开始。由此可知，古代艺术家具的风格既包括以低型为主的"楚式""汉式"，还包括既受前者影响，也含创新之举的"隋唐式""宋元式""明清式"。随着时间的推移，中国告别了古代的生活方式，迎来了近现代式的生活方式，近现代可视为"西风东渐"的开始，在家具风格中的表现即为中西结合式，如民国与海派家具的诞生，便是"西风东渐"的产物，可见，此时中国艺术家具的风格以"中西相融"为标志。历经了西方文化的大量融入，中国步入了当代，由于西方元素长期充斥于中国市场，人们开始怀念与向往本国的文化与艺术的回归，故新古典、新海派、新中式与新东方等代表当代中国家具的风格陆续出现。

对于流派而言，其可谓是使"风格"产生多样化的纽带。由于风格具有"统一性"的特点，故一种风格既无法囊括整个时代的文化与艺术形式，也不可能对某一种文化与艺术形式（即具有地域性的文化形式）进行详细的表达（因为风格具有概括性），流派便是不同群体凸显"个性"的有力武器。对于古代艺术家具而言，无论是以低型时代的"楚式"与"汉式"，还是过渡时期的"六朝式"与"隋唐式"，抑或是高坐之时的"宋元式"与"明清式"，均有流派的存在，由于不同"区域"或"个体"对于家具之材料、技法、结构与纹饰图案等的喜好有所不同，故所出之作品亦有所分别；对于近现代艺术家具而言，由于在"西风东渐"的影响下，一些西方古典装饰元素与现代技法等被中国家具所引用，但对于上述"西风"，内陆与沿海地区对其的诠释与演绎有所不同，故不同的流派开始形成；对于当代艺术家具而言，流派更是多样，除了沿袭明清"广作""晋作""苏作""京作"等流派之外[4]，还出现了诸多创新的形式，如"上下式""丝翎檀雕式""东阳木雕式""重雕式"等，均是当代艺术家具之不同流派的表现之一。

综上可知，风格不仅具有时代性，还兼有统治性，"主流之审美"与"概括性"是其重点。然流派却与之不同，其既可成为表达"非主流"的工具，又可成为记录某项特长的手段，故流派常以多样性示人。

3.1.2 中国古代艺术家具的风格研究

对于中国古代艺术家具的风格而言，笔者将采取"分类"之法予以研究，漆木家具作为中国古代艺术家具的主流，其记录着中国髹饰工艺的辉煌；硬木家具虽属姗姗来迟者，但也为中国工艺美术史注入了新活血液；而陶、青铜、瓷、金银、玉等材料的家具形式，则是中国古代艺术家具走向多样化的彰显与表达。

1）漆木家具

对于古代漆木艺术家具的风格研究，笔者将其分为三段，即席地而坐时期、过渡时期与垂足而坐时期。第一阶段以楚式与汉式为主，第二段以唐式为主（隋唐五代工艺美术的核心是唐，隋作为酝酿，五代为延续，漆器作为工艺美术的品类之一，自然也应以成熟期的唐为主），而第三段囊括的风格较多，既包括"宋元式"，也包括"明清式"。

（1）楚式与汉式

提及漆木家具的风格，便无法回避对漆器发展较有影响的"楚式"与"汉式"，楚式与汉式虽为低型时期的漆器风格，但其对渐高型，乃至之后的高型漆木家具，均有较为深远的影响。

对于髹饰工艺的应用，可谓是历史悠远长久。从河姆渡遗址中出土的朱漆碗可知，我国早在六七千年前，就已存在髹饰之工艺。不仅如此，经红外光谱对外层的朱漆进行分析之结果（此光谱与马王堆汉墓中所出之漆皮的裂解光谱类似）可知，我国的髹饰工艺不仅在时间上处于领先地位，且在工艺上也颇为精湛。走过了原始社会，先人们步入了夏商周，漆器虽未在"青铜时代"大有作为，但其一直在缓缓前行，以待崭露头角之日。随着礼崩乐坏的加剧，作为礼乐之器的青铜器也随之褪去了兴盛之势，此时较青铜轻便与绚丽的漆器开始大量出现在人们的生活之中，历经夏商周的酝酿，漆器终于迎来了发展之势，楚国的漆器与两汉的漆器便是代表。

楚式家具与汉式家具属"席地而坐"时期家具的主要代表，若论影响之先后，当属楚式家具在先，虽然漆在西汉时期与"汉式"逐渐走向融合，但楚式家具对后世的影响却是难以磨灭的。楚式家具与汉式家具对后世漆器的影响在于两方面：一是技法。虽然在商代晚期之时，已有彩绘、髹饰加雕刻、嵌蚌片、贴金银、镶绿松石等多种髹饰技法出现，但由于青铜器占有重要地位，漆器一直处于从属地位。时至春秋战国与秦汉之时，漆器迎来了兴盛之际，上述之技法不仅得到了更为精湛的发展，而且还出现了将跨界之技法引入漆器中之举，如针刻与错金银之法，该种跨界式创新的诞生，充分体现了中国文化"变"的一面。对于楚式而言，最引人注意的莫过于器物之上色彩多样的彩绘，无论是江陵望山出土的"彩绘描漆小座屏"，还是信阳长台关出土的"小瑟"残片，均属色彩丰富之列，这以"油彩"成之的彩绘颜料，为后世的"描油"技法奠定了基础。而之于汉式而言，除了继承古法之外，还出现了创新型技法，如"金银箔贴花"（又名"金箔"）、"锥画"等，均属前朝漆器中少见之技法，灵感源于"错金银"之"金银箔贴花"为后世的嵌金与嵌银铺平了可借鉴之路，而源于针刻之技法的"锥画"，亦为后世的

"戗划门"提供了可参照之物。二是思想。除了技法之方面，楚式与汉式还在思想方面为后世提供了借鉴。之于楚式家具而言，其内充满了浪漫主义倾向，楚式的浪漫主义与《楚辞》难以分割，《楚辞》作为中国第一部浪漫主义诗歌总集，所含的审美取向必然在当时的家具之上有所体现，楚式家具对后世家具的影响在于思想方面，即以文人之审美来品评所出之实体，宋式与明式家具便是最好的案例之一（宋人将"知画"与"赏画"之情融入家具设计之中[5]，而明人则以"文木"与"文石"标榜自己的喜好，无论是前者还是后者，所处之作品均与文人的品评有关）。之于汉式而言，其对于后世的影响虽不及楚式般深奥，却为后世之设计开启一道创新之门，即跨界与多材之法的应用，如金箔贴花、银箔贴花、锥画与扣器（蜀郡与广汉郡之工官所造之扣器最为著名）的出现，均是跨界与多材之法的产物。

综上可知，楚式与汉式虽是席地而坐之时的风格，但其对中国的髹饰工艺却有着非同一般的影响。

（2）过渡时期——以唐式为主

隋代虽使得历经三百年分裂之势恢复统一，但由于其存在犹如昙花般一现，故并未使文化走向稳定之势。而唐朝则与之不同，其有足够的时间实现经济的繁荣与文化的稳定，故以唐代作为过渡时期的研究对象，当属较为合理之事。

时代风格的形成，离不开所在时代的哲学思想，唐代是历史上的"佛教时期"，故工艺美术的风格难以与其分割，无论是丝绸、陶瓷与金银器，还是青铜与象牙器等，均体现了佛教的色彩观念和习俗。如丝绸中的纬锦与织金锦、陶瓷中的三彩与绞胎、金银器中的"金涂"与"金花银器"、铜镜中的"金背镜"与"银背镜"、象牙器中的"金镂"与"寸银"等，皆是将华丽雍容之色纳入其中的案例。漆器作为工艺美术中的一员，自然也不会独树一帜，与所在之时代的工艺美术风格相去甚远，故唐代漆器之风格也应有"华丽雍容"的一面，如"金银平脱"与"嵌螺钿"等，便是一显富丽丰满之色的见证，之于前者，其在唐代极为盛行，从一些诸如《通鉴》《酉阳杂俎》《安禄山事迹》与《杨太真外传》等古代史料中所载之金银平脱器物（如平脱屏风帐、平脱函、平脱盘、平脱碟子、平脱盏、平脱胡平床等）以及陆树勋在《平脱螺钿髹器考》中的详细罗列，均是说明金银平脱在当时的流行程度。金银平脱虽是汉代之金银箔贴花的继承者，但与汉之"金箔"相比，唐之金银平脱漆器的画面更为丰富，纹饰更加细腻，无论是以木为胎的"金银平脱琴"（藏于日本正仓院），还是以铜为胎的"金银平脱花鸟纹葵花镜"（藏于日本正仓院），均彰显着富丽之姿。之于后者而言，其虽不如薄螺钿细腻精致，但从同时期的"螺钿紫檀五弦琵琶"和洛阳唐墓中出土的"人物花鸟纹嵌螺钿漆背镜"中可见，图案花纹虽为厚螺钿所为，但也颇具绚丽丰满之色。

除了雍容华丽的风格之外，唐之漆木家具还有其他风格与之并存，如秀美、质朴与工整等。共存而不相悖之现象既有赖于儒释道的相互融合，又离不开文人的引导与影响，如司空图所提的"二十四种"境界与风格，便是促使工艺美术风格产生多样化的诱因之一。

综上可知，唐代之漆木家具风格的形成不仅与当时的哲学思想无法分割，还与诗歌渗入工艺美术领域关系甚大。

（3）垂足而坐时期

垂足而坐时期的漆木家具风格主要包括宋式、元式、明式与清式。宋代与唐代一样，在工艺美术方面均有杰出的呈现，漆木隶属于其中之一，必然也位于佼佼者之列。在宋代，平淡、典雅、含蓄与严谨是时代文化的关键词，漆木家具作为诠释这些关键词的载体，亦充满着清淡之味。

风格是时代文化的概述，是多种因素共同作用的结果。淡雅素朴作为宋代的主流风格，其与当时的哲学思想、绘画、书法以及其他门类的工艺美术品均有着千丝万缕的联系。在哲学方面，宋代与唐代一样，走的均是"儒释道相结合"之路，但宋代将倡导"不立文字"的禅宗（尤其是以清修与苦行为己任的"南宗禅"）与儒家（儒学中的"现实主义派"）、道家相互融合，最终促使了理学的诞生，理学下的工艺美术之风，自然与唐代的迥然有异。理学虽属形而上之层面，但若无形而下之物的承载，便不能得到较为具象的诠释。漆木家具中的诸如西湖老和山南宋墓中出土的"黑漆碗"（浙江省博物馆）、武汉市十里铺北宋墓出土的"紫漆钵"（湖北省博物馆）、江苏淮安杨庙镇北宋墓出土的"十瓣平足盘与六足平足盘"（南京博物院）等"质色"漆器便是上述所言"形而上"与"形而下"的合体之物；宋代文人阶层在政治舞台上的地位也许是任何时代都无法超越的，故文人思想对当时之工艺美术风格的形成至关重要，绘画与书法便是影响因素之一二。提及绘画，米芾与郭熙的山水、李公麟的人物与催白的花鸟，均是当时文人画的代表，正是这逸笔草草、不重色彩而重情感抒发的文人画打动了无数匠师的心，致使其所出之器拥有了清丽之色。如北宋识文经函（浙江省博物馆）、南宋人物花鸟纹朱漆戗金莲瓣纹奁（常州市博物馆）、北宋描金经函（浙江省博物馆）与南宋山水花卉填朱漆斑纹地黑漆戗金长方盒（常州市博物馆）等之上纹饰图案，均是匠师将文人画之意境融入漆器中的具体表现。除了绘画，书法亦是影响工艺美学的重要因素，如徽宗所创之"瘦金体",便是影响的例证之一,其劲瘦的线条与转折处的藏锋,均已渗透至宋代之漆木家具的制作中,如以"藏锋清楚,隐起圆滑,纤细精致"为制的宋元漆雕,便是见证之一;另外,除了上述的哲学思想、绘画与书法外,其他工艺美术领域对宋代的漆木家具的风格亦有所影响,如"剔犀"中的"云钩纹"与配角装饰"斑纹地"等,均是利用髹饰工艺模仿他物装饰的结果,前者的纹饰是剔犀中的典型纹饰,该种回转婉曲的形式在宋代的银器中常有见到,如杭州老和山宋墓中出土的"银盒"与四川德阳孝泉镇出土的宋代"云纹银瓶",均可说明漆工与金工非同一般的关系。对于后者而言,其既可以是以金银器为参照之果,又可以是以瓷器为灵感之物,因为无论是金银器还是瓷器(登封窑或磁州窑),其装饰中均有"鱼子纹"(金银器中的叫法)与"珍珠地"(瓷器中的叫法)的存在。综上可知,宋代之漆木家具的风格并非特立独行的结果,而是多方因素共同渗透的产物。

时至元代,文化形式如唐代一样,呈现多样之态,不仅有宋之遗风,还兼有异域之色。汉文化本就强大,又加之宋对其的深入发展,元代作为宋之后的统治者,故无法摆脱对"进步文明"或"更高级文明"的向往与崇拜,这便是元代之工艺美术风格常带有宋风的根本原因。除此之外,元王朝虽为蒙古人所建,但其统治下的臣民与工匠多为汉族之人,故元代所出之漆木家具无论是在造型方面,还是装饰方面,抑或是技法方面,常留有汉文化或前朝的传统,实属正常之事。另外,除了汉族文化之外,元代还有蒙古文化、伊斯兰文化、藏传佛教文化、欧洲的基督教文化与高丽文化等并存,故元代之工艺美术的风格也常显异域痕迹。元代的漆器作为元之文化的承载者,其风格既有沿袭宋制的,又有与之不同的,即多元化或异国风情的倾向与彰显,前者如元代的漆雕,便是案例之一,张成与杨茂作为元代的漆雕大家,所出之作的风格皆以沿袭宋制为典型,后者如元代的嵌螺钿与戗金之技,则与宋代的清淡之风有异,如北京后英房元大都遗址中发现的黄生之作(螺钿楼阁图黑漆盘残片)与尚存于日本的元代戗金银之作,便是尚存之案例,其上的装饰均以"繁细"居主,此风显然与优雅宋式漆器截然不同。综上可知,元代作为游牧民族所建王朝,在文化形态上,虽无法与成熟的汉文化相比拟,但其也并非全无可取之处,在宋的基础上,元代将多种文化形式相互融合,最终形成了与宋代漆木家具的风格表现有别的元代之风。

明代结束了元代的统治。在明代,工艺美术的发展呈现多样之风,该种多样性与元代的"多样"有所区别,其所指并非是哲学思想,而是器物的技法与品类。由于在明代的工艺美术思想中,有经世致用之"实用美"的成分，故"技艺"的地位与以往有所不同。在此之前，技艺与儒家之"礼"联系密切，其消长与"礼"更是无法分割，凡是世间之物，均具两面性，在资本主义思想萌芽的明代，一些文人志士，开始重新审视"心"与"物"的关系，他们从客观存在入手，认为只有付诸实践的思想才是真正有意义的思想，即代表形而上的儒家思想必须落实至"用"的层面。新思想必然引领新风格，在"经世致用"思想的推动下，明代对技艺的发展极为重视，如宋应星的《天工开物》（其是世界上第一部关于农业和手工艺生产技术的百科全书。宋应星被英国著名的科技史学家李约瑟称为"中国的狄德罗"）、文震亨的《长物志》、王徵的《诸器图说》（亦是一部实用之学）、计成的《园冶》（其是关于园林的著作）、黄成的《髹饰录》（其是关于漆器制作之著）、方以智的《物理小识》与《鲁班经匠家镜》（是一部关于营造房屋及家用之具的指南性著作）等，均是此种思想下之产物。明之漆木家具作为该种思想的承载者之一，自然散发着实用之美，从黄成的《髹饰录》中可见，明代髹饰之技术的多种多样，有些是前朝所见之法，如质色中的黑髹与朱髹，描饰中的描漆、描油与描金，填嵌中的填漆、嵌金、嵌银、嵌螺钿与犀皮等，阳识中的堆漆与识文，雕镂中的剔红、剔黑与剔犀等，戗划中的戗金与戗银，纹斒中的蓓蕾漆（宋代的斑纹地漆器），复饰中的斑纹地诸饰（如南宋之山水纹填朱漆斑纹地黑漆戗金长方盒）等，有些则有明代特色的工艺，如雕镂中的剔彩，戗划中的戗彩，填嵌门中的款彩，堆起中的隐漆描金、隐漆描漆与隐起描油，填嵌中镌甸与嵌百宝，纹斒中的刻丝花（又称缂丝花），复饰中的洒金地诸饰、绮纹地诸饰、罗文地诸饰等，纹间以及斒斓门中大部分工艺。综上可知，无论是对前朝的继承，还是对所在时代的创新之作，均显露着多样之趋势。明代之工艺美术除了上述"实用美"思想，还散发着"心学"之气，"心学"作为"新儒学"的另外一端，与"理学"有着截然不同的表现，因为心学是儒家的"理想主义派"与道家和禅宗相结合的产物，漆自然有别于以"现实主义派"为倾向的儒学与道家和禅宗所融之结果，心学与理学一样，同以"格物致知"为核心思想，但前者所格之物在于"心"，故在此种思想的引导下，明代的工艺美术风格较宋代有了几分活泼之意，色彩与纹饰均是尽显活泼的语言之一二。总之，漆木家具作为明代工艺美学思想的寄语者之一，其不仅随着技艺的发展而呈现多样的特点，还凸显着"百姓日用即道"的"实学思想"与倡导"格心物，致良知"之"心学"的渗透与影响。

历史的发展永远充满着神秘，下一刻的发展具有不确定性，清代结束了明朝的统治，自此之后，满文化与汉文化拉开了邂逅的幕帘，开始了文化同化文化之旅。任何朝代均有哲学思想参与，清代亦不例外，其为了巩固新得政权，作为文化形式远不及汉文化的清朝统治者而言，儒家无疑是标榜正统和合法的最好武器，正如康熙所言的"朕以为孔、孟之后，有裨斯文者，朱子之功，最为宏钜"。在思想方面，除了统治阶层的哲学观之外，文人的力量不容忽视，早已形成思想体系的明末文人在改朝换代之时，将明代的审美取向带入清代，实属正常的事情，如黄宗羲、顾炎武、王夫之与方以智等所倡导的"经世致用"思想，均在清初的工艺美术风格中得以彰显，漆木家具作为工艺美术中的一员，故在风格之上，也当以实用之美为趋势。在清代，除了颇具实用美之风的漆木家具外，还尚有"错彩镂金"之身影的存在，前者是延续明式的产物，而后者则是清代主流风格的代表，为了彰显盛世之荣，以器物来彰显技法之巧，也是可以理解的举动。在漆器方面，其发展的黄金时期无疑是康雍乾三朝，在各有侧重的发展下（康熙朝侧重于嵌螺钿、戗金与填漆等，雍正朝在描金、彩绘与瓷胎漆器等方面更为关注，而至乾隆时期，不仅对康熙与雍正时期的漆器大加发展，且在漆雕与百宝嵌方面成就斐然），漆器不仅在种类上超越了前朝，在技法与装饰方面亦令前朝望尘莫及，除了继承之外，还采用跨界之法，将瓷与玻璃等引入漆家具的设计之中，如粉彩、青花五彩、青花等，均是实现创新之目标的途径与出路。另外，清代之漆木家具除了上述的表现外，还有一种影响的存在，即西方元素的借鉴与融入，无论是西方正在流行的"洛可可风格"，还是新奇的"洋货"，均是影响的来源，但国人并未采用"拿来主义"的态度来直接复制这些异国元素，而是将其融化于中国的设计之中，使之别具一番风味，掐丝珐琅便是案例之一。中国匠师将胎体从"铜"改换为"瓷"，故在中国味十足的瓷之上进行再创作，自然与西方之"在中国的掐丝珐琅"区别显著。

通过以上的论述可知，中国漆木家具风格的变化与生活方式密不可分，从低型到渐高型再到高型，使得漆木家具在种类上出现革新，除了生活方式，哲学思想亦有不可不提的影响，儒、道两家作为中国的主流哲学思想，引导着中国文化的前行，但在发展的过程中，儒道两家并未排斥新鲜的哲学思想，而是将具有冲击性与对立性的影响与之相融，以实现哲学思想的与时俱进，如新道家、儒释道相结合与新儒学等，均是表现之证。另外，除了生活方式与哲学思想，其他工艺美术领域也有促使漆木家具发展与创新的影响元素，如纹饰中的绮纹刷丝与刻丝花、戗划中的戗金银、漆雕中的剔犀、填嵌中的金箔与金银平脱漆器等，均是受丝绸、青铜与金银器等技法所启发的产物。

2）硬木家具

在中国古代艺术家具中，除了主流的漆木家具外，还有硬木家具的问世，从诸如《天水冰山录》（记载着严嵩被抄家之时的财产清单，其中的家具部分主要以漆木为主，偶有几件硬木家具）与《云间据目钞》（细木家伙，如书桌、禅椅之类，余少年时曾不一见。隆、万以来，虽奴隶快甲之家皆用细器。……纨绔豪奢又以榧木不足为贵，凡床、橱、几、桌借用花梨、瘿木、乌木、相思木与黄杨木，极其贵巧，动费万钱，亦俗之一，靡也）等史料中，可推知，硬木家具大量出现于明万历之后。另外，中国艺术家具除了是一部"文化史""材料史""艺术史"之外，还是一部"工具史"，工具作为技术赖以生存的物质基础，在创新的过程中至关重要。硬木家具之所以能够流行，"刨子"的地位不可忽略，刨子虽然早在埃及时期就已存在，但在中国，对其有明确记载的时间确是万历之后。既然硬木家具的大量问世发生于万历之后，故在中国古代艺术家具的风格方面，其自然以明式与清式为主。

（1）明式硬木家具

提及明式硬木家具，可谓是家具中的佼佼者，其不仅被国外学者称为"艺术家具"，更被国人视为中国传统设计的典范之作。对于明式家具的青睐与追捧，并非是因其所用之材料的稀少与珍贵，而是其内在的文化内涵与审美取向，于外部造型之上，明式硬木家具简洁隽秀且流畅贯通[6-8]；于内部之结构方面，榫卯结构是保证牢固性与成就视觉效果的关键所在；于技法之方面，无论是装饰技法，还是结构技法，均是赋予明式硬木家具简洁与流畅之美的物质基础。

硬木家具之简与素，并非是单独力量所能为之，其在精神层面，与当时之哲学思想与文人审美无法割裂；在物质层面，作为主流的漆木家具对其发展必然有所影响。之于前者而言，明代继承前朝之"理学"所成的"实用主义"思想、心学、文人审美与明末的"道家"倾向，均是成就明式硬木家具具有"舒朗"之风的根本原因所在，实用主义思想赋予明式硬木家具在形制上以现代感，硬木家具中的"线性结体"家具，便是例证之一；而心学的产生，为明式硬木家具注入了"简单而不简约"之感，使之有别于理学所成之作，如线脚的运用、雕刻与镶嵌的参与等，均是凸显心学之人情味的见证；文人作为社会中的特殊群体，其虽然不属于宫廷阶层，亦不是贵族之列，但其审美取向却左右着工艺美术思想的形成与发展，明代文人以欣赏诸如石、木、竹等自然之物为乐，故崇尚自然与尊重自然的情感尤为明显，这便是明式硬木家具倾向于突出材料"自然美"的影响之所在；漆木家具作为中国古代艺术家具的主流之作，对硬木家具产生影响，亦是无可厚非之说，无论是在形制上，还是在技法与结构上，均对硬木家具有启发之意。在形制方面，硬木家具无疑是站在了漆木家具的肩膀上，褪去了髹饰之表，使其在透明之态下给人以耳目一新之感。在技法上，髹饰中的"罩漆之法"是开启硬木家具中"揩漆"之路的引领者。而在结构上，虽然硬木中的榫卯结构较漆木家具丰富，但其仍是在漆木家具之榫卯的基础上发展起来的。总之，明式硬木家具的"简"是多种因素在历经"否定之否定"后的产物，另外，明式硬木家具中的"简"并非是"绝对光素"之意，其也包括附有装饰者，只是此时的装饰也应以舒朗、质朴为准，但无论是前者，还是后者，均已达到"精而便，简而裁，巧而自然"之境界。

（2）清式硬木家具

历经明代的孕育与发展，硬木家具在清代迎来了别样的发展，在上述的清代漆木家具中，笔者已提及，并非所有的清代家具均以"繁缛"与"错彩镂金"之面目示人，清代硬木家具隶属清代家具之列，自然也是如此，在清代的硬木家具中，不仅存在凸显"工巧"之美的"重雕工"者，亦存在沿袭明式硬木家具之风的"清丽简约"者。

同为硬木家具，清代所用之材以色彩深沉者为首选，出现此种倾向的原因不仅与清代统治者尚"黑"（五行中属水）有关，还离不开外部环境的改变。清代的室内采光较明代强，故即使以色彩深沉的紫檀为之，也不会增加室内的昏暗程度。除了哲学思想、文人审美与外部环境的影响之外，"复古风"也是影响清代硬木家具风格的因素之一，无论是文学界的"宋学"与"汉学"之争，还是工艺美术领域中的"宋锦""青铜十供""窑变釉""宜钧"等，均是嗜古之举的彰显。硬木家具作为承载这嗜古之倾向的载体之一，自然也有所作为，如家具纹饰中的博古纹，便是表现之一。另外，复古风还促进了新品的诞生，多如错落有致、高低有别、灵活巧便的"多宝阁"，即为清代所产之器物。

清代虽然在哲学思想方面，以儒家为主，但其统治者毕竟是游牧民族的后裔，其工艺美术风格中，带有游牧文化的印记，实属正常之事，硬木家具作为其中之列，亦不会例外。游牧民族的文化离不开"捺钵"之制，故无论是硬木家具之上充满"吉祥寓意"的纹饰（清代纹饰中多数图案以"图必有意，意必吉祥"为特点），还是一些诸如"鹿角椅"等家具品类，均是"秋狝"与"春蒐"影响下的产物。

众所周知，在清代的工艺美术风格中，西方艺术的影响亦是不可忽略的因素，这些影响或许来源于西方家具，或许来源于西方建筑，但无论是受何种西方艺术的影响，中国均未采取照搬的设计形式，而是将其赋予中国气息，使之成为"中国式的西方元素"，"西番莲"的出现与"画珐琅"融入硬木家具的设计之中，均是中西文化邂逅的具象表达。

通过上述的论述可知，硬木家具大量问世的时间并不久远，虽然在唐代（如唐代之"螺钿紫檀五弦琵琶"与"木画紫檀棋局"）与宋代均有硬木的身影闪过，但并未形成主流之风。明代的万历之后与清代作为中国古代硬木艺术家具的主要形成与发展时期，诉说着两朝硬木家具之风格的异同，在明代，硬木家具不仅有宋之遗风，还用行动表述了何为"百姓日用即道"之观点，其在倡导"实用美"与心学的倾向下，散发着"国际范儿"。而清代硬木家具作为满汉文化邂逅的表现者，其与明式硬木家具对美的诠释有所不同，前者（清代硬木家具）是"内涵式"的，而后者之美（明代的硬木家具）则是"暴露式"的，"图必有意，意必吉祥"的纹饰设计与技法的拓展，均是具象之美的传达。

3）其他材料的家具形式

中国古代艺术家具除了漆木与硬木之外，还存在其他材料的家具形式，如陶器、青铜、玉器、瓷器、竹、藤等，均属中国古代艺术家具的用材。无论是何种材料为之的家具形式，在不同时代均留下了不同的印象与痕迹。对于陶器而言，早在新石器时代，先人就已创造了"薄如纸、亮如漆、明如镜"的蛋壳黑陶，虽然在当时，并无人提出"工"与"美"之间的关系，但从上古时代之器物中可感知，工艺美术思想正在萌芽与酝酿。众所周知，时代风格的显露，离不开当时哲学思想的引导，但对于上古时代的先人而言，此时生存艰难，智慧初开，他们心中的哲学未免略显狭隘与原始，故此时的陶器之风，均被赋予浓浓的"自然崇拜"与"图腾崇拜"之意。

历经上古时代的探索与酝酿，人们进入了"青铜时代"。青铜时代并非是一朝之代表，而是夏、商、周与春秋战国的总称。由于瓷器与漆器等的出现，青铜器逐渐走下了神坛，与生活融为一体，故笔者将青铜器的风格分为两种，即"礼器风"之青铜器与"世俗风"之青铜器。相对前者而言，既包括以"祭祀"与"占卜"为文化的青铜器风格，也包括以"礼乐"为核心文化之风格。作为礼器而言，均有造型周正、装饰严肃与结构对称之特点，但在"共相"之下，依然有"殊相"的尚存，在造型方面，周人尚"礼乐"，以示道德的规范化，故在造型方面，其较商代之青铜器更为"周正"与"规范"；在装饰方面，商人以"祭祀"与"占卜"为文化之核心，故难免会赋予其颇多的"诡异"色彩，但在周代的青铜器中，诡异色彩逐渐淡化，出现了一些较为明朗的几何纹饰。除了"礼器风"的青铜器之外，还有"世俗风"的存在，即走下"神坛"与"礼乐"之队列，逐渐融入"生活"的一类，如春秋战国之时的青铜器，无论是在造型上，还是在装饰上，抑或是在品类上，均已出现了生活化的标志，如错金银、嵌红铜、模印制范与失蜡法等装饰技法出现以及铜镜、带钩、灯具与器座等日用品的发达，均是青铜器面向生活的见证。总之，提及青铜器，"青铜时代"依然是后世研读与效仿的重点（如宋代之金石学），故笔者将青铜器之风的重点锁定于源头的阐述上。

玉自古以来便是人们钟爱之物，无论是周时的"五端"（圭、璧、琮、璜、璋）与"六器"（仓璧、黄琮、青圭、赤璋、白琥、玄璜），还是春秋之时来自管仲与孔子的"九德"（仁、知、义、行、洁、勇、精、容、辞）与"十一德"（仁、智、义、礼、乐、忠、信、天、地、德、道），均赋予玉以生命。由于玉之材料不及木材、竹、藤等来源丰富，故以其所成大部分以器皿、文具与陈设品等小型家具形式出现。万事均有例外，玉器亦是如此，从文献的记载中可知，也有少量大型家具的现身，如《辍耕录》（小玉殿"内设金嵌玉龙御榻，左右列从臣坐床。前架黑玉酒瓮，玉有白章，随其形刻为鱼兽出没于波涛之状，其大可贮酒三十余石。又有玉假山一峰，玉响铁一悬"）与《故宫遗录》（玉德殿"殿楹栱贴白玉云龙花片，中设白玉金花山子屏台，上置玉床"）中所提之"白玉金花山字屏风""玉床""金嵌玉龙御榻""黑玉酒瓮"等，均是大型玉家具曾存的证据。无论是何种玉器，均可分为两种风格，即清新简洁与华丽精致，在中国历史上，不管哪朝哪代，这两种风格均有出现，只是在"主流工艺美学"之思想的影响下，有的占据"主流之位"，有的则退居为"旁支"之列。清新简洁也好，华丽精致也罢，均非一种因素所促之。就"清新简洁"之风而言，笔者认为以下几方面的因素不可忽略：第一，良材难求，如清初之玉器多以"简洁之风"示人，由于西北的厄鲁特蒙古与回族的叛乱，致使良材被阻断，故当时所用之玉器多是旧玉翻新之品，综上可见，良材的难求是成就简洁之风的物质原因；第二，政策的限制，亦是促使出现"简洁之风"的因素之一，如唐肃宗所颁的"禁珠玉、宝钿、平脱、金泥、刺绣"诏令与清乾隆时期出台的"严禁雕镂"等，均属回归简洁清丽之风的直接因素；第三，仿古现象的存在，如宋与清两代，均以仿古示清雅与高洁，故在此思想的影响下，玉器出现简洁之风，实属必然之事；第四，递承前朝，在朝代更替之时，沿袭前朝之旧风，实属合理之事，如春秋中期与汉早期，均有递承前朝之风的实例。除了"清新简洁"，玉器还有"华丽精致"之风的存在，对于促成此风的因素，笔者将其总结为以下三点：第一，哲学思想的带动，如唐代，其主流之哲学思想以儒释道相结合为主，加之唐代被称为"佛教时代"，故华丽之色亦会转嫁于玉器之上，如李静训墓中突出的"金扣白玉杯"，便是华丽之风的真实写照；第二，利益使然，为使自己在同类产品的竞争中获得青睐，华丽的外表，精致的碾琢工艺，自然是夺人耳目的良策，如清代之时的"扬州"与"苏州"，为了争奇竞胜，牟求高价，所出之玉器常以"玲珑剔透"为特点；第三，碾琢之技法的更新，华丽精巧除了为商家牟求高利之外，还象征着一种进步与革新，如在各朝玉器之中，"汉玉"的声誉最高，后世也常以之为楷模，汉玉之所以能够成为后世的典范之作，技法的精湛是关键因素，无论是在浮雕、圆雕与镂雕方面，还是在镶嵌方面，均为后世提供了借鉴之物。综上可知，无论是"简洁清新"之风的玉器，还是"华丽精致"之风的玉器，均是各种因素共同作用的结果。

瓷器可谓是具有世界影响力之物中的一种，不仅如此，随着"瓷器之路"的发展，中国其他的工艺美术品也出现"西渐"，对他国之艺术产生波动。就瓷器而言，不同的朝代对其有不同的表现形式。由于原始瓷的不断进步，瓷器最终在汉代诞生，虽然汉代在漆器、丝绸、玉器等方面成就斐然，但是在瓷器之上，依然处于探索之阶段，故在艺术表现上，常以沿袭原始瓷为主，如刻划、堆贴与堆塑等，均是借鉴的痕迹，加之受到汉代之工艺美术的影响，此时的瓷器之风显出一种蓬勃向上的运动感。历经汉代的酝酿与发展，瓷器的发展迎来了较为重要的时期，即魏晋南北朝（包括三国、西晋、十六国、东晋、南朝与北朝），在此期间，不仅烧造技术得以提高，产量也飞速上升（如浙江上虞三国的龙窑，一窑能烧腹径近20厘米的盘口壶500件），此时的陶瓷风格凸显了"精致"与"清秀修长"之特点，前者体现在表面处理与装饰之上。之于表面处理而言，在胎体上施加化妆土，便是最好的例证之一；在装饰方面，如三国两晋南方瓷器对纹饰细部的表现（此种精致不同于清代的精致之风，则是"清谈"式的"精致"），亦属"精致"之风。除了"精致"之外，魏晋南北朝瓷器的主流之风还有"清秀修长"的一面，此风与当时"士"的生活方式与"玄学"密不可分。时至唐代，瓷器的风格出现了改变，由于儒释道相结合之哲学思想的诱导，此时的瓷器造型被赋予"恢宏雍容"之气，而在色彩方面，则以"绚烂夺目"为主，无论是"南青北白"的"越窑"与"邢窑"，还是远及国外的三彩（如埃及三彩、波斯三彩与奈良三彩等，均是唐三彩产生世界性影响的见证），抑或是特色十足的花釉与绞胎，均是上述风格的具象化表现。到宋代，风格一改前朝之貌，出现了"内敛含蓄"之风，此风的出现并非偶然，而是思想理学与技术共同作用的产物。在思想方面，宋代的"理学"占据哲学的主流之位，故"道尚乎反本，理何求于外饰"的淡泊思想，自然会影响到瓷器；而在技术方面，石灰碱釉的发明，是赋予单色釉以"玉"般之质感的关键。走过宋代，步入了蒙古人建立的王朝，元代在工艺美术上，多以沿袭"宋风"为主，但由于其文化与汉文化不同，故在此时的瓷器之上，又增添了几分游牧民族的"粗狂"之风，如元青花便是典型的案例之一。对于明代而言，其瓷器在风格方面又有所突破，即将宋元之风加以糅合，故明代之瓷器既具宋之意境，又不乏元之率真感。历经明代的辉煌，迎来了中国古代艺术家具的最后一个发展阶段，此时的瓷器之风与明代不尽相同，其并未继承明代的"突破传统"之特色，而是皈依传统，无论是造型方面，还是在绘画方面，均以"对称""上下呼应""精细"为特点，由此可知，清代之瓷器以"精细"与"对称"为时代之风。通过以上可知，以瓷所制的中国古代艺术家具，不仅拓宽了中国的家具史之范畴，还为世界家具史续写了一段"国风西行"的佳话。

竹藤作为天然之材，亦是中国古代艺术家具的喜用之物，在中国的造物理念中，自然如玉般，已被人格化，无论是道教，还是新道家（玄学），抑或是融入了阴阳学的"天人感应"说，均是自然被"活化"的见证，竹藤作为自然的化身，自然备受重视。竹中空外直，集"刚"与"柔"于一身。藤与竹同样，均是自然所赐之物。对于此类的天然之物，在风格方面，亦有"天然之趣"与"雕琢之美"的分别。对于前者而言，天然之趣尽藏于竹材的"天然特性"以及自身的"曲"与"直"中；对于后者而言，以竹为载体，将中国书画与书法艺术融入其中，如"三朱""濮澄""张宗略""吴之璠""潘西凤"等，均是赋予竹材以"雕刻之美"的名家里手。总之，竹藤作为中国古代艺术家具的用材之一，与其他工艺美术品一样，均具"两极式"的审美，即凸显素雅的"天然之趣"与彰显精致的"雕刻之美"。

3.1.3　中国近代艺术家具的风格研究

中国近代艺术家具作为拉开中国现代家具之序幕的开始，其与古代艺术家具有所不同，在形式上，出现了中西文化并存之现象，历经清末与民国的酝酿，中国近代艺术家具迎来了其具有代表性的海派家具风格。海派家具作为新形式下的家具风格，既有西式艺术的渗透与影响，又离不开中国精髓文化的支持，前者表现、凸显于"洋庄"式样之中，而后者之意则蕴藏于"本庄"之式内。另外，除了思想的影响，建筑的革新亦是促进海派家具形成的重要物质基础，石库门住宅作为中西合体式的新式建筑，是海派家具成长的摇篮。综合以上因素可知，海派家具风格的形成既离不开西式文化与家具的影响，亦无法脱离对中国文化与古代艺术家具的递承，更离不开石库门建筑群的带动与引导。

1)"洋庄"——海派家具的萌芽

生活方式是影响家具风格的重要因素，纵观中国历史，无论低型家具，还是高型家具，均离不开席地而坐与垂足而坐的引导与交替。海派家具作为承载与记录时代印记的实体，自然无法独立于生活方式之外而自行发展。自从上海成为通商口岸之后，西方文化随着外国领事官员、教会牧师与工商人员等的涌入而渗透至上海社会生活的方方面面，家具作为文化渗透的承载者，自然出现了革新之势。

海派家具是"市民意识"凝结的产物，故新兴的城市中产阶级自然是推动其走向成熟的主要力量。"西式白木家具"作为新兴中产阶级效仿西式生活的开始与代表，自然与海派家具的形成不无关系，如泰昌木器公司与毛全泰木器公司，均是当时大规模设厂并进行西式白木家具生产的代表。

由于西式白木家具的流行，原本生产传统家具的红木企业因款式的不合时宜而遭到排挤，为了渡过难关寻找生路，一些上海的红木家具厂开始了用"红木"模仿西式白木家具的做法，不仅如此，为了争取新的市场份额，且缩小与西式白木家具之间的距离，一些厂家开始从"广式家具"中寻求灵感，以达创新且对路之目的，于是"洋庄"家具便应运而生。

综上可知，海派家具的形成离不开"洋庄"式的开始，而洋庄家具的出现，亦无法脱离"西式白木家具"与"广式家具"的参与和融入，故"洋庄家具"不仅包括以红木为料所模仿的西式白木家具，还包括以广式家具为基础的改良式红木家具。

2)石库门建筑与海派家具的发展

建筑的变化带动家具的革新[9]，石库门建筑作为有别于中国传统式的住宅形式，自然影响着摆放于其内的家具风格的走向。石库门是一种新型建筑，其既与"中国之四合院式"住宅有所区别，又不同于"西式联体式"建筑，石库门介于两者之间。在结构与形式上，石库门建筑有单开间、双开间与多开间之别，单开间者诸如1904年由法国天主教会投资建造的"康宝里"（前后部楼板面无高度差，不设阳台，装修花饰以西洋图案为主）。而位于汉口路与河南中路转角处的兆福里（其里弄狭窄，天井宽阔，房屋高大，用料粗壮，天井场地及厢房下矮墙，用红色或青色石灰岩、砂岩石料制作。正房处有狭长而小的天井，厨房上设有木晒台，山墙出顶，并采用排风墙的形式），则是早期多开间的案例之一。

任何事物均是处于发展中的，石库门亦不例外。早期的石库门建筑受西方影响的表现以西方新古典为主，而随着时间的推移，又将"装饰主义"之风融入其中，如流畅的转角、横竖的线条等，均是石库门建筑对装饰主义运动的映射。

总之，无论是早期受到西方新古典影响的石库门建筑，还是二十世纪三四十年代受到装饰主义风格影响的石库门建筑，均是推动海派家具形成与发展的重要因素。

3）"本庄家具"的诞生

海派家具历经酝酿与发展，终于形成了具有代表性的风格特征，"摩登家具"与"装饰主义式"的海派家具，便隶属"本庄家具"的成员之列。

"摩登家具"（modern furniture）的诞生离不开"摩登房间"（modern room）的成就，"摩登房间"意为"时尚的卧室"，之所以市民们较为注重卧室的设计，是因为石库门建筑中，少有明亮而宽敞的客厅，故向阳的卧室便成为摩登间的代言者。建筑发生了诸如尺寸、结构等方面的变化，必然会引起家具形式的改变，摩登房间较传统卧房而言相对紧凑，故无法容纳派头十足的传统式家具，但市民又无法割舍对传统红木家具的留恋，房间尺寸的不够与市民的留恋之情作为矛盾的两端，促使摩登家具的诞生与问世。

任何创新均是在矛盾中诞生，摩登家具作为当时的创新之作，亦不例外，矛盾不仅是创新之动机，亦为家具企业提供了赢得商机的出路，开业于同治元年（1862年）的张万利木器号便是其中之一，其在"建筑的限制"与"市民的留恋"的矛盾中寻得了"对路设计"之秘方，该秘方便是"摩登家具"。作为调节上述之矛盾的有力武器，其不仅化解了建筑所限之物质层面的矛盾，还保留了市民对于传统文化的留恋之情。前者的表现在于现代、精美与大方的外部造型（摩登家具在外部造型上常以西式为主），而后者的表现则在于材料、细部装饰与结构之上（摩登家具在材料上常以老红木为基材，在细部装饰上常以线脚凸显传统之美，而在结构上，则依然沿用中国之榫卯）。

除了摩登家具，装饰主义式的海派家具亦属"本庄"之列，任何新风格的问世，均有其产生的根本原因，抗日战争便是现实的原因之一。由于战争的出现，致使红木的供应出现了短缺之势，在此种困境之下，为了满足"好面子"之上海普通家庭的需要，在技法与装饰上做出改良可谓是必要之举，如在白木板芯外包镶红木薄板、二方连续的带状装饰、角隅纹饰与果子花等，均是因材施艺的表现与彰显。众所周知，流畅、几何形与横竖线条隶属装饰主义风格的关键词之列，故无论改良后的技法，还是新创之装饰，均与装饰主义之风匹配对应。由此可见，"现实的情况"加"合适的风格"，不仅凸显了"本庄海派家具"对于中国造物理念中"宜"之思想的诠释，还为创新开启了可行之门。

通过上述的内容可知，海派家具的形成离不开物质层面的刺激，更离不开精神层面的引导，前者诸如西式白木家具、洋庄家具与石库门建筑等，均属物质层面之列，而后者则包括中国文化、西方文化与市民意识等方面。在上述所提两种层面的共同作用下，海派家具出现了两种不同的表现形式，即"洋庄式"之海派家具与"本庄式"之海派家具。前者为了迎合被西式的生活方式，与西式白木家具密不可分，而后者则是中国文化、西方文化与市民意识"深度融合"的产物，故无论是"摩登式"海派家具，还是"装饰主义式"的海派家具，均是以中国文化为支柱的表达者。

3.1.4 中国当代艺术家具的风格研究

任何时代均有风格的形成，中国古代与近代艺术家具如此，中国当代艺术家具亦是如此。对于中国当代艺术家具而言，其风格并非如古代艺术家具那样一个时代对应一种主要的风格，而是呈现出多元之发展趋势，故笔者利用四分法对中国当代艺术家具加以分类，以示传承与创新之间的联系与差别。

1）当代艺术家具四分法简述

随着时间的推移，中西文化出现了交集，中国工艺遇到了误解，中国当代艺术家具作为中国经典的延续，需要将传统之工艺美学的精髓（设计与工艺的统一）传承下去。中国当代艺术家具之四分法（图3-1），即以设计与工艺的关系为根本，来处理西方文化与中国文化之间的碰撞之现象。

中国之工艺有传统与现代之别，笔者以其为纵坐标，而文化亦有中西之分，笔者以之为横坐标，而横纵坐标交叉所形成的四个象限即为四种不同的风格形式，即新古典、新海派、新中式与新东方。

总之，当代艺术家具之四分法的形成，不仅将"中国工艺美学之思想"的真谛传达于世，而且将"中国之工艺观"囊括其中，前者是中国当代艺术家具与西方之现代设计的根本区别之所在，而后者则是表达中国设计中之"工"与"美"以及"继承"与"创新"间之辩证关系的诠释。

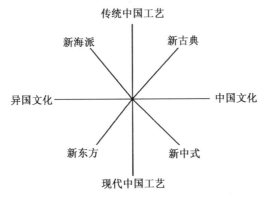

图 3-1　四分法详图

2）中国当代艺术家具的风格分类

（1）新古典

新古典作为重温古代艺术的途径之一，是中国艺术保持持续性的关键之所在。对于古典的青睐，并非是当代之人的专有行为，古时亦有之，如宋代、晚明、康乾盛世以及清末至民国晚期，均是钟爱之表现，故收藏之因素不可被忽略，此乃研究古典艺术入门的重要物质基础。历经收藏热的撩动，研究者开始探索古代艺术的精妙之处，于是专著书籍开始出版，此乃促进新古典兴起的精神因素，有了物质基础与精神因素的支持，新古典开始了实践之旅，即效仿古式与重释经典之阶段。新古典家具作为新古典艺术中的一员，其发展与上述之过程无异，从模仿尚存的实物开始，多局限于明清风格之中，又重释从跨界中突破，即将古之其他艺术形式予以嫁接。

① 新古典的兴起

新古典的兴起亦如其他事物一般，均需历经萌芽、发展与成熟之阶段，萌芽归功于"收藏的升温"（如榉木、漆木与黄花梨之家具的收藏）和"专著之出版"（诸如王世襄之《明式家具研究》《髹饰录解说》《中国古代漆器》、朱宝力之《明清大漆髹饰家具鉴赏》与柯惕思之《可乐居选藏山西传统家具》等，均属推动新古典方面的专著），发展在于"模仿"的践行，而新古典的成熟则在于"重释"的开始。

自从改革开放以后（即20世纪80年代左右），人们对于中国传统家具极为关注，也许是因为国人对博大精深的中国文化的钟爱，也许是材料的价值带动了经典家具的收藏，也许是专家学者对古典艺术的热衷，总之这些可能的因素均促成了"新古典"家具风格的兴起。

任何一种风格的兴起，均需主观群体与客观存在的同时参与，新古典亦不例外，尚存的家具之实物，可谓是兴起中的客观存在，在门类众多的传统家具中,尚存世间且实物最多的莫过于明清家具。不论是从器物的外形,还是其内部构造,均为研究者提供了极为可靠的论据,故对于明清家具的研究多于对春秋战国、秦汉、魏晋南北朝、隋唐五代、宋元等时期家具的探究,这便是"新古典"在兴起之初,家具多呈"明清"之态的原因所在。除了客观存在,主观群体的参与不可缺失,任何一种新风格的产生均归功于某一股主流力量的引导,新古典风格也不例外。对于古典家具之工艺与造型最为熟悉与了解的莫过于传统界的工匠,所以他们作为先锋与主导力量,主宰了新古典风格的兴起与发展。中国艺术家具与西方现代家具不同,无论是榫卯结构,还是髹饰工艺,抑或是装饰技法,均需实践能力的支撑,由于现代设计师无法弥补上述的实践能力,故其只能作为新古典中的辅助力量。

综上可知,新古典的兴起既离不开客观存在的支撑,因为客观存在是其兴起的物质基础,也离不开主观群体的参与,因为主观群体是研究与实践的主导力量。

② 新古典之现状

新古典风格对于我们并不陌生,原因有二:一是"名字"熟悉,因为早两个世纪前,西方曾兴起过风靡一时的新古典艺术,即Neoclassic,所以无论是现代家具行业,还是传统家具行业,均对其无陌生之感;二是"行为",因为除了现代,古人亦有新古典之倾向,如宋代与清代,宋代的金石学以及清代的宋学、汉学、宋锦、青铜十供等等,均是新古典行为的具体表现,可见,无论是古时还是现代,新古典均是作为重温古人经典的重要途径。

新古典作为中国当代艺术家具的风格之一,其现状可从两方面予以分析,即效仿古式与重释经典(表3-1),前者主要以模仿"尚存之古典家具的实物"为主,而后者主要从跨界的角度来重释古时的经典,如将陶器、青铜、玉器、瓷器、丝绸、漆器、牙雕、骨雕与竹雕等艺术形式融入新古典的设计之中。

表 3-1　新古典家具设计

高仿	

A. 效仿古式——以高仿为主

效仿古式是新古典之实践的第一步，其既可通过不断的实践来把握古典家具之"形"，又可通过反复的临摹来感受古典家具之"神"，形神兼备、内外兼修是中国古典家具的精髓之所在，故效仿尤为重要。

中国家具种类众多，在材料方面，有竹藤、陶石、青铜以及木等之别；在功能方面，又有坐具、卧具、承具、架具、庋具与屏风等之分；而在形制方面，还可分为箱体、框架、板箱、折叠、捆绑与翻模等。材料作为艺术表现的载体，是承载"形"与彰显"神"的物质基础，效仿之于材料而言，是深度了解中国艺术多样化与地域性的必要途径；效仿相对于功能而言，是理解古人在"标准化"与"弹性化"间灵活处理的关键步骤；效仿相对形制而言，是感受古人应对生活方式转变的重要手段，可见效仿的重要之所在。

B. 重释经典——以改良与创新为主

任何事物均需经过萌芽、发展与成熟阶段，新古典作为重释经典的途径之一，亦不例外。重释是历经高仿后的沉淀，其以改良与创新为主，前者主要表现为不同器物造型之间的嫁接、古典家具之比例的缩放、工艺的改良、异材结合与新功能的添加等。而后者则主要集中于技法方面，如丝翎檀雕的开创、预应力技术的出现、光影雕的问世以及硬木弯曲技术的诞生等，均是创新之列[10]。

重释经典是保持文化延续的关键之所在，该行为并非只是今人的独有行为，在古代早已有之，如宋元的"漆雕"（宋元之漆雕以"藏锋清楚，隐起圆滑，纤细精致"为特征，在明初之时，即永乐与宣德时期，工匠依然秉承着"宋元之制"，此行为可视为模仿，但是在此之后，漆雕出现了新的形式，即一反宋元之制，逐渐给人以"刀锋外露"之感，该做法可视为改良与创新）与元代的"织金锦"（元代的织金锦包括"纳石失"与"金段子"，这两者均对明清的丝绸产生了深远的影响，如明清的"彩缎"与"织金锦"，均是对元代之织金锦的继承与发展）等，均在明清两代得到不同程度的重释。

综上可知，对于古典文化的诠释，不能止步于模仿（即高仿），更需改良与创新（即重释）的参与，"模仿"是学习与研究古之文化与艺术的起步与探索，而"改良"与"创新"则是延续中国文化与艺术的关键所在。

③ 新古典的特点

新古典是使古代之经典得以重释的重要途径，其与新海派、新中式与新东方不同，新古典以再现"古式"与"古法"为准则，让失传的"技法"得以重见天日，使久违的"风格"再次出现。

A. 从"古式"

新古典在创新力度上，也许不及新海派、新中式与新东方三者，但却是"还原"古典文化与艺术的最"到位者"，因为新古典需以"从古式"为设计原则[10-12]。

古式涉及的是"外在因素"，如形制、装饰、材料、尺寸等，在形制上，新古典从不同的角度进行诠释，无论是高仿，还是改良，抑或是创新，均需尊重"古式"。就"高仿"而言，不仅需"形似"，还需"神似"[13]；就"改良"而言，无论是更换材料，还是缩放比例，抑或是不同古典家具形制的嫁接，均需以达到所参照之"古式"的韵味为目的；

就创新而言，则体现在"跨界"之上，如模仿其他工艺美术品类的形，该种创新在古时已存在，如以金银器模仿青铜器、以木材模仿青铜鼎（如清代的鸡翅木仿青铜鼎供桌）以及瓷器模仿青铜、金银器、玉器、竹雕、犀角雕、牙雕等，均属古时在"新古典"方面的创新之举，今之"新古典"亦可借鉴。在装饰上[14]，无论是照搬原版（如效仿古典家具的纹饰图案），还是简化装饰（即将"古典纹饰"加以简化，而后融入新古典的设计之中），抑或是引入跨界之品类的纹饰（如将瓷器、丝绸、金银器、漆器等的纹饰图案融入古典家具的设计之中，该举隶属新古典中的"跨界"行为），均需沿袭古典艺术的设计原则。在材料上，无论是陶瓷与青铜，还是竹藤与木材，抑或是金银器与玉器，均需参透古代对于材料开发与利用的"度"。在尺寸上，新古典需领悟古之"标准化"与"弹性化"的法则，无需以测绘精确数值之法，实现新古典与古典的如出一辙，而应以"比例"之法来成就"标准化"与"弹性化"之间的进与退。

综上可知，从"古式"并非是仅指"高仿"，亦有"改良"与"创新"的参与。

B. 随"古法"

此处的古法有两层含义，即原则与技法。在原则方面，新古典应尊重古典家具文化与艺术的设计原则，在古时，家具隶属于工艺美术领域，故在设计原则上，与古之工艺美学思想一脉相承。古代工艺美学讲究"重己役物""致用利人""审曲面势，各随其宜""巧法造化""技以载道""文质彬彬"，新古典欲想还原古之韵味，那么随古法是必然之举。

任何事物均有"共相"与"殊相"之别，古法中的原则亦不例外，上述之原则隶属"共相"之列，除了"共相"，中国古代艺术家具作为工艺美术的子类别之一，还有"殊相"之特点，如家具的髹饰工艺，在原则上就有更为具体的"遵守"与"禁忌"，"三法"（巧法造化、质则人身与文象阴阳）、"二戒"（淫巧荡心与行滥夺目）与"四失"（制度不中、工过不改、器成不省与倦懒不力），便是髹饰工艺在原则上的"应该"与"不应该"。另外，共相与殊相又具辩证性，相对于不同的对象范畴，"共相"可退居为"殊相"，"殊相"亦可晋升为"共相"，依然以髹饰工艺为例，上述的"三法""二戒""四失"相对于时代之工艺美术的原则而言，其属"殊相"之列，但如将其参照物换为以"藏锋清楚，隐起圆滑"为审美原则的"宋元式剔红"与"刀锋外露"的清式剔红，"三法""二戒""四失"则属"共相"之范畴。综上可知，预想将新古典注入十足的韵味，无论是"共相"的原则，还是"殊相"的规律，均是新古典需要研读与顿悟的内容。

　　除了原则与规律，古法还包括古之技法。许多古法无人继承与发扬濒临消失，新古典的出现，便是挽救失传之古法的途径之一。家具有主材与辅材之分，主材之技法包括结构技法与装饰技法，中国古典家具讲究"内外兼修"与"形神兼备"，故这一内一外的技法也应内外呼应，如软木与硬木在结构上定有所区别，虽然榫卯是中国家具文化的精髓之一，但由于木质的不同，所用之榫卯亦不完全相同，如漆木家具与硬木家具，漆木家具多以"非硬木"为胎，且其需"披麻挂灰"，故对榫卯的要求以"牢固"为先；而硬木家具则截然不同，其无论是打蜡还是揩漆，均可显示出木之本色，故对于榫卯的要求便升级为"牢固"加"严丝合缝"（榫卯精确是严丝合缝的关键，只有严丝合缝的榫卯，才能充分彰显天然之木的"纹理美"），前者是榫卯的最基本要求，而后者则是提升视觉效果的科学之法。除了主材，家具还有辅材的融入。辅材的种类很多，如青铜、玉石、陶瓷、竹藤、丝绸、金银器等，均可成为家具的辅材。如以之作为家具的镶嵌部件，则辅材的技法属"古法"之列。之于青铜而言，所涉及之技法包括焚失法、镶嵌（嵌红铜或嵌绿松石）、错金银、模印制范、失蜡法、彩绘、鎏金、针刻等，均属青铜的"古法"之列；之于玉器而言，无论是精美玉石的碾琢之技，还是将杂玉变美玉的"巧色"之法，抑或是充满异域之风的"痕都斯坦"工，均可成为新古典诠释的对象；之于陶瓷而言，所涉及的技法更为众多，如蛋壳陶、针刻、暗纹陶、描金、彩绘、印花、划花、贴花、金银平脱、三彩、花瓷、绞胎、扣、油滴、兔毫、曜变、玳瑁斑、剪纸贴花、树叶贴花、斗彩、粉彩、瓷胎画珐琅、铜胎画珐琅、五彩、錾胎珐琅、透明珐琅与掐丝珐琅等，均属陶瓷作为辅材所涉及的技法；之于竹材而言，其即可成为新古典的主材，又可成为其辅材，如贴黄与镶嵌等，均属竹材在"古法"方面的彰显；丝绸与瓷器一样，作为影响世界的工艺美术品类，在技法方面也是多种多样，如锁绣、辫绣针法、直针平绣法、刻毛、纬锦、经线起花、织金锦、绞缬、夹缬、蜡缬、蹙金、盘金、陵阳公样、刻丝、织金刻丝、纳石失、金缎子、撒答剌欺、印金（即销金）、松江棉、潞绸、顾绣、倪绣、云锦（库缎、库锦与妆花）、宋锦（重锦、细锦与匣锦）、刻绣、刻绘、刻绘绣、三蓝刻丝、水墨刻丝、京绣、粤绣、苏绣、湘绣与蜀绣等，均属丝绸方面的"古法"；就金银器而言，其技法包括錾刻、锤揲、掐丝、镶嵌、焊缀小珠、金涂、金花银器、结条、钣花、夹层法、错金银、镂空等，亦属新古典之辅材的"技法"之列。

　　无论是"古式"，还是"古法"，均可再现中国文化昔日之辉煌，新古典作为传承中国文化与艺术的载体，从"古式"与随"古法"乃情理中之事。

(2) 新海派

新海派家具作为中国当代艺术家具中之一员，虽然在形式上与其他三者迥异，但依然无法否认其存在的必然性与必要性。海派家具是"市民意识"的产物，与"文人"所向的"简"与"淡"不尽相同，其既不用追求"见素抱朴"与"朴素乃天下莫能与之争美"的大雅之境，也无须营造"和氏之璧，不饰以五彩。隋侯之珠，不饰以银黄。其质至美，物不足以饰之"与"质有余者，不受饰也"的纯素之势，若将追求简与淡之审美取向的中国当代艺术家具视为承载"抽象文化"的载体，那么新海派可被看成是传送中国"具象文化"的实体。无论是东方的，还是西方的，只要是市民青睐的，均可成为新海派家具的表现对象。

新海派家具的产生离不开海派家具的孕育，海派家具作为其奠基者，对新海派的萌芽与成熟至关重要，故在论述新海派家具之前，需对其奠基者（即海派家具）予以简单介绍。

① 海派家具的孕育

海派家具是中国文化碰撞西方思想的产物，任何外来文化在进驻本土之时，均不是单线程。正如大量"洋货"出现在清代的大街上一般，保守派认为这些奇技淫巧之"洋货"会腐蚀人心，且致使白银外流，而与之相对应的派别，则认为需将其先进思想为"我"所用。海派家具亦是一样，面对资本主义生活方式的入侵，在家具上产生了"洋庄"与"本庄"之别，"洋庄"即带有西方建筑或者家具元素的"中国的家具"之形式，而"本庄"则是沿袭中国之传统做法与式样的"中国的家具"之形式。

生活起居方式的改变致使高型家具得以立足，满族文化的加入，拓展了中国古典家具的种类，而建筑的改变，又为中国家具增添了不少新鲜的点缀。海派家具隶属中国家具，自然也不可能脱离建筑与生活方式而独立存在。

石库门建筑的出现（石库门有早期、中期与晚期之分，其上的装饰形式受到西方之新古典风格与装饰艺术等的影响）（图3-2），是海派家具产生的摇篮。由于其形制较小，布局介于中国四合院和西方联体式住宅之间，所以无法容纳传统之家具形式。加之，西式之生活方式的浸透，申城市民对西式白木家具的"新鲜式样"颇具好感，但是由于其派头不够，遭到了石库门内较为富有家庭的嫌弃。他们无法割舍下对传统之红木家具的留恋，但无奈于现实的残酷——房间太小，这使得一些生产西式白木家具的厂家看到了商机，如毛全泰与水明昌，于是"中西式"之"海派红木家具"得以诞生。

图 3-2　石库门建筑

有了萌芽，就会迎来发展与成熟，由于石库门住宅中少有宽敞明亮的客厅，所以追求精致生活的上海人将卧室作为重点，加以装点，于是"摩登房间"即"modern room"顺势而生。为了与 modern room 的风格保持一致，modern furniture（摩登家具）随即出现。功能的改变，拓展了摩登家具之类别，出现了诸如三门大橱与架子床等家具。另外，在雕饰方面，采用"面与块"的雕刻方法，开创了别有韵味的"果子花"之装饰形式。此时的海派家具仍然是中西合璧之产物，即以中国文化为根，将西方之新古典元素加以改造，并以之作为点缀施于其上。以家具之脚型的变化为例，如西方新古典之 turnip foot 与 pad foot 等，均已身兼中国特色，变身海派之摩登脚、鹅脚与调羹脚等（图 3-3）。

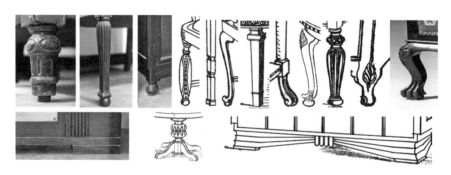

图 3-3　海派家具腿型

到了二十世纪三四十年代，抗日战争的爆发，造成了红木的短缺，当时的匠师们只能采取"用料为精"之法。此时恰逢装饰主义传到上海，装饰主义如同其他风格一样，在出现之始，定会有两派存在，即 Neoclassic（新古典的延续者，注重手工艺，采用名贵木料）和 Pro-simplicity 与 Anti-excess（支持少则多原则的现代主义设计思想）。故此时期之海派家具也是如此，不仅有新古典的影子，如采用木材并施以必要的雕刻形式，还有现代主义思想的体现，如喜用几何纹饰与线饰作为装点等。

总之，我们在海派家具中既能发现本土之根，也能嗅到西方之新古典、新艺术运动、装饰艺术运动与现代主义的气味，如新古典之凹槽状的腿、拖鞋脚、垫形脚、球形脚与扁圆脚等，装饰艺术的转角处理、色彩运用与几何元素的利用等，但以上的西方元素，并非是将其简单拼入中国设计中，而是以西方元素为点缀，将其赋予本土精神。

海派家具在保守派的眼里，是西方式样的私生子，而在其反派的眼中，是应时代而生的佼佼者，尽管争议颇多，我们也无法磨灭海派家具的贡献，从早期的"中西式"到二十世纪二三十年代的"摩登式"，再到三四十年代的"装饰主义式"，均记录着海派家具的借鉴、吸收与创新（图3-4）。

图 3-4 新海派家具

② 新海派家具的特点

A. "雕"与"塑"同在

"雕"与"塑"指的是新海派在装饰与技法方面的特点（即工艺，在中国艺术家具之中，工艺既包括装饰，也不排除技法）。"雕"之方法以"线"为主，而"塑"之方式则以"面"和"块"为主，前者（线）是中国人擅用的设计语言，无论是书法与绘画，还是建筑与家具，均离不开对线的表达与热爱。线有"结构性之线"与"装饰性之线"的区别，结构性的线指的是家具部件中起"承重作用"的线性部件，如搭脑、枨子、矮老、扶手与框架式的腿足等，均属结构性线之范畴。而"装饰性的线"则与前者不同，其主要指的是线脚中的阴线与阳线。新海派家具在工艺方面，除了"雕"之外，还可延续"塑"之路线（塑是海派家具的主要装饰与技法，果子花便是案例之一），"塑"与"面"和"块"密不可分，该法不局限于西方的装饰元素。中国诸多的艺术形式依然可成为新海派家具的参照之物，如砖雕与石雕等，均是以"面"与"块"为设计语言的佳例。

综上可知，新海派家具在装饰与技法上，既可采用"雕"之工艺，又可发挥"塑"之优点，前者可谓是"本庄"之海派风的再现与延续，而后者则是"洋庄"之风的表达与彰显（表3-2）。

表3-2　新海派家具中的"雕"与"塑"

B. "国风"与"西风"并行

世间的万事万物均有两面性，新海派家具亦不例外，其中有"洋风扑面"的"西风系列"，也会有"中式味道浓重"的"国风系列"，前者可谓是"洋庄"家具的再现，而后者则可视为"本庄"家具的延续。对于"西风"系列，新海派家具可扩大对西方元素的应用范围，如埃及式、希腊式、罗马式、哥特式、巴洛克、洛可可、新古典、新艺术与装饰艺术等，均可纳入其诠释的范畴，对于该系列的表达方式可采取"西风"于外而"国风"内藏式。

除了"西风"系列之外，在新海派家具中还有"国风"系列的存在，该系列与前者不同，其无需将"国风"内藏，即用中国式的处理方式与技法，来实现西方式样的蜕变，如用以线为主的"雕"之技法，便是成就"国风"系列的案例之一。

总之，新海派家具作为当代中国艺术家具之列的一员，既需立足于市民之审美取向，又无须过分迎合，无论是在"雕"与"塑"的把握上，还是在"西风系列"与"国风系列"的斟酌上，应以"宜"为度，切莫因"失度"而倒向"别国设计"或者"其他中国艺术家具风格"之阵营。

（3）新中式

新中式作为中国现代家具设计的成员之一，既需秉承工艺美学思想的精髓之处，又需在中国"工艺观"的指导下进行递承与创新，故其与

"中国风式"的新中式、"中国主义式"的新中式与"技术美学下"的新中式均有着本质的区别，本书中的新中式隶属于"工艺美学"下的新中式。

① 新中式之现状

新中式作为中国当代艺术家具风格之一，包含着与时俱进的痕迹，也充满着对古典的留恋，但与新古典不同，新中式对于古典的留恋，是"提炼式"的，即造型、结构与装饰元素的提炼。

风格具有周期性，经过了新古典的热潮之后，无论是匠师，还是现代设计师与学者，均在思考着如何使中国家具富有现代之气息，于是新中式走入了人们的视野。在新古典时期，现代家具行业与传统家具行业的交流并不多，时至新中式之际，则情况大不相同，传统家具行业为了更新其设计，分别与高校和现代设计师出现了交集，于是新中式被注入了新的血液。

交集产生了，歧义也出现了，新中式的发展出现了岔口，现代设计师认为：在材质方面，倡导采用诸如非洲花梨等相对低端的木料，其目的是走价格战（比起高端木料，低端木料在价格方面更具竞争的优势）；在材料创新方面，走多元化路线，将亚克力、玉石、玻璃、石材、陶瓷、景泰蓝等材料融入设计；在工艺上，为了节省人力与物力，倡导使用现代的实木拆装工艺，保留部分榫卯结构，并以螺钉、铰链、合页等连接件替代剩余部分的榫卯结构；在设计手法上，使用加法，在中式风格的基础上，适当加入欧式、美式、后现代等现代设计风格；在雕花特点上，弱化纹饰中的寓意与象征，使之发展为纯装饰之物；在舒适性方面，以人体工程学为标准，通过添加软包、降低坐高等途径，以达到制造舒适的目的；在功能方面，不断地变换造型，以适合年轻群体的需求。

在传统家具行业中，这种类似"批量化"的生产模式，未必得到认可，匠师们依然钟爱中国传统工艺，所以无论是在材料选择上，还是在造型处理上，抑或是在工艺制作上，均充满了对传统的留恋。在材料上，喜用硬木；在造型上，灵感多源于古款；在工艺制作上（装饰工艺与结构工艺），匠师们依然将雕刻、镶嵌、彩绘、榫卯结构、纹饰图案等融入其设计之内。

总之，新中式的发展也是曲折的，在其发展之初，只有少数传统家具企业在践行它的可行性，如红古轩、中飞、合兴等，在历经数载的潜伏后，以之作为创新之作的企业愈发地多了起来，以2015年3月的深圳家具展和东莞家具展为例，新中式如一阵激流般扑面而来。众多的新中式作品一起亮相于观者的面前，如卓木王、姑苏名家、豪典工坊、苏梨等（图3-5），在大量的新中式之作中，无论是传统行业还是现代行业，均显现了一些共同特征：

首先，在造型上，或多或少地保留了某古款的典型特征，如圈椅的椅圈、架子床之框架、霸王枨、罗锅枨等典型部件。

其次，在材料上，依然以木材为主，适当结合软包或其他材质。

最后，在装饰工艺上，采用"点缀式"的雕刻、镶嵌或者髹饰之工艺。

图 3-5　新中式家具（现代家具行业）

② 新中式的特点

新中式作为中国当代艺术家具的风格之一，是"中式文化"与"当代文化"相融合的产物，故其内既含"古典"之风，又具"当代"之韵。任何文化均离不开主观群体，新中式家具文化亦不例外，由于经济实力、社会背景、文化素养与审美取向等方面的差别，故主观群体在对于新中式的喜好上，出现了多样化趋势，如70后、80后与90后等，均有属于自己的审美范畴。70后虽不如其父辈般怀旧，但也对古典文化兴趣浓烈，故"传统与经典"的特点不能缺席；80后身染西方现代文化气息，故"现代与时尚"之记号不可被淹没；90后思想超前，即便是怀旧也是"先锋派"式的怀旧，故"个性与后现代"的特点不能被遗忘。

A. 传统与经典

文化需要沉积，艺术需要洗礼，历经岁月检验过的文化与艺术，便是经典。经典不仅具有时间性，还具有空间性，故延续经典是新中式解读中国传统文化的关键之所在。

新中式设计中的"传统与经典"的特点，有别于新古典，前者未必"遁循古式"，而后者则需要以"古法"为准则。如以明式家具为例，古典设计讲究"几榻有度，器具有式，位置有定，贵在其精而便，简而裁，巧而自然"，那么在新古典的设计之中，该原则必然不能忽略，但对于新中式而言，未必百分之百遵循，可灵活应对。

中国经典之文化未必只有家具一类，除此之外，还有陶瓷、丝绸、青铜器、玉器、漆器等，将上述元素融入新中式家具的设计之中，亦是"传统与经典"特点的体现，以丝绸为例，若能将具有"特色的丝绸品类"融入大家所熟知的"苏式""广式""京式""晋式"之中（如陵阳公样、顾绣、倪绣、潞绸、南京的"云锦"、苏州的"宋锦"等），可谓是诠释经典的途径之所在。

总之，对于"传统与经典"的诠释，未必只是新古典之责任，新中式亦可采取突破之举，使传统文化融入当下。

B. 时尚与现代

时尚是一种行为，并未有时间的限制，既可以是对"过去"的怀念，也可以是对"当下"的诠释，还可以是对"未来"的预测。新中式作为设计中的行为之一，固然也不例外，但它的"时尚"无论是对于上述何种形式的表达，均需以"中国文化"为基础。

现代是与时俱进的表现，既包括文化的交融，亦不排除艺术之间的相互碰撞，在"西风东渐"的当下，文化的交融与艺术的碰撞自然无法回避西方文化的影子与痕迹，但如何将被影响之后的痕迹融入本国的文化与艺术，是新中式在当下所需坚守的设计原则之一。

新中式作为中国当代家具设计中的一员，出现"时尚与现代"之特点，实属自然之事，但如处理不当，便会步入"西方设计"（即披着中国外衣的西方设计）的阵营之中，为了避免出现上述之状况的出现，化"经典"为"时尚"，变"传统"为"现代"，实为一条可行之路，无论是前者（化"经典"为"时尚"），还是后者（变"传统"为"现代"），均需将西方之影响与痕迹推向"表面化"，使之成为中国设计的点缀之物，正如珐琅彩的蜕变一般（在西方，珐琅彩是以"铜胎"为底，在其上施以珐琅彩，而此项技艺进驻清朝时，匠人们为了突出中国特色，便将"铜胎"更换为"瓷胎"，该种举动的出现，可谓是"本质性的"转变，即将西方的影响推向"表面化"），虽为外来之物，却没有给人以"盲目崇拜"之感。

C. 个性与后现代

在上述的内容中，笔者已提及，对于中式文化的敬仰有群体之别，新中式家具文化隶属中式文化之一，亦不例外，有人希望新中式突出"传统与经典"的特点，有人期盼新中式散发"时尚与现代"之味，还有人想赋予新中式"个性与后现代"之感，总之，群别的差异性影响并决定着新中式的设计之路。

个性是对于"大众化"的反叛，是"共相"背后的"殊相"，当"主流文化"发展到一定阶段，"个性化"便会崭露头角，古时如此，当下亦如此，如人人皆知的竹林七贤，便是个性化的代表之一。个性化虽与众不同，但与新中式相互作用之时，需与"大众化"相互调和，以达"恰到好处"的状态，使之步入"实用艺术"之列，欲要实现上述之境界，"多材·跨界"的设计方法极为关键，既可突破材料的局限来实现与众不同（即"个性"或"殊相"）之感（如漆器中的"镌玉"、家具中的"贴黄"、玉器中的"痕都斯坦"工艺等），又可采用"跨界之形"来成就个性之美（如清中期的"鸡翅木仿青铜鼎式供桌""殿宇式"的佛龛等）。

后现代作为个性化的表现方式之一，其内在既有"反叛"之情，又有"重释"之意，反叛的是"披着中国外衣的西方现代家具设计"，重释的则是传统与现代的邂逅。前者也好，后者也罢，均与西方之后现代有所差别，其并非如"先锋派"一般（后现代中的一个设计派别，与"经典派"同时存在），因"反叛"而生"抨击"之嫌（后现代的先锋派常借助作品来抨击现代设计思想与艺术表现形式，如密斯的"少则多"之原则与康定斯基的表现主义均是先锋派抨击的对象），而是将"反叛"与"重释"化为满足不同群体对于中式设计需求的工具。设计需要灵感，无论是主流之物，还是个性之体现，均会赋予主观群体以灵感，故新中式中的后现代应避免通过"抨击某种思想或艺术形式"来达到创新之目的，而应将个性融入实用艺术之中，为新中式所用。

古时也好，当下也罢，均会出现"共性"邂逅"个性"的情况，如汉、唐、元等，均是典型的案例，无论是汉代的"西域文化"与"佛教文化"，还是唐代的"犹太教""景教""回教""祆教""摩尼教"等，抑或是元代的"蒙古文化""伊斯兰文化""藏传佛教文化""基督教文化""高丽文化"等，均属当时的"个性文化"之列，但当其与"汉文化"邂逅之时，"个性文化"并未出现"喧宾夺主"之嫌，而是在汉文化的基础上，闪耀着"个性"之美，从中可知，预想被"主流文化"所接受，又不愿将"个性"淹没于"大众"或"异国文化"之中，那么"有根·多元"设计法可居"个性与后现代"和主流文化之间。

③ 新中式设计之原则

当代艺术家具中的新中式，不同于新古典（新古典讲究"遵循古式"）与新海派（新海派提倡以"市民文化"为根基），亦与新东方（新东方则追求"简古与淡泊"）有别，新中式无须拘泥于"古法"，也不必力争达到"融·简"与"禅·悟"之境界，更无须迎合市民之"追风式"的审美取向，故其设计呈现"弹性化"之势，尽管有如此"弹性化"的特权，但新中式依然需遵循一定的设计原则，如在指导思想上，需以中国当代之哲学观为导向，在文化的相融之时，需将异国影响推向"表面化"，在设计上，应敢于突破（如突破风格、流派、形制、结构与装饰等方面）。

A. 以"知行学"为指导思想

哲学思想是区分"在中国的当代家具设计"与"中国的当代家具设计"的标志，前者无论如何粘贴中国元素，其依旧属于异国设计，如人人皆知的瓦格纳与库卡波罗所出的设计依然位列西方设计之列，而后者无论如何受到异国文化的影响与冲击，其依然不会沦为"披着中国元素的异国设计"之范畴，由此可见指导思想在设计中的关键性作用。

任何事物都是发展的，隶属形而上的哲学思想亦不例外，无论是儒家与道家，还是"天人感应"与新道家（玄学），抑或是新儒家，均是哲学与时俱进的见证。"知行学"作为"新儒学"在当代的衍生体，虽然以儒学中"理想主义派"（即心学）为起点，但与孟子的"尽心论"又有着不同之处，"知行学"虽与"事理学"分属两个派别的继承者（事理学是荀子"现实主义派"的继承者），但其并不排斥"事理学"的存在，而是将其作为知行学的基础，与之和谐相处。

在古时，"东风西渐"、中国"古典设计"波及世界，而今，"西风东渐"、中国"当代设计"暂退幕后。无论是古典还是当代，均为中国设计，但历经时间的推移，结果却截然有别。反思当下，出现如此境地的根本原因在于思想，知行学作为具有"双重译码"的当代中国哲学思想，是指导中国当代艺术家具设计的关键所在，新中式作为其中的一员，自然不应例外。

B. 将异国之影响推向"表面化"

文化与艺术之间的相互融合与碰撞在所难免，新中式作为承载这些融合与碰撞的载体之一，自然无法置身于事外。在上述的内容中，笔者已提及，当下的中国文化与囊日不同，昔日，东风西渐，今日，西风东渐，虽然同属传播行为，但其中文化的地位却不能同日而语。

新中式作为中式文化在新时代的表现，大可利用与借鉴"东风西渐"之辉煌，来化解"西风东渐"的侵袭，即将异国的影响推向"表面化"与"辅助地位"。表面化在于"装饰方面"，辅助地位在于"技法方面"。装饰方面可借鉴古时及近代之法，如明代杨勋之"泥金画漆"与海派家具中的"果子花"等，均是将外来影响推向"表面化"的案例，前者（泥金画漆）是具有日本"莳绘"风格的描金作品，但是杨勋并未将影响带至"技术层面",不仅如此,其也未将"倭国之风"照搬于作品之中,而是将之加以改良,使之成为"彩油错泥金";后者之果子花,其作为海派家具的标志,常被认为是中西合璧之物,原因在于"面"与"块"的雕刻形式与西方之古典艺术大有关联,但如细致观察,果子花中对于"叶饰"的表达,颇具宋元剔红之"藏锋清楚,隐起圆滑"势头,可见这中西结合之物,借用的仅是西方之"表"。从上述所言之内容可知,无论"泥金画漆",还是"彩油错泥金",不仅未直接采用外来之装饰,还将其加以改良,使之与中国技法合理相融,此举可谓是将异国之装饰推向"表面化"的较高境界。对于技法层面,亦可将之置于"辅助地位",如金银器中的"锤揲"(锤揲本为西方金银器的成纹手段,如在唐代之时,锤揲在前期还常有出现,随着时代的前进,其不再以"主要技法的角色"出现于金银器之上,而是退居至"辅助地位",即常作为"錾刻"的辅助手段)、丝绸中的"通经断纬"之法(通经断纬之法是西方之"刻毛"中常用的技法,但传至中国,该工艺被转嫁于"丝织"领域,不仅如此,国人还将"绘画"融入其中,该种形式的改良,显然已将源于埃及的"通经断纬"之法置于"辅助"的境地)、瓷器中的"画珐琅"(画珐琅有"铜胎画珐琅"与"瓷胎画珐琅"之别,前者是从西欧传入中国,而后者则是中国匠人对于西欧之"珐琅彩"的改良,即将"铜胎画珐琅"移植到瓷器之上,瓷器本是中国影响世界的产物之一,匠师将外来之技法嫁接于内,可谓是淡化西方影响的举措之例)等,均属将异域之技法蜕变至辅助地位,且将其恰当地融入中国艺术的案例。

综上可知,文化之间的影响与艺术之间的交融无可避免,但需注意的是,在交融中切莫成为"他国之设计"的一员。

C. 走"双重译码"之路

设计中的"双重译码"既不舍弃传统也不错过当下,新中式作为中国传统文化与现代文化碰撞的产物,更应走"双重译码"之路。

在古时,除了家具,工艺美术领域还包括丝绸、青铜、陶瓷、金银器、玉器、漆器等,如能将上述这些范畴为新中式所用,可谓是集成创新之举,如在软饰方面,新中式可将中国的丝绸融入其中。除了"瓷器之路","丝绸之路"也是影响世界的文化之一,故新中式若能从"技法"与"纹饰"两方面对素、绢、缣、纱、縠、罗、绮、绫、锦、绦等不同的丝绸品类予以重释,亦是中式文化与时俱进的标志。而在其他方面,诸如雕刻、镶嵌与髹饰方面,新中式则可将青铜、陶瓷、玉器与金银器等较为"特色的纹饰"与"技法"融入其设计之中,如青铜中的"三层花"纹饰与嵌错技法,陶瓷中的"玳瑁斑""曜变""油滴""兔毫""绞胎""釉里红""窑变色""珍珠地刻花"等（这些具有"标志性的瓷片"既可用于镶嵌，又可用于髹饰之中，使之成为漆家具的纹饰，做法可从"犀皮"中找寻灵感），玉器中的"巧色"以及金银器中的"结条"与"金银花器"等，均可成为新中式彰显中国文化的途径。

总之，对于新中式而言，所有的过去，均可成为其表达"中式"理念的基础，所有的现代艺术，又可成为增添"新"气息的途径，这便是"新中式"有别于"新古典"的特别之处。

D. 突破局限与禁锢

古典家具的存世量过少，且多以明清家具为主，再加之人们对于其中之"硬木家具"情有独钟，故造成了在传承与创新上的禁锢与局限。在当代艺术家具中新中式作为继承与创新的一员，应冲破"明清硬木家具"之范畴，走出自己的特色之路，如风格、流派、类别与形制等，均是突破禁锢的关键之所在。

在风格上，新中式需拓展范畴，从商周至明清，均可成为新中式设计的参照之物。由于木性的不同，"硬木"与"非硬木"在表现形式上存有差别，如过度迷恋硬木，便会造成"灵感有限"之后果，因为灵感来源于"知"，若"知"之层面较为狭隘，灵感定会有所局限，故突破明清硬木之风格，是新中式实现"物惟求新"之目的的关键之一。

在流派上，突破"广作""京作""苏作""晋作"等的限制，中国工艺美术的品类众多，新中式预想在"双重译码"中实现"破"与"立"，"多材·跨界"之法不可不用，跨界既可体现于"形制"与"结构"中，又可集中于"装饰"上，除此之外，跨界之法还能通过"流派"予以实现，如丝绸（如上述提及的陵阳公样、顾绣、倪绣、潞绸、蜀锦、南京的"云锦"、苏州的"宋锦"、粤绣、苏绣、湘绣、蜀绣与京绣等）与陶瓷（长沙窑、吉州窑、磁州窑、龙泉窑等）中的流派，即为成就突破与禁锢的契机。

在类别上，勿将漆木置放一旁，漆木家具作为中国家具文化的主流，用自身的优势描画着中国艺术的千文万华。笔者在上述的内容中，曾提及"多材·跨界"之设计，漆木家具便是案例之一，"多材·跨界"体现于"胎骨"之上，如木、皮、竹、锡、青铜、麻布、葫芦等，均可成为漆器之胎，这便是"多材·跨界"的彰显。新中式如能将漆木划入设计之范畴，定能在设计上有所突破。

在形制上，新中式也应将视野拓展，除了框架之外，还有箱体、折叠、板箱、浇筑、翻模与捆绑结构，不同的结构形式承载着不同的文化内涵，故新中式不应放弃任何一种。

通过上述对新中式设计原则的论述可知，新中式在设计上，不仅要将本国文化发扬光大，还需将异国影响纳入其中，以为"我"所用，前者（对本国文化的发扬光大）既包括对本国传统文化的"继承"，也不排除"突破"与"创新"，即在"双重译码"中实现"破"与"立"，而对于后者（异国影响），需在"知行学"的指导下，将异国影响推向"表面化"及"辅助地位"，如若不然，则会倒向"异国设计"的阵营。

（4）新东方式家具（简称"新东方"）

① 新东方式家具之现状

"新东方"作为中国当代艺术家具的代表之一，是工艺设计与时俱进的产物，是当代文化与传统精神相融合的代表，但是这种融合是以本土文化为主的，绝不是"头顶瓜皮帽，下着西装"的表里不一之融合，故新东方既将今天的时尚与经典纳入其中，也不排斥曾经的执著与永恒。

新东方家具风格的发展离不开台湾。家具是情感的寄托者之一，对于故土文化与艺术的眷恋，是新东方风格兴起的感性因素。而台北故宫博物院举行的宋文化展，是诱发新东方风格兴起的理性因素。新东方历经时间的洗礼、岁月的雕琢，已渐入人心；"新东方"的发展亦离不开日本，中国台湾曾经被日本占据，在文化形式上与艺术表现方式上受其影响，实属必然之势，如静谧含蓄、简洁素雅、纤细秀丽等建筑之特点，对新东方风格影响甚大。日本设计的简洁、素雅与宋文化无法分割，其曾钟爱宋代之建筑，故日本出现了东大寺佛殿之类的建筑。日本青睐四大皆空的佛家，于是将禅宗（道家和佛教最精妙处之结合）引入其国；日本欣赏中国之建窑，将其中的"油滴"（黑釉的一种）视为国宝；日本喜爱宋之家具的空灵与劲瘦，故将一把直搭脑带托泥扶手椅藏于正仓院内，供后人欣赏与学习。这些均是其崇尚简洁、素雅的见证。几百年的学习与实践，最终影响了台湾家具风格的审美取向，这些均是新东方艺术产生的源泉。

"新东方"的产生，无法脱离日本及中国台湾的酝酿，但"新东方"的发展更离不开中国，正如西方艺术理论家贡布里希所言之"日本艺术源于中国"。

目前对于新东方的理解，也是各不相同，但是青木堂作为较早的新东方的引领者，已将新东方锁定于简洁质朴与崇尚本质之范畴。直到爱马仕遇见了顾永琦，新东方又出现了另外的选择，即空灵、禅意与融合，"上下"系列曾开启了无数人的创作灵感，在设计思想上，可以中西相容，在制作工艺上，需立足于本国（图 3-6）。

② 新东方的核心思想

文化有纯粹与交融之别，新东方作为中国文化的承载者之一，亦会

图 3-6 新东方家具

出现不同的表现形式，即纯粹与交融，纯粹源于对本民族文化的诠释，而交融意味着不同文化之间的碰撞，新东方作为中国当代艺术家具的风格之一，既需发扬前者，又需兼顾后者，前者的核心在于"禅·悟"，而后者的重点则是"融·简"，"禅·悟"与"融·简"作为新东方的两大核心思想，引导着新东方的前行。

A. 禅·悟

"禅·悟"体现的是一种"空无"之感，讲究的是"以心传心，不立文字"，故对该种形式之新东方的理解，因人而异，个体悟性之差是引起观点有异的根本所在。

禅·悟离不开境界的考验，境界是检验悟之程度的必经之路，从无为而修到不修之修，既是境界逐渐攀升的见证，亦是悟之程度的体现。从两首偈云中可感受到这"有修之修"与"不修之修"之间的差别，即"身如菩提树，心似明镜台，时时勤拂拭，莫使惹尘埃"与"菩提本无树，明镜亦非台，本来无一物，何处惹尘埃"，前者类似比喻，以物喻物，而后者则讲出了"空无观"之本，此境界自然有别于前者。

将禅·悟引入中国当代艺术家具之新东方的设计中，并非只是使新东方家具效仿禅·悟之结果，而是学习从中给予相关从业者的启示。首先，预想达到禅·悟，需历经"无为而修"之过程，这便是佛家"先善"与"中善"的阶段，即学习与输入的过程。新东方作为中国当代艺术家具风格之一，不仅需要研读中国古代之艺术，亦不能放弃外来文化中的精华部分，此乃顿悟之根。其次，禅·悟离不开宗禅，宗禅虽为佛教的一个分支，但早已不属于"在中国的佛教"之类，而跻身于"中国的佛教"之范畴，其将儒家与道家融入其中，使之成为儒、释、道相结合的典范之一，对于新东方而言，需继承这在形而上方面的"融合"之精神。最后，禅·悟与境界无法分割，境界的体现并非单一之物的呈现，需要旁物的配合，对于新东方而言，这旁物可大可小，可虚可实，不管是大小，还是虚实，均是空间的一部分，故新东方离不开空间的衬托与融合。家具属实体，可采用"借景"之法，将自然之景引入室内，亦可将之与其他实物相配合，该法犹如建筑中塑造庭院一般，即通过实体与实体之间的配合，来实现空间感的营造。

综上可知，禅·悟的结果是"空无"的，但期间的过程却是"丰富"的，如何化繁为简，化简为"空"，是新东方从"前善"步入"中善"（即无为而修阶段），再进入"后善"阶段的必经之路（达到不修之修的境地）。

B. 融·简

融即融合，其中的内涵有二，一是本国文化与艺术之间的融合，二是中国文化与国际艺术的融合，前者也好，后者也罢，均包括"平行之融合"与"跨界之融合"两方面。前者（平行之融合）即同类艺术之间的糅合，如家具与家具文化之间的碰撞（既包括同时代的家具文化，也包括不同时代的家具文化），后者（跨界之融合）即不同门类之文化形式的糅合，如家具与其他文化形式（丝绸、青铜器、玉器、陶瓷、漆器、绘画、书法、雕塑等，均属不同文化的形式之列）的碰撞。无论是家具与家具文化之间的融合，还是家具与其他门类之文化形式的融合，均会有矛盾的产生，矛盾既可赋予新东方设计以"与众不同"之感，亦可陷新东方于"混乱之态"，若想避免后者之状况，那么便需"中与和"思想的调节。"中"是一种"恰到好处"的状态，家具与家具文化也好，家具与其他门类之文化也罢，在出现交集之时，定会出现"肯定方面"与"否定方面"的较量（"肯定方面"与"否定方面"即为矛盾的双方），为了使矛盾的双方均为"我"所用，欲使其保持"万物并存而不相害，道并存而不相悖"之境地，"中"之思想不可逾越。"和"即"中"之结果，是保持"恰到好处"之态的"和谐"与"统一"，其中的统一便是矛盾化解的结果。综上可见，"融"是赋予文化"多样性"的有效途径之一，但是在融之过程中，必须以"中与和"为手段，以保持"多而不乱"之状态。

综上可知，融·简提示我们新东方可以借鉴外来之物，但最终需平衡外来之物与本土之物的矛盾（即解决方式），使其达到统一的状态。

③ 新东方的设计原则

新东方作为中国当代艺术家具的风格之一，在设计方面体现的是一种"内敛式"的美，无论是以"禅·悟"为主的核心思想，还是以"融·简"为首的核心思想，均与"文人审美"取向有着异曲同工之妙，故新东方的设计原则必然以追求"意境"为目的，意境的营造，既离不开"思想与精神"层面的指导，亦无法脱离"物质层面"的承载，前者意指"中隐"思想，而后者的主角则是"人文景观"与"自然景观"。

A. "中隐"思想的应用

"中隐"是唐代白居易所倡导的思想，笔者将其引入家具设计，作为新东方的设计原则之一，不仅是新东方核心思想的高度浓缩，还是有别于其他设计风格之原则的重要标志。

在新东方的设计之中，"中隐"既包含中庸之道，亦不乏对"简"与"淡"的追求，前者是处理矛盾的方式（中庸思想），而后者则是处理后的"最终呈现"（"简"与"淡"）。新东方作为中国当代的设计风格之一，既需将"古时之经典"为"我"所用，又需将当代之审美融入其中，这新旧邂逅之时，便是矛盾产生之日，为了使"新事物的产生"与"旧事物的存在"达到"恰到好处"之态势，"中庸之道"实为化解之法。

除了中庸之道外，新东方中的"中隐"还涉及所成之品的最终状态，"隐"有"藏"与"不露"之意，而将其引入新东方的设计之中，则有"去浮嚣，取古淡"与"发纤秾于简古，寄至味于淡泊"之意，即对于"简"与"淡"的追求，无论新东方中的"禅·悟"，还是"融·简"，均是上述思想的体现者。

B. 意境的营造

从王昌龄的《诗格》中可知，"意境"为"物境"与"情境"的升华，其可谓"三境"（诗有三境：一曰物境，欲为山水诗，则张泉石、云峰之境，极丽极秀者，神之与心，处身于境，莹然掌中，然后用思，了然境象，故得形似；二曰情境，娱乐愁怨，皆张于意而处于身，然后用思，深得其情；三曰意境，亦张之于境而思之于心，则得其真矣）中的最高者。

对于新东方而言，预想达到上述所言之意境，空间之概念尤为重要。空间包括两大部分，即"有形部分"与"无形部分"，"有形部分"即空间之"边界"，而"无形部分"则位于边界之内，正如建筑之"庭院"一般，是通过"有形"与"无形"构成"空间"的案例之一。空间并非建筑的专属，在家具设计中，也应用"空间"概念，在新东方家具设计中，空间的"有形部分"包括"人文景观"与"自然景观"，而"无形部分"则是通过有形物质（即"人文景观"与"自然景观"）所围合而成的"虚无部分"，这"有形部分"与"无形部分"的综合体，即为传达意境的"空间"之所在，缺一不可，正如老子在《道德经》中所言之："三十辐为一毂，当其无，有车之用。埏埴以为器，当其无，有器之用。凿户牖以为室，当其无，有室之用。故有之以为利，无之以为用。"可见，这"有"与"无"之间的依存关系。

"人文景观"与"自然景观"作为新东方传达意境的载体，是空间中不可缺失的"有形部分"，前者指的是家具、饰品（如书画、瓷器、玉器、青铜、紫砂等文玩摆件）等人造物件，而后者则包括山、石、水、木、竹等自然之物。由于新东方设计以"中隐"为最终目的，故无论是"人文景观"，还是"自然景观"，均需与"禅·悟"及"融·简"保持同步。

对于人文景观中的家具设计而言，无论是设计思想，还是外部表达，均需保持"含蓄"之味。在设计思想上，将"融·简"与"禅·悟"之思想融入新东方的设计中，实现"中隐"之目的。由于融既包括古时和现代的融合，亦不排除中西方文化之间的融合，故新旧邂逅，内外相撞之时，中庸之道便是化解矛盾、使之走向"同一"的有利之法，该"同一"的结果便是"简"。禅·悟与融·简一样，均离不开"隐"之思想引导，无论是"沉思、静虑"，还是"以心传心，不立文字"，均弥漫着"隐"之味道；在外部表现上，新东方也需与"简淡"同步，其外部表现既包括形制，也离不开装饰。形制作为新东方的主体之一，既可以"线"成之（此处的线指的是"结构性"的线，而非"装饰性"的线，"结构性"的线是成就框架结构的基础，其发挥着"支撑性"的作用，诸如搭脑、扶手、联邦棍、鹅脖等，均属"结构性"之线。虽为结构部件，但也可通过调节自身元素的"曲"与"直"、"粗"与"细"以及"方"与"圆"，来赋予形制的韵律感），又可借"面"实现（面与箱体、板箱等结构关系密切），还可以"线面"混合式出现，故新东方在形制方面无须拘泥于某一特定形制，无论是"低型"还是"高型"，抑或是"跨界之形"，均可成为新东方诉说中国文化的表达形式。除了形制，新东方的外部表现还包括装饰。在装饰方面，无论是"自然的"还是"人为的"，均需以彰显"本质之美"为目的，前者指的是凸显材料"本色之美"（即自然之态），如木、玉、石等与生俱来的纹理，均属此类。后者则是历经髹饰后的"质色之趣"。新东方除了以上述的"本色之美"与"人为之趣"作装饰外,为了避免单调之感,还可增添些许变化,以示"简约而不简单"之势,如"变断面"(该法是调节单调的手段之一,如《张胜温画卷》中六祖慧能所坐之禅椅,通体以"直"为主,但在腿足部分却出现了粗细的变化,这粗细不等的表现方式便是"变断面"的具体表现)与"纹觥髹饰"(即在质色漆上做出"纹理"与"刷迹"。"纹理"与"纹饰"有别,纹理是对本质的一种效仿,如裂纹漆便是案例之一。而"刷迹"也非"刷痕",前者是装饰之用,而后者则是操作不当所致之"缺陷")的采用,便是"浅中见浓""平中显奇"的见证。

另外,除了人文景观,自然景观在营造意境中也较为重要,诸如石、竹等天然之物,均属自然景观之列,上述之物虽未经加工,但早已因主观群体所注入的审美取向而具有了"人格化"的倾向。于石而言,其是寄语文人之审美的载体之一,如欧阳修、黄庭坚、苏轼、米芾等均是爱"石"之人,石上之纹理虽不规则,但却给主观群体留有遐想之余地;于竹而言,其与玉一样,早已被赋予了"德"之内涵,竹子外直中空的特性,深得文人的钟爱,"宁可食无肉,不可居无竹"之思想,早已成为脱"俗"换"雅"之象征。综上可知,自然景观自身具有非人为所能实现的"天然之趣"(图3-7),故将其纳入营造新东方之意境的阵营之中,势必有事半功倍之效。

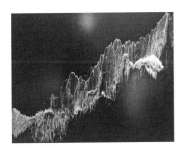

图 3-7 意境营造

从上述的内容中可知,对于意境的营造,远非单一物体所能达到,还需他物的配合与辅助,故除了作为主体的家具之外,还需自然景观的参与,该种做法既类似于园林中的"借景"之法,又与绘画中的"收摄"(如水墨画中巍峨的高山,看似独自矗立,实则常有氤氲之雾的陪伴,此种表现手法便是"收摄"的案例之一)之法有异曲同工之妙。总之,意境的营造既需有"具象"的存在,也不能缺失"抽象"的表达。

3.2　中国艺术家具之流派研究

流派具有双重性，一是"式"之特性，二是"作"之特点，即"式"中有"作"，"作"中有"式"。无论是古代艺术家具还是近代艺术家具，抑或是当代艺术家具，均会出现形式不一、表现多元的流派，有的流派是对"共相"的诠释（此处的"共相"指的是具有"统治性的风格"），而有的流派则是对"殊相"的理解（此处的"殊相"指的是不同区域对统治性风格的不同表现），在诠释文化与艺术的过程中，"共相"可成为"殊相"，"殊相"亦可变身为"共相"（即"风格"与"流派"之间可以相互转化），故预想看清其内的归属关系，必先了解这"式"与"作"之间的变身与换位。

对于中国艺术家具而言，只有明清家具在研究者的带动下，出现了明确的流派之分，除此之外的家具，并无明确的流派记载，故笔者从一个全新的角度为中国艺术家具流派的分类提供依据，由于流派中既有"共相"的存在，亦有"殊相"的参与，其中的"共相"历经不同群体的演变，可走向彼此有别的"殊相"，而其中的"殊相"亦可成为具有相同之处的"共相"，故笔者以此为根据，将流派的分类法锁定于两个方向，即从"共性"走向"个性"与从"个性"走向"共性"。

3.2.1　"式"与"作"之间的辩证关系

"式"代表"风格"，"作"代表"制作"，式内既有"共相"之因素，也包含"殊相"之成分，共相之因素具有"统治性"，而殊相之因素则促成了"多样性"的产生，对于"作"，亦是如此。由此可知，具有"统治性"之"式"或"作"是时代性的体现，而"殊相"之"式"与"作"，则是地域性文化的差别，即多样性，前者隶属于工艺美学之"纵坐标"（区分不同时代的坐标），而后者则属于工艺美学之"横坐标"（即同一时代下的不同地域之差别）。

"式"与"作"无法分割，"式"中的"殊相"相对于"式"中的"共相"，是"作"，而"作"中之"共相"相对于"作"中之"殊相"，亦是"式"，中国古代艺术家具中的清式、苏式、广式、京式、苏作、广作与京作便是这"共相"与"殊相"的具体表现。清式相对于苏式、广式与京式是清代期间艺术家具之"共相"，即具有区别于明式家具的时代性，而苏式、广式与京式相对于清式则是清代艺术家具之"殊相"，即清代家具地域性的表现。同理，苏式相对于苏作、广作与京作，又是

"共相"，广式相对于苏作、广作与京作，也是"共相"，京式相对于苏作、广作与京作，还是"共相"，即不同地域文化的共同之处。反之，苏作、广作与京作相对于苏式，苏作、广作与京作相对于广式，苏作、广作与京作相对于京式，则属于"殊相"之列，即子风格下的差异化（可视为不同地域文化的体现）。该种现象也同样出现于陶瓷领域，以唐代寿州窑为例，其相对于唐之陶瓷属于"殊相"，即同一风格下的差异化（如刻花、划花、印花、剔花、点彩与堆贴花等是唐之陶瓷在技法方面的共性，但剪纸漏花与贴木叶纹便是寿州窑的创新发明，这相对的创新便是同时代地域性差别的体现），而寿州窑相对于岩前窑、金星窑与七星桥窑，又是"共相"，即子窑口之间的共同之处，那么岩前窑、金星窑与七星桥窑相对于寿州窑则是"殊相"，即子区域之间的差异化，可见，这"式"中有"作"，"作"中亦有"式"，两者无法进行明显的区分，出现此种情况的原因在于中国的"工艺观"，即工与美的并存。

3.2.2 影响中国艺术家具之流派形成的因素

流派是地域特色的凝聚，对于其形成与发展，三种因素不可忽略，即地理位置、建筑形式与哲学思想。地理位置作为客观存在的自然环境，不仅影响着主观群体的审美取向，更左右着流派的形成与发展；建筑作为容纳家具的大型容器，无论是在用材与工艺方面，还是在结构与审美方面，均对艺术家具之流派的形成与发展起着引导性的作用；哲学思想则左右着中国艺术家具的传承。

1）地理位置

中国国土极广，故风土气候因地而异，家具作为反映这些差异的载体，在表现形式上呈现多元之态，乃是合理之事。在地理位置方面，中国大致可分为三大部分，即北部、中部与南部，虽然同属中国之境地，但在风土人情上，却各有所异。北部包括河北、山东、山西三省，河南与陕西的北半部以及甘肃省的大部分；中部涉及江苏、浙江大部分，安徽、江西、湖北、湖南、四川、河南与陕西的南半部、甘肃的东南部、贵州与云南的北半部等省市；而南部则覆盖福建、广东、广西、贵州与云南的南半部以及浙江的南部等地区，由于所属地区不尽相同，故家具在表现形式上必然有所区别，这便是家具的"地域性"表现。

地理位置作为客观存在之一，影响着主观群体的审美取向，家具作为其审美的载体，出现了多样化的表现形式，实属自然之事，如北部的"钝重"，中部的"敏活"以及南部的"过激"，上述这三种形式均是地域特色的凝聚与彰显。中国的文化与艺术具有递承性，故古时之审美必然会通过各种载体影响到今日之艺术，中国的中部、南部不例外，北部亦不例外。另外，地理位置除了作为萌生主观群体审美的温床之外，还可为流派的命名与界定提供重要且直观的依据，正如瓷器之流派一般，可根据所挖掘之窑址的地点，对其命名，如寿州窑、潇窑、繁昌窑、吉州窑、长沙窑、磁州窑、建窑、耀州窑等，中国当代艺术家具完全可借用此法，以示彼此之间的差别。

流派即中国艺术家具的"地域性"之体现，地域性既然是艺术家具之间相互区别的标志，故其必然离不开两种层面的参与，即精神层面与物质层面。前者是文化的彰显，而后者则是客观存在的表现，这客观存在即不同之主观群体所处的"地理位置"，由此可见，地理位置对于流派形成的重要性。

2）建筑形式

家具与建筑密不可分，无论是形制还是结构，均离不开建筑的影响，如在席地而坐之时，建筑之高度不及垂足而坐之时的建筑高度，故此时之家具也以低型为主，又如经奴隶社会与封建社会的历练，中国的建筑迎来了较为完善的大木梁结构，而此时的家具也出现了根本性的变革，即框架式结构的发展与流行。综上可知，无论是形制还是结构，均无法完全摆脱建筑的影响与带动。

材料是组成最终形态的物质基础，建筑也好，家具也罢，均离不开材料的表达与彰显。审美取向的形成离不开认知，而认知离不开自身所处之环境，材料作为环境中的客观存在，自然影响着主观群体的审美倾向，不同材质有着不同的气质之美，如石材、黏土与木材等，均存在自身区别于他物之美的标志，这便是艺术与文化产生地域性之别的根本原因所在。从上述之内容中可知，中国在地理位置上大致可分为三大区域，即中国之北部、中国之中部以及中国之南部，由于气候环境尚不一致，故建筑所用之材亦不尽相同，如在古时，中国北方的黏土与砖较木材丰富，故建筑之材自然以前两者（黏土与砖）为主，黏土与砖作为建筑材料，常给人以"分量"之感，这便是北方的建筑散发着"雄劲古怪"之气的原因所在。而中国中部的气候较北部快适，良田充满了大地，树木掩住了荒山，巨川环抱着舟楫，不仅物资丰富，且交通便利，可谓是文化与艺术繁荣的温床，故在此背景下的建筑形式自然与北方有所差异。中部因木材较为丰富，所以建筑常以木材为之，由于木材的大面积应用，不仅为建筑增添了轻快之感，还使得屋顶的曲线更为丰富多变，故中部的建筑多呈"优丽婉曲"之势。

家具作为建筑之浓缩，离不开其影响与带动，既然建筑有派系之别，家具亦不会千篇一律，如广作家具内附的进取精神（广州作为当时我国对外贸易和文化交流的重要枢纽，拓展了中国的艺术形式，使得西方文化成功地成为我国艺术之点缀，产生了独具特色的广作家具），便是"过激"的表现之一。再如发源于中部的徽作家具，亦离不开徽派建筑的影响，徽派建筑不仅在形式上有别于其他建筑，如四水归堂的天井、形式独特的马头墙与楼上架楼的形式等，还在用材上，凸显了中部之物资的丰富，如对砖、木与石的应用，徽作家具作为徽派建筑的延续，自然深受其熏陶，不论是"三雕"（"砖、木、石"三雕的结合使用，亦是徽派建筑的特色，砖雕用以装饰门楼门罩，木雕主要用以美化撑拱、雀替、梁坨等结构部件，而石雕多用于建筑外部，如柱础、基座与漏窗等）相结合的艺术表达，还是灵活多变的结构形式（徽派民居以"叠梁式与穿斗式"相结合为特色），均是赋予徽作家具"敏活"的源泉（图3-8）。中国的艺术具有递承性，古时如此，今日亦如是，中国当代艺术家具作为中国文化载体的一员，势必与中国建筑密不可分，如东作家具，该种家具形式所具的建筑之气较为浓重，其匠师常模仿建筑浮雕与建筑部件融为装饰之用，如美人靠、斗拱、月梁、二十四节气望柱头、雀替等（图3-9）。

a 木雕　　　　b至d 砖雕　　　　　　　　　　　　e 美人靠

图3-8　徽派建筑、砖雕与家具

a 美人靠　　　b 雀替　　　c 斗拱　　　d 二十四节气望柱头

图3-9　东作家具中的建筑元素

3）哲学思想

哲学思想影响着中国艺术家具的传承，其涉及两方面的主要内容：第一，令中国艺术家具具有统一的"根"，有根的文化是具有传承性的关键因素。中国艺术家具是以手工艺为主的一类家具形式，以其内在的文化作为引领性的文化，此种引领性的文化就是中国哲学思想的体现。第二，丰富了中国艺术家具的门类，此种特性源于中国哲学的多样性。在中国艺术家具中，需要遁寻儒家思想，为家具注入有根的文化，除此之外，中国艺术家具的实践活动方式是自由的、无限的与灵活的，匠人们（艺匠或哲匠）通过手工艺（其与手工劳动具有本质区别）的形式，利用"得心应手"的工具，传达时代的审美。纵观中国古代艺术家具与近现代艺术家具，每朝每代都有的艺术家具彼此联系，但又相互区别，这就是哲学思想在中国艺术家具中的表现。

总之，家具流派的形成与发展离不开地理位置与建筑的影响，前者是主观群体的哲学思想、审美倾向等精神要素形成的基础之所在，流派作为主观群体的思想相互区别的因素之一，必然离不开地理位置的酝酿与培育；后者作为中国艺术家具的延续，必然与之息息相关，建筑形式之间的差异化，必然会影响到家具流派的形成与发展。

3.2.3　中国艺术家具之流派的分类依据

流派是中国艺术百花齐放的重要表现，中国当代艺术家具作为其中之一，亦不例外。对于流派的分类依据，可谓是仁者见仁，智者见智。钟爱于明清家具的学者，喜用苏作、晋作、京作与广作等诠释流派之内涵，虽然看似有些局限，但此种分类之法确有其合理之处，不仅方便了后来者的研究方向，还为日后的家具设计行业提供了商机。今日不同往时，中国艺术家具作为中国文化与艺术的继承者，所继承之范畴不应仅局限于明清，因为中国的家具艺术，除了明清，还有其他朝代，除了硬木，还是其他材质的存在，故将其流派只禁锢于广式、广作、晋式、晋作[15]、京式、京作、苏式、苏作、鲁式、鲁作、新广式、新广作、新苏式、新苏作、现代苏式、新京式与新京作等范畴之内，未免有些狭隘。从中国历代之工艺美术的发展史中可知，不论是风格还是技法，均呈现多样化之态，家具作为当时的工艺美术品类之一，必然不会例外，故笔者认为从技法（即"作"）与风格（即"式"）入手，来界定中国艺术家具的流派，是使得中国的家具文化与艺术再次迎来千文万华之势的必要之举，以前者（即技法）为基础，是流派从"个性"（即殊相）走向"共性"（即共相）表现之一，而以后者（既风格）为基础，是流派从"共性"走向"个性"的表现之二。

1）以"殊相"为基础——从个性走向共性

此种的"殊相"指的是技法中的"个性者"，将其作为界定中国艺术家具流派的依据之一，是"个性化"得以彰显的重要途径，但是此个性化，并非是"绝对的个人主义"，而是"团体性的个人主义"，即某个主观群体通过对某项技法的擅长，而引起其他主观群体"效仿"与"追随"的行为，故该种流派的形成可视为从"个性"到"共性"的培养，如东晋戴奎的"夹纻像"、元之张成与杨茂的漆雕（其"藏锋清楚，隐起圆滑"的漆雕不仅在元代较为流行，在明初，即永乐与宣德年间依然备受关注)、明之江千里的嵌螺钿(其"工精如发"的技法迎来了"杯盘处处江千里"之盛况)、清之卢葵生的嵌百宝以及三朱(朱鹤、朱缨与朱稚征)、濮澄(在保留材料之形态的基础上略施刮磨)与张宗略(以留青之刻法著称)之竹刻等，均是"殊相"形成"共相"的案例。

综上可知，以"殊相"为基础的流派，既离不开个人，也离不开团体。个人是发起者，而团体是响应者，只有两者相互结合，才能形成具有地域特色十足的流派。古代与近代艺术家具如此，当代艺术家具亦如此，如丝翎檀雕的开创与流行，便是中国当代艺术家具中雕刻流派从"个性"走向"共性"的佳例之一。

中国艺术家具作为中国文化的传承与发展者，研究与践行古代文化之精华，实为必要之举。前述之技法的列举，只为达到论述的直观化而已，其并非是中国家具之技法的全部，前述的个体，也仅为中国之精英的一二，故如以"殊相"为中国艺术家具流派的分类之一，定能突破当前之局限。

2) 以"共相"为基础——从共性走向个性

"共相"既包括具有"横向性"的地域"风格"，如唐代之"襄样"(襄样即襄州的漆器式样，在唐朝，襄州的漆器名扬天下，具《唐国史补》中记载，其式样"为天下人取法")与明清风格中之苏式、广式、晋式与京式等，均为"地域性之风格"的见证。除了横向性的地域性风格，"共相"还涵盖具有地域性的"流派"，如广作、晋作、京作、苏作、新苏作、新广作、新京作、东作与仙作等，均属地域性流派的队列。

以"共相"为基础的流派分类与以"个性"为基础的流派分类恰好相反，前者具有发散性，而后者则具有较强的"凝聚力"，犹如今日之品牌的发展路线。无论是以"横向性"之"地域风格"为依据的"共相"，还是以"地域流派"为基础的"共相"，均是从"共性"走向"个性"，由"一"生"多"的必要之举，正如瓷器中的寿州窑与岩前窑、金星窑和七星桥窑一般，均是"多样性"的体现。

从"共性"到"个性"，需要的不仅仅是效仿，而是主观群体根据自身所"知"，对流派中的"共性"加以改良或创新，从而实现"百花齐放"之势。如明代之剔红，起初以延续"宋元之制"为美，而后自嘉靖起，剔红之风又判然一变，一改"藏锋清楚，隐起圆滑"之貌，出现"刀锋外露"之感，时至万历，剔红之风再显新态，以"细密谨严"为特点，从"一脉相承"到"有所改良"再到"新风出现"，是见证剔红在明代从"共性"走向"个性"的案例之一。除了剔红，还有诸多的髹饰工艺，均是由"一"生"多"的例证，如嵌螺钿（嵌螺钿有嵌薄螺钿、厚螺钿、镌甸、衬色螺钿与分截壳色等之别）与描金（黑漆理描金、划理描金、识文描金、隐起描金、描金加甸、描金加彩漆、描金加甸错彩漆、描金散金沙等）等，均是"多样性"的体现。

中国艺术家具作为中国各种文化的承载者，无须禁锢或者延续某一时代的流派分类，漆器有漆器的风格特征，榉木有榉木的时代标志，硬木也有硬木的统治性式样，故中国艺术家具应作为历史的"俯视者"，将过去与现代尽收眼底，无论是由"个性"凝聚成"共性"的流派，还是由"共性"衍生出"个性"的流派，均是发扬与传播中国文化的重要之举。

3.3 结语

风格有广义与侠义之分，广义的风格是具有纵向性的"时代性"风格，如夏商周、春秋战国、秦汉、魏晋南北朝、隋唐、宋元与明清风格等，均属此列之内。而侠义的风格则是具有"横向性"的流派，如前述的"襄样"与广式、京式、苏式、晋式等，均属流派内之"式"的凸显。时至近代，中国艺术家具的风格有所改变。除了中国古代与近代艺术家具，还有中国当代艺术家具的存在，在风格方面，笔者采用四分法，将中国当代艺术家具分为新古典、新海派、新中式与新东方。

另外，本章除了对中国艺术家具的风格进行研究之外，还对其流派进行了剖析，流派之内既有"式"的存在，亦有"作"的参与，相对于不同的参照之物，两者的角色可互换。但无论是前者，还是后者，均是"殊相"与"共相"的结合体，故笔者以之作为流派分类的基础，即以"殊相"为基础和以"共相"为基础。前者之分类是"个性"走向"共性"的见证，而后者之分类则是"共性"衍生出"个性"的必要之举。从"个性"走向"共性"，是某种技法通过不同群体的效仿与传播，从而达到流行之程度，而从"共性"走向"个性"，则是某种具有同一性的风格或者技法，通过不同的主观群体的改良与创新，从而实现多样性之目的。

第3章参考文献

［1］方海. 现代家具设计中的"中国主义"［M］. 北京：中国建筑工业出版社，2007.

［2］刘文金，唐立华. 当代家具设计理论研究［M］. 北京：中国林业出版社，2007.

［3］许继峰. 现代中式家具设计系统论［M］. 南京：东南大学出版社，2015.

［4］蔡易安. 清代广式家具［M］. 上海：上海书店出版社，2001.

［5］邵晓峰. 中国传统家具和绘画的关系研究［D］. 南京：南京林业大学，2005.

［6］王世襄. 明式家具研究［M］. 北京：生活·读书·新知三联书店，2010.

［7］杨耀. 明式家具研究［M］. 2版. 北京：中国建筑工业出版社，2002.

［8］朱家溍. 明清家具「M］. 上海：上海科学技术出版社，2002.

［9］胡文彦，于淑岩. 家具与建筑［M］. 石家庄：河北美术出版社，2002.

［10］林作新. 中国传统家具现代化的研究［D］. 南京：南京林业大学，2000.

［11］李泽厚. 美的历程［M］. 北京：文物出版社，1981.

［12］宗白华. 艺境［M］. 北京：北京大学出版社，1987.

［13］李伟华. 中国书法艺术对明式家具的影响研究［D］. 南京：南京林业大学，2005.

［14］林铖刚. 中国传统漆艺造型装饰探究［D］. 福州：福建师范大学，2014.

［15］柯惕思. 可乐居选藏山西传统家具［M］. 北京：中国书店出版社，1999.

第 3 章图表来源

图 3-1 源自：笔者绘制.

图 3-2 源自：笔者拍摄.

图 3-3、图 3-4 源自：企业.

图 3-5 源自：杂志图录.

图 3-6 源自：企业与杂志图录.

图 3-7 源自：现代行业设计师.

图 3-8 源自：博物馆与企业.

图 3-9 源自：安徽博物馆拍摄.

表 3-1、表 3-2 源自：笔者绘制（表中图片源自企业）.

4 中国艺术家具的工艺

　　由于文化背景的不同，对于"工艺"的看法也不尽相同，也许在工业设计范畴之内，"工艺"可与"技术"以等号画之，但在"工艺设计"范畴之中，"工艺"却无法与"技术"等同，其不仅将技术囊括于内，还将"设计过程"融入其中，即此时的"工艺"等于"工"加"美"，之所以会有如此区别，其原因在于中国之"工艺观"的指引。工艺观是主观群体对于"工艺"的看法，故无论是中国古代艺术家具之"工艺"，还是中国近代艺术家具之"工艺"，抑或是中国当代艺术家具之"工艺"，均需以之为核心。在中国艺术家具工艺观的基础上，笔者将其工艺从三个方面予以论述，即结构技法、装饰技法与装饰，结构技法诸如榫卯、漆器的棬榡以及青铜、陶瓷、象牙、玉石与金银器的铸造、翻模、碾琢、锤揲等，装饰技法诸如髹饰、雕刻、镶嵌与其他工艺（鎏金、錾刻、夹纻、刻丝、巧色、金背、银背、扣、金镂、银寸、夹层法、结条等），而装饰则包括纹饰、线脚与素面装饰（如漆器中的"质色"髹饰、瓷器中的"纯色"瓷、硬木中的"光素"等），技法作为成就装饰的基础，是主观群体赋予"美"之自由的根本所在，故"工"中有"美"，而装饰作为技法的外在表现，是主观群体与客观存在和谐相依的见证，故"美"中亦有"工"。

4.1 中国艺术家具的"工艺观"

　　中国艺术家具的工艺既包括"工"的部分，也无法脱离"美"而单独存在，故在涉及中国艺术家具之工艺之前，笔者有必要对中国之"工艺观"予以论述。对于"工艺观"而言，中国艺术家具有古今之别，在古时，人们尚未步入工业化，故当时之"工艺"等于"技法"（即"制作过程"）加"设计"（即"设计过程"）。而今，情况有别，随着科学的突飞猛进，机械化成为代替"手工劳动"后继者，再加之受到西方现代设计理论的影响，如今的"工艺"之概念已被局限化，在大部分主观群体的眼中，其仅与"技术"等同，鉴于上述情况的出现，笔者提出了"中国艺术家具之工艺观"，抛出此观点，并非单纯"忆古"，而是重在"思今"。

4.1.1 中国之工艺美学的简介

工艺美学是以人工所造之物为载体，来体现主观群体对于其内造物理念的思考[1-3]，该种思考既包括思想层面的，亦涉及物质层面的，思想层面离不开中国哲学，亦离不开中国艺术的审美取向，如诗歌、绘画与书法等；而物质层面也难以抛开材料、技法与工具等独立发展，前者属于形而上，后者属于形而下，形而上者谓之"道"，形而下者谓之"器"，那么如何拉近这"道"与"器"之间的距离呢？唯有以器物为载体，将主观群体之哲学思想与艺术倾向注入其中，使技法达到"美"之境地。

1）工艺美学与哲学思想

工艺美学无法脱离所在时代的哲学而单独前行，哲学具有时代性，工艺美学亦是如此，春秋战国之时，多种哲学思想得以诞生，于是儒、道、墨、法等哲学思想渗入工艺美术领域，促进了工艺美学的萌芽与形成，如阴阳学对当时之工艺美术的影响。任何事物均需历经萌芽、发展与成熟之过程，工艺美学亦不例外，初露端倪的工艺美学在历经汉代的"天人感应"、魏晋的"玄学"、唐代的"儒释道三合一"与宋代的"理学"之熏染，已被赋予了深沉雄大、秀骨清相、雍容典丽与严谨含蓄的特征，这便是发展之时的哲学在工艺美术中的表现。时至明清，工艺美学步入成熟阶段，既有对前朝的继承（如明代的"尽复汉唐之风"的坚持与清代之"宋学"与"汉学"的争辩等，均属继承之行为），亦出现了创新之举（如将西学融入其中的"心学"与"师夷长技以制夷"思想的提出等，均代表着明清两代在工艺美学方面的创新）。

在前述的内容中，笔者提及了工艺美学的时代性，既然是时代性，便意味着其并非是古代的专属之物，在现代亦有工艺美学之身影的出现，如笔者所提之"知行学"与柳冠中先生所提之"事理学"等，均属工艺美学与哲学思想与时俱进的见证。

综上可知，中国的工艺美学与哲学思想如影随形，中国之哲学思想具有延续性，虽然在当代也有创新之思想与实践的践行，但其依然是以中国基本的哲学思想为基础，哲学如此，工艺美学亦如此，工艺设计即为工艺美学在当代社会中的表现形式之一。

2）工艺美学与诗歌

诗歌的精髓与魅力在于"意境"的传达，王昌龄曾言："诗有三境，一为物境，二为情境，三为意境。"这代表着主观群体之最终悟性的第三层（即意境），便是中国工艺美术所追求的最高境界，即以诗歌作为评判工艺的标准。

诗歌对于工艺美术的影响形式有二：一是诗歌之风格对于工艺美术领域的影响，如汉之漆器上的纹饰（云气纹与飞禽走兽等）所呈现的"浪漫主义倾向"，便是受到楚辞影响的见证；二是以诗歌的吟咏或其美学理论来鉴赏器物之美，前者（以诗句来吟咏）如"九州风露越窑开，夺得千峰翠色来""舒铁如金之鼎，越泥似玉之瓯""蒙茗玉化尽，越瓯荷叶空"等，均是以诗赞美青瓷之釉色的案例，后者（以诗歌的美学理论为鉴定依据）如司空图的《诗品二十四则》（雄浑、冲淡、纤细、沉着、高古、典雅、洗练、劲健、绮丽、自然、含蓄、豪放、精神、缜密、疏野、清奇、委曲、实境、悲慨、形容、超诣、飘逸、旷达、流动），则是诗歌之美学理论渗入工艺美术领域中的例证。

以诗歌的审美原则来评判器物之美，并非止步于古人，今人亦有对其的延续，如王世襄先生之"十六品"（简练、淳朴、厚拙、凝重、雄伟、圆浑、沉穆、浓华、文绮、妍秀、劲挺、柔婉、空灵、玲珑、典雅、清新）的提出，即是对《诗品二十四则》的继承与发展。

3）工艺美术与绘画

绘画与诗歌一样，无论是其风格，还是内在的画理，均对工艺美术有着深远的影响，无论是陶器、青铜器与玉器，还是丝绸与漆器，只要涉及纹饰者，必与绘画艺术有着千丝万缕的联系，刻丝与磁州窑便是最典型的案例之一。宋代发达的文人绘画影响到了宋人的审美取向，故在工艺美术领域中，这种绘画性的装饰受到宋人的青睐，刻丝作为彰显此种审美的载体，自然会将宋画之味表达得淋漓尽致，无论是在形象方面，抑或是色彩方面，均可至惟妙惟肖之境地，如朱克柔（宋之刻丝的名匠之一）的"刻丝"山茶图，便是宋人之花鸟小品绘画的形象表达。除了丝绸，家具亦是如此，漆饰家具之上的描饰图案、硬木中的丝翎檀雕与光影雕（前者的灵感来自中国之工笔，而后者则有西方油画参与的痕迹）以及竹刻中的"留青刻法"（无论是图案的浓淡与深浅，还是竹皮的多留、全留与少留，均与绘画纸理联系甚大）等，均是绘画侵入的见证。

总之，绘画的加入，不仅是提升实用器物精神内涵的必要之举，亦是使欣赏艺术得以具体化的途径之一，前者也好，后者也罢，均以拉近道与器之间的距离为目的。

4) 工艺美学与材料、技法和工具

在工艺美学中，既包括精神之层面，也离不开物质层面的参与，哲学、诗歌与绘画等隶属于精神层面之列，而材料、技法与工具则位列物质层面之范畴。

材料是表达思想的基础与载体，不同材质有各自的引人之处。有人喜欢玉，因为玉是君子之德的象征，无论是管仲所言的"玉之九德"（管仲是齐国之贤相，据《管子·水地》中所述"管仲赋予玉以九德"，即仁、知、义、行、洁、勇、精、容、辞），还是孔子所倡导的"玉之十一德"（据《礼记·聘义》中所言"孔子将玉之德增至十一"，即仁、知、义、礼、乐、忠、信、天、地、德、道），均承载着主观群体的期盼和愿望，这便是"君子无故，玉不去身"的缘由之所在。有人青睐石，宋代的"赏石文化"，便是对石之钟爱的见证，如米芾、苏轼、欧阳修、黄庭坚等，均是宋之爱石的典范，米芾因爱石而获"石痴"之名，而苏轼、欧阳修与黄庭坚等人，还将心爱之石制成砚屏（苏轼的月石砚屏、欧阳修的紫石砚屏与黄庭坚的乌石砚屏），并邀请好友前来观赏，并为之赋诗歌咏（如梅晓臣在观赏了欧阳修的紫石砚屏后，便为之赋诗一首，曰："凿山侵古云，破石见寒树。分明秋月影，向此石上布。中又隐孤壁，紫锦籍圆素。山只与地灵，暗巧不欲露。乃值人所获得，裁为文室具。独立笔砚间，莫使尘埃度。"）。还有人钟爱木，如明代的文人们，将"木"冠以"文字"，称之为"文木"。木是中国古代艺术家具的主要用材，文人们将其审美注入木中，可谓是给木披上了文化与艺术的外衣。还有人善用土，于是陶瓷、瓷器等相继诞生，无论仰韶的彩陶、玉龙山的黑陶，还是纯色瓷器与彩瓷，抑或是赋有纹饰之瓷，均是主观群体不同审美取向与哲学理念的彰显。

技法是工艺美学的关键因素之一，工艺美学倡导在技术中体现艺术的美，这其中的技术便是所述的"技法"。技法有装饰技法与结构技法之别，装饰技法属外，是成就纹饰图案的方法，而结构技法属内，占支配地位，无论是何种材质，均有上述的技法之别。在陶器中，彩绘、刻划、镂空等属于装饰技法之范畴，而捏塑、泥条盘筑、轮制等制坯方法则属结构技法之列；在青铜器中，错金银、镶嵌、焚失法、失蜡法、针刻等是青铜中的装饰技法，而其铸造中所涉及的技法，诸如制内模、制外范、制内范、合范、浇铸与修整等，则是青铜中的结构技法；在陶瓷中，金银平脱、刻划、刻花、彩绘、绞胎、三彩、五彩、斗彩、珐琅彩、粉彩等技法属于装饰之列，而制胎所用之技法，则是结构之范畴；在漆器中，描饰、质色、罩漆、堆漆、刻灰、嵌螺钿、嵌金银、填漆、漆雕以及综合技法等[4-7]，乃为漆器中之装饰技法，而制胎技术或与其相关的（如合缝、稍当、布漆、打磨、糙漆与縹漆等）以及榫卯的制作方式等，均是结构技法之类；在硬木中，雕刻、镶嵌与编织（如藤编、竹编等）等，堪为其中的装饰技法，而制作榫卯之方法，则为其中的结构技法。综上可知，"工艺美学"中之"技法"与"技术美学"中之"技法"不可同日而语，前者所呈现的是手工艺及手工艺精神之魅力，而后者则是颂扬机械之美的载体。

工具虽属物质之层面，但在工艺美学中却是极为重要的因素之一，无论是材料的处理，还是技法的实现，均离不开工具的辅助，"工欲善其事，必先利其器"，充分说明了工具的重要性，故工艺美学中不仅包含着哲学史、艺术史与材料史，还囊括了一部工具史。工具作为技法与主观群体之间的中介，其已被赋予了精神内涵，如以浅浮雕中丝翎檀雕为例，预想获得工笔之效果，必须在工具上予以突破，成就其最终效果的丝翎铁笔乃为功臣也。总之，传承离不开工具，创新亦离不开工具。

通过上述之内容可知，中国工艺美学所涉及之因素甚广，如哲学、诗歌、绘画、材料、技法与工具等，其还与技术美学有着根本性的差别，中国当代艺术家具作为工艺美学的后裔，理应将其精髓之处予以发扬。

4.1.2 中国艺术家具"工艺观"的现状

中国艺术家具具有与时俱进性，故其"工艺观"也必然如此。在古时，虽然历经了无数的朝代更迭，但中国家具依然在变化中坚守着"不变"之灵魂，所以其设计隶属于"中国的家具"之范畴。而时至当下，该变的在变，该守的也出现了动摇，中国家具的"工艺观"隶属其一，其已然在与时俱进中变得"面目全非"，所以此节之"现状"所指对象为"中国当代艺术家具"。

中国当代艺术家具又有"传统行业"与"现代行业"之别，前者凭借在"实践经验"方面胜于后者，而后者则在"设计理论"方面高于前者。前者也好，后者也罢，其设计均基于所擅长之方面，故两者对于中国"工艺观"的表现出现了不当之处，前者过于"固守"，致使其混淆了中国艺术家具"工艺观"中的"不变"与"变"，而后者则急于"突破"，致使中国家具工艺观的初衷发生了本质之变。

1）传统家具行业"工艺观"现状

对于中国的传统家具行业而言，其所出家具设计的表现有二，即"设计实践"的精通与"设计精神"的遗失。之于前者而言，其虽然沿袭了先人之做法，但并未领悟先人之精神。此时的"优势"便沦为"禁锢"与"一元化"的工具，"禁锢"在于活在中国古代艺术家具的光辉之下，"一元化"在于无法接受"多元""多材""跨界"之法的融入，故传统家具行业所精于的"设计实践"则成为固守某一"具体层面"的催化剂，如对名贵硬木的痴迷、疏于"髹饰之类"技法的开发、明清风格的蔓延等，均属例证。

任何事情均具两面性，传统家具行业作为其中之一，亦不例外，其除了所占之"优势"之外，还尚存缺陷，即"设计精神"的遗失。设计精神是"有根"的内在支撑，其既不同于与"机械化""工业设计"密切相关的"人体工程学"，又有别于"批量化"之下的"美"，故"设计精神"不仅具有"弹性化"（"弹性化"在于处理"自由"与"标准"之间的平衡关系）之特点，还可兼顾"殊相"之美的表达。由此可见，"设计精神"是中国当代艺术家具立足的关键之所在。

综上可知，由于传统家具行业的"固守"与"一元化"，致使中国艺术家具的"工艺观"出现了"变"与"不变"的混淆；"设计精神"的缺失致使身处传统行业的主观群体们无法辨析"手工艺"与"手工艺精神"、"工匠"与"工匠精神"以及"工艺美学"与"工业设计"之间的本质之别。

2）现代家具行业"工艺观"现状

现代家具行业与传统家具行业不同，其优势在于"设计理论"[8-14]，但此理论并非体现在"中国的家具"与"工艺设计"的范畴，而是集中于"在中国的家具"与"工业设计"的队列，所以现代家具行业所出的设计必然与"工艺美学"之思想相去甚远。

工艺观是中西设计相互区别的标志，由于现代家具行业"实践经验"的缺失与"西方现代设计"的擅长，势必导致其所践行的"工艺观"与"工艺美学"和"工艺设计"所秉承的"工艺观"背道而驰，笔者认为造成此种局面的主要原因有三，即"西方现代设计理论"的影响、"概念的混淆"与"工艺美术"的更名。

工艺观是主观群体对"工艺"的看法，之所以中西有别，原因在于西方现代设计理念中"工艺"的概念并非是"工"与"美"的统一体，而仅指"工"（即制造过程）一方面。西方现代设计对于"工艺"的理解与"技术美学"关系甚大。20世纪50年代末至60年代初，身兼设计师与艺术家的捷克人佩特尔·图奇内提出此概念，"技术美学"是伴随着"机械生产"而诞生的，而"工艺美学"和"工艺设计"则与"手工艺"或"手工艺精神"（即"匠人精神"）相依而生。出于机械的"工艺"与源自"手工艺"或"手工艺精神"的"工艺"必然存在范畴之别。

现代家具行业之所以会将"工艺"的概念等同于"技术",西方现代设计理论的影响虽为事实,但其仍属于外部因素,若追其根本,恐怕"概念的混淆不清"才是源头之害。欲想明白中西之"工艺"的本质区别,必须了然"机械"与"手工生产"、"手工生产"与"手工艺"以及"手工艺"与"手工艺精神"之间的关系。之于"机械"与"手工生产"而言,其不同在于两者所处"时代背景"的变迁,前者是"工业时代"为了满足大众"物质需求"而出现的,而后者则是在"非机械时代",主观群体所从事的一种具有"批量化"与"标准化"特征的活动,由于操作具有可替代性,故在工业大革命后,"手工生产"被"机械"所替代。"手工生产"与"手工艺"的区别在于"需求"的不同与所出之"美"的差异,前者是为满足大众"基本需求"而存在,即"物质需求"占主导地位,而后者则与之有别,其是在"物质需求"达到满足之后而出现的"精神需求"。除了"需求"方面的差异,两者在"美"之方面,亦尚存不同。"手工生产"所出之美具有"规范性"与"有限性",而"手工艺"所成之品颇具"多元化"的特征(原因在于主观群体的"精神需求"具有"各向异性",即美之"殊相"的表现形式)。"手工艺"与"手工艺精神"(或"匠人精神")的差异则在于"范畴"之别,前者之范畴较后者相对狭隘,手工艺是具象的,而手工艺精神则是抽象的,前者需要以"经验"为支柱,后者则无须效仿某一具体工艺,而是体会其中的精神之所在,如李嵩、宋徽宗、欧阳修、苏轼、范濂、曹明仲、明熹宗、李渔、梁九公等,虽不属手艺之人,但其依然内存"工匠精神"。可见,如无法清晰概念之别,便会走向"工业革命完成并实现了手工艺向机械化的演变与过渡"之误区。

　　除了"西方现代理论"的影响与"概念不清"之外,教育部对于"工艺美术"的更名,亦是造成"工艺"出现局限化的原因之一。在1998年,教育部将学科目录中的"工艺美术"调整为"艺术设计",这种调整不仅使得传统设计与现代设计渐行渐远,而且还致使主观群体产生一种错觉,即认为前者偏向于传统手工艺之范畴,如瓷器、青铜、漆器、传统家具等,而后者则是充满活力的现代设计之象征,于是在现代家具行业,"工艺美学"被套上古代设计思想的枷锁,并非是"与时俱进"的。

　　综上可知,西方现代设计理论的诱导与影响,致使现代家具行业无法将"机械"置于辅助之地;概念的混淆不清,使得现代家具行业不能正视"可代替"(可代替的是"手工劳动")与"不可替代"(不可代替的是"手工艺"或"手工艺精神")之间本质之别;专业的更名,虽不是主观群体遗忘"设计之根"的本质因素,但其确是导致现代家具行业疏远"中国之工艺美学"的推波助澜者。

4.1.3　中国艺术家具"工艺观"的提出

中国艺术家具有古今之别，在古时，中国艺术家具虽形态各异，花样万千，无论是单独成派的主流哲学思想下的产物，还是不同哲学思想混合相融下的产物，均未使中国古代艺术家具失去方向，在"有根"中实现着前进与发展。纵观中国古代艺术家具史可知，"有根"并非一成不变，而是在"变"与"不变"中凸显魅力与实现影响。中国当代艺术家具作为中国家具文化的继承者，虽没有必要延续具象之"古法"以成之，但也不能无"根"存在。那么何为"有根"呢？"根"不是具体之物，其是主观群体对待"人"与"物"之间关系的一种看法。若想使"主观群体"与"客观存在"发生联系，仅凭借隶属"形而上"层面的哲学思想与审美取向是不够的，完全依靠客观存在本身，亦无法实现两者之间的联系，唯有两者共同参与，方能达到所要的目的。技法作为主观群体与客观存在相互融合的桥梁，不仅表述着主观群体的哲学思想与审美取向，还诉说着对客观存在的"尊重"与"理解"，故无论是古代艺术家具与近代艺术家具，还是当代艺术家具，其"工艺"均具无法等同于"制造过程"，这便是中国艺术家具"工艺观"的本质所在。

1)"工艺观"中之"工"

"工"即"制造过程"，是实现主观群体与客观存在和谐相融的关键之所在，故"工"之过程既包括主观群体之哲学思想与审美倾向的指导，又囊括客观存在的参与，由此可见，"工"是拉近"道"与"器"之间距离的关键所在。对于中国艺术家具而言，其内在的"工"具有"与时俱进"性，因为无论是"哲学思想"与"审美取向"，还是承载上述精神因素的客观存在，均属"变"之层面，故"工"并非是一成不变的。

通过上述可知，"工"虽属"制造过程"，但其依然与哲学思想和审美取向相辅相成，哲学思想是时代"共性"的体现，故无论是何种"工"，均具同一性，如以宋代漆器中的戗金与剔红为例，两者并非属同一种"工"，但所体现的审美倾向却具有"同向性"，若从"工"的"原有之意"看，以"细钩纤皴，加划刷丝"为妙的宋之戗金（戗金的表现形式有三种，一是宋元式的"细钩纤皴，加划刷丝"者，二是受到雕填中"勾金"影响的"清钩戗金"，三为"竹刻式"戗金）与以"藏锋清楚，隐起圆滑，纤细精致"为佳的宋之剔红，并无丝毫联系，但若从"工"的"应有之意"看，两者便产生了"共性"之处，即不同之"工"

所成之纹饰与图案均和宋代之绘画（如具有"松杉成林、崇楼一角与远山映带"之特点的南宋小景）与书法（如徽宗的"瘦金体"）有类似之处，此种类似便是哲学思想与审美取向作用的结果。

除了哲学思想与审美取向，"工"与客观存在亦不可分离。客观存在并无固定性，需随着时代的变迁而出现变动，如汉代的漆器和玉器，便是案例之一二。秦汉时期，由于自然条件的眷顾，大片的漆树得以种植，故用以髹饰的原材料得到了充分的保证。丰富的物质基础是"工"得以发挥的土壤，因此，汉之漆器在"技法"上呈多样之性，既有递承之作，诸如彩绘与纻器，还有创新之作的诞生，如锥画、戗金、金箔贴花、银箔贴花等。除了漆器，汉玉亦是名扬后世之作，由于"丝绸之路"的开通，令和田美玉源源不断地东来，丰富的原材料为汉玉的精美奠定了物质基础，故碾琢之"工"愈加精细，无论是高浮雕与圆雕，还是镂空与抛光，均呈成熟之势。可见，"工"既离不开物质基础，亦具"变"与"动"之特征。

综上可知，工艺观中的"工"既不等同于"手工劳动"范畴内之"工"，亦不是"工业化"之队列中之"工"，其是包含"美"的"工"，即"工"中有"美"。古代艺术家具是工艺美学的产物，故其"工艺观"之"工"自然与"工艺美学"中之"工"一脉相承。近代艺术家具虽然受到西方之生活方式与文化的冲击，但并未动摇其"工艺观"的精髓，其中的"工"依然是"美"在其中的"工"。然而，对于当代艺术家具而言，情况却不似往昔，无论是传统家具行业，还是现代家具行业，均无法递承中国艺术家具的"工艺观"，之于前者，匠人们虽然对"工艺美学"并不陌生，但却颠倒了工艺观中"变"与"不变"。之于后者，由于西方之现代设计理论的影响，现代家具行业的主观群体们误将"工艺"（指中国艺术家具"工艺观"中的"工艺"）局限于"技术"层面，故所出之品多显"同质化"趋向。可见，无论是"工艺美学"之下的中国艺术家具，还是"工艺设计"之下的中国艺术家具，其"工艺观"中的"工"并非是"原有之意"的"工"，而应以"应有之意"予以诠释。

2）"工艺观"中之"美"

在中国艺术家具的"工艺观"中，除了"工"之外，还有"美"的存在，"美"即设计过程。但是，此处之"美"既有别于"纯艺术"范畴内"随心所欲"之美，又不同于"手工劳动"与"机械化"下之具有"规则性"与"局限性"的美。

任何事物均具两面性，"美"亦不例外，其内有"共相"之方面，亦有"殊相"部分的存在，但若想使美的两方面均可被主观群体所感知，那么对"工"便有所要求。此处之"工"应为"手工艺"或者具有

"手工艺精神"的"工"，之于前者，则与"手工劳动"大不相同，"手工劳动"对于操作者而言，可理解为是一种具有"重复性"的谋生手段，而对于受众者来说，其主要目标是满足物质需求，以实现批量化。"手工艺"则与之有别，其是表达审美取向的一种手段，由于主观群体在"知"之层面的不同，故其审美取向具有"殊相"性，所以欲想成就这"殊相"之美，"手工艺"无疑是一条可行之径。

"手工艺"固然重要，但需"实践经验"的积累，若过度以之为重，则会将"匠人"或者传统家具行业以外的主观群体置之于外，为了不将中国艺术家具局限于"工匠"范畴，为了拓展传统家具行业以外的主观群体的参与，践行"手工艺精神"或者"匠人精神"乃为万全之策。

综上可知，中国艺术家具"工艺观"中的"美"，既不是"绝对自由"与"随心所欲"的"美"，也不是为了适用"手工生产"与"机械化"而历经"筛选"之"美"，而是既包含"共相"，又顾忌"殊相"之美的"美"。既然中国艺术家具"工艺观"中的"美"不同于"工业设计"范畴下的"美"，那么用以实现此种美的途径必无法与"批量化"与"标准化"等手段等同，故"手工艺"或"手工艺精神"（或"匠人精神"）实为必要之举，由此可见，中国艺术家具"工艺观"之"美"无法脱离"手工艺"或"手工艺精神"而独存。

4.2 结构工艺——内部工艺

从"中国艺术家具的分类"一章中，可知中国艺术家具在材料上呈现"多样化"趋势，有青铜、陶瓷、竹藤、玉器、金银、木以及混合材料等，材料不同，结构必要有所区别。青铜与陶瓷、木家具不同，它们需要采取铸造或翻模之法成之；玉器则需以"碾琢"之法实现对其的塑造；金银需施以"锤揲""结条"等法方可成器；木家具又有漆家具与硬木家具之别。漆家具的结构不仅涉及"框架"或"箱体"，还包括诸如碗、碟、筒、壶等小型家具之结构，前者以"榫卯"成之，而后者则需"斫""卷""挖""旋""雕""翻模"等法予以实现。总之，不同材料，结构亦有不同，故欲想全面探析中国艺术家具的结构，必须打破"材料"的局限性。

4.2.1 木之榫卯

榫卯是以木为材的中国艺术家具的主要结构，之所以在技术进步的今天仍未隐退幕后，主要原因有二，一是榫卯的组成，二是榫卯所具的

"应变能力"。

之于前者而言，榫卯来自木材，其与木材有着同样的组分，故不会出现被"游离之酸"所腐蚀的状况（木材组分中的"半纤维素"较易水解，水解之后乙酸会对金属等物产生腐蚀作用），除此之外，以榫卯作为木家具的连接结构，还可最大化地实现主观群体追求"天然之趣"的理想。

之于后者而言，其核心是平衡与化解木材"本性"与结构部件"使命"间的矛盾与冲突，木材作为一种多孔性的高分子聚合物，具有湿涨干缩之特性，故在此种情况下，充当连接作用的内部结构，需要具有一定的"应变能力"，即在保证牢固度的前提之下，为木材的"涨缩"留有"余地"。综上可知，无论是前者之因，还是后者之故，榫卯可谓以木为材之器（此处之"器"意指家具）的最佳选择。

1）榫卯之特征

榫卯结构是中国家具区别于别国家具的典型标志[15]，特色的形成需要时间与实践，尽管埃及、震颤教派与西方之工艺美术运动的支持者莫里斯等人也采用榫卯结构（埃及采用斜接，是因为木材稀缺，为了使短材变长，故采用此法。而工艺美术运动的支持者采用榫卯结构，是为了感受中世纪设计之魅力），但并未将其特色化，也未能使其成为西方家具结构的典范。而中国的榫卯结构却与之不同，其不仅仅是家具的连接部件，而且是多学科交叉的体现者，如力学的合理性与美学的兼顾性，前者即为榫卯的"功能性"特点，而后者则为其"美学性"特征。

（1）"功能性"特征

"功能"是任何事物的基本特征，榫卯作为其中之一，也是如此，榫卯的功能性在于其"牢固性"。就牢固性而言，古时早已提供了例证，如山西应县的木塔，其历时已近千年（建于 1056 年），其高度达 67 米有余，可谓古时之高层建筑了（相当于 22 层楼的高度），在历经多次地震之后，依然屹立如初；再如天津蓟州区之独乐寺的观音阁，其年代比上述木塔还久远（建于 984 年），在 1976 年遭遇唐山大地震，附近的建筑物几乎全部倒塌，只有它纹丝不动。可见，榫卯在牢固性方面确有优越之性。

家具结构与建筑息息相关，中国传统建筑视榫卯为骨架，家具亦是如此，充当骨骼作用的榫卯，其"牢固性"乃为榫卯存在的第一要素。无论是直接源于建筑的榫卯（诸如内蒙古解放营子出土的木靠背椅），还是历经发展达到巅峰的榫卯（诸如明代家具之榫卯），均无法脱离"牢固性"而独存。

（2）"美学性"特征

除了"功能性"特征之外，榫卯还具有"美学性"的特征。其"美学性"与以下四点关系甚大，一为木材的"化学组成"，二为"技艺"的选择，三为"哲学思想"与"审美取向"，四为"灵活性"。

木材的"化学组分"是榫卯较五金连接件优越的根本之所在。对于以木为主的家具材料而言，榫卯无疑是最理想的连接部件之一。任何事物在混合与交融的过程中，达到"合"之目的，乃为最佳之境界，木材与其连接结构也应如此，众所周知，家具的连接部件，除了榫卯，还有金属的存在。欲想得知哪种结构才是最佳之选，笔者需从源头论之，即木材的组成成分。木材是由纤维素、半纤维素、木质素与抽提物组成的有机高分子聚合物，组成中的半纤维素容易水解，致使乙酸的产生，导致木材中游离性的酸增加，其虽然对于自身部分的榫卯无伤害，但对"外来"之金属却有腐蚀之趋势。

就"技艺"而言，其并非所有的中国艺术家具均需以实现"功能性"与"美学性"的平衡为目标，可视"技艺"的不同而做出适当的调整，如以"髹饰"之法成之的中国艺术家具，其无须力争"功能性"与"美学性"的平衡，由于在髹饰之前，需要在胎体之上"披麻挂灰"，故此时之榫卯需以"功能性"为先，但是对于追求"光素"（凸显木材之本色者）之趣的木质家具而言，便需在两者之间予以兼顾。

"哲学思想"与"审美倾向"是赋予榫卯以人格化的关键之所在，如崇尚"巧而自然"的明式家具，便是主观群体审美使然之产物。

"灵活性"既可表达"共相"之美，又可兼顾"殊相"之美。榫卯作为中国文化的缩影之一，既可为前者（"共相"）之美提供物质基础，又可保障后者（"殊相"）之美的实现，无论是建筑中的"斗拱"（据清代工部之《工程做法则例》中所载，斗拱的形式大约有"三十余种"，之所以形式多样，变化不一，在于榫卯所具有的灵活性），还是艺术家具中的"厚板与抹头的接合"（可通过厚板出半榫拍抹头、厚板出透榫拍抹头、厚板出透榫及榫舌拍抹头以及厚板拍抹头等实现接合）、"横竖材丁字形接合"（榫卯既可根据材料的"圆"与"方"做出调整，如将"榫肩"加以变动，以适应圆材与方材之间的不同连接方式，又可在同类型丁字形接合的部位做出改良，如横竖材尺寸不等时，榫卯可采用"交圈"与"不交圈"的连接方式，再如根据方材的具体情况，还可采用"大格肩""小格肩""实肩""虚肩"等成就连接部位的"多样化"趋势）、"方材角接合"（既可采用"一透"与"一不透"的形式，还可采用两方材"各出一单榫"之法）、"圆材角接合"（既可采用"挖烟袋"的形式，亦可使两圆材各出"一单榫"

与"一双榫"之法予以接合)、"板条角接合"(既可采用不同的"揣揣榫"连接,又可利用"嵌夹式"成之,还可采用"合掌式"完成)、"弧形弯材接合"以及"腿足、牙子与面子的接合"(对于有无束腰、腿足处是否雕有兽面以及是否为四平面结构,所用之榫卯均有分别)等,均诉说着榫卯的灵活之性。

综上可知,榫卯不仅具有"功能性"特征,还具"美学性"特征,对于两者的关系,可视具体情况而定,对于有些工艺而言,需要两者兼顾,对于有些工艺而言,无须力求"平衡"。除了"两特性"外,榫卯还具"灵活之性",无论是"共相"之美,还是"殊相"之美,均可在此基础上予以实现。

2)榫卯之种类

中国艺术家具类别众多,形式不一,所以榫卯的式样呈现出变化多端的状态,既有"变"之部分,亦有"不变"之形式,榫卯结构作为家具的内部支撑,种类繁多,类别多样,其分类方式有宏观与微观之别,从宏观上,榫卯可分为明榫(透榫)与暗榫(闷榫),从微观上,根据不同的接合方式,又可分为格角榫、长短榫、格肩榫(大格肩、小格肩、实肩、漂肩)、龙凤榫、楔钉榫、仙人脱靴(走马销)、齐肩膀(平肩榫)、蛤蟆肩、抱肩榫、插肩榫、夹头榫、挖烟袋锅、粽角榫(俊角榫)、揣揣榫、双肩丁字形闷榫、单明榫、双斜肩S形榫、双斜燕尾榫、平肩榫、双明榫、单肩双闷榫、平尖双榫、冲肩榫、双冲肩榫等(注:由于中国民族众多、南北差异较大,故对于榫卯的称谓与形式会因地区的不同而异)。榫卯属于中国艺术家具中的一部分,随着时间的演变,其在形式与称谓上,也会出现不同形式的变化与增减。

(1)明榫

明榫是榫头外露之形式(图4-1),又有"出榫"与"透榫"之称,虽然美观性欠佳,但是牢固度较佳,在当代,一些透榫的端头已出现了美化,如在新中式家具中,就常有透榫的参与,其不仅是结构部件,亦有装饰之效果。

图4-1 明榫

(2)暗榫

暗榫与明榫相反,是榫头不伸出榫眼的形式,被称为"暗榫",又有"闷榫"之称。闷榫美观，但需在力学方面加以钻研，以保证其牢固度。闷榫在中国艺术家具中的应用甚广，如攒框装板（格角榫）、搭脑与腿足的接合（挖烟袋锅）、束腰与腿足的接合（抱肩榫）、横枨与腿足的接合（长短榫）、矮老与枨子的接合（格肩榫）等（图4-2）。

图 4-2　暗榫

（3）燕尾榫

燕尾榫有明暗之分，常用于板与板之间的接合，如条几之面板与侧板的接合，除此之外，还可用于连接抽屉立墙。如是条几之类，为了达到视觉上的美观性，常用隶属于闷榫之燕尾榫，若是后者，则可采用明榫式或半明榫式燕尾榫。

① 暗榫

该种形式的榫卯常用于三块厚板所组成的几类家具或是平板拼合结构中（其目的是使板材之宽度增加），这种形式的燕尾榫相互接合后，只见接合处之缝隙，榫卯全部被隐藏于内（图4-3），美观有佳。

a至d 几案类；
e、f 平板结合结构处暗榫

图 4-3　暗榫式燕尾榫

② 明榫

该形式的榫卯与上述形式正好相反，榫头外露，在古代艺术家具中，燕尾明榫常用于连接抽屉之立墙，而在当代艺术家具之中，匠师们又将燕尾榫加以改良创新，在形式上予以丰富，除了作为抽屉立墙之连接件，也可用于其他部位的接合，如腿足与边抹的接合（形式与粽角榫类似）等（图4-4）。

图 4-4　明榫式燕尾榫

③ 攒边穿带燕尾榫

攒边穿带燕尾榫，即"穿带"（穿镶的一面造有梯形的长榫的木条），常用于薄板拼合之结构中（图 4-5），设置该榫之目的是为了防止拼板弯曲与翘起。

图 4-5　攒边穿带燕尾榫

（4）挖烟袋锅

闷榫的一种，用于横竖材的角接合，其造法有三种，一是一端开榫眼，一端之中部则凿出方榫（图 4-6）；二是两端均挖单榫（图 4-7）；三是有一端挖单榫，而与之相反的一端出双榫（图 4-8）。由于该种榫卯的形状酷似烟袋锅，故得名"挖烟袋锅"。

图 4-6　出方榫

图 4-7　挖单榫

（5）格肩榫

格肩榫由两部分组成，即格肩和长方形的阳榫。格肩榫有大格肩和小格肩之分（图 4-9），它们的区别在于有无格肩的尖端，有尖端的称之为"大格肩"，反之，则为"小格肩"。大格肩榫又有实肩和虚肩之分，格肩与长方形的阳榫紧贴在一起的形式，称之为"实肩"，反之则为"虚肩"，但是在当代艺术家具中，小格肩中亦有虚肩之存在。

图 4-8　一单一双

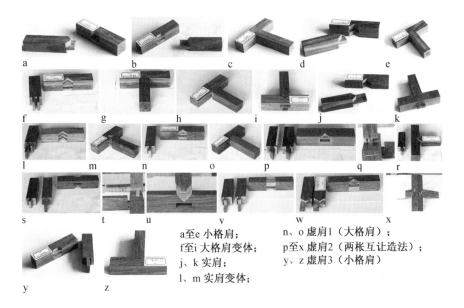

a至e 小格肩；
f至i 大格肩变体；
j、k 实肩；
l、m 实肩变体；

n、o 虚肩1（大格肩）；
p至x 虚肩2（两桩互让造法）；
y、z 虚肩3（小格肩）

图 4-9　格肩榫

（6）蛤蟆肩

多出现在圆材之间的接合上（图 4-10），为了达到视觉上的协调性，在接合方式上，圆材与方材有所差异，前者需要将两面之肩（双肩）圆角化，由于此形似青蛙（蛤蟆）之口，故又有"蛤蟆肩"之称。

（7）长短榫

用于大进小出之做法（图 4-11），既含有明榫，也包括暗榫，目的是两榫出现冲突之时，可以互相退让。其形式与齐肩膀有类似之处，只是榫头处有别，呈长短不一之状态。

a至d 横竖材等粗

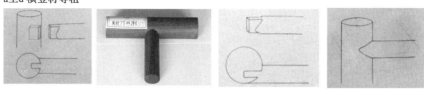

e至h 横竖材不等粗

图 4-10　蛤蟆肩

图 4-11　长短榫

（8）平肩榫

平肩榫有单头与双头之分（图4-12），常用于方材的丁字形接合部位，如腿足与枨子的接合、柜门横楣子与门板边缘的接合等。

图 4-12　平肩榫

笔者将肩未被削出角度者称之为"平肩榫"，其种类较多，如齐头碰（又名"齐肩膀""平肩单头榫"，隶属于"平肩榫"之列，常用于方材之丁字接合部位，如腿足与枨子的连接）、平肩双头榫、平肩半明榫、平肩U形榫、平肩移位榫（固销式与拆装式）、平肩出头榫与平肩改良榫等，在以上之榫结构中，除了平肩改良榫外，其他均用以连接横竖材的丁字形结构，而平肩改良榫则用于连接两平行之方材。

（9）无肩榫

该榫卯与平肩、插肩等不同，其结构中没有"肩"的参与（图 4-13）。

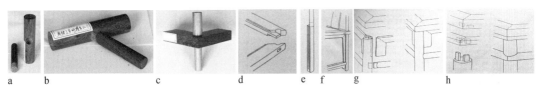

a、b 无肩榫1；c 至 f 无肩榫2（腿足贯穿椅面）；g 无束腰家具腿足与面板的结合；h 腿足、垛边与面板的结合

图 4-13　无肩榫

（10）斜肩榫

斜肩榫的种类较多，用于连接的部位也不尽相同，如格角榫，多与攒边打槽装板、厚板与抹头的接合（如条案的面板）等造法一起出现；揣揣榫则常见于椅子、架格、柜类的圈口牙子与券口牙子之上，另外，在橱类家具的抽屉前脸上，也时常出现，隶属于板条角接合的范围之内；中国当代艺术家具在不同的接合部位，需要不同的榫卯予以配合使用，当直材相互交叉时，需要用斜肩闷榫来连接，但是由于用材有粗细之别，故情况有所异同，如纤细的直材相互交叉时，多用"小格肩"来连接（如床帷子之上的直接交叉处，鉴于坚实度方面的考虑，匠师们采用此榫卯作为连接件），如是面盆架之类的家具，其由三根直材相互交叉所形成之帐子，则需要斜肩闷榫将之接合在一起；当腿足遇到其上之板材时，如四面平式家具，则需单斜肩闷榫作为它们之间的桥梁，该榫卯之轮廓类似抱肩榫，但榫头部位有所不同。

新形式的出现，是进步的标志，榫卯结构亦不例外，由于设计的需要，榫卯也许会出现少许变动，如揣揣榫变体（或是新形式）、双斜肩S形榫、双斜肩V形榫与双斜肩明榫等的出现，均是中国当代艺术家具重拾辉煌的见证。

① 格角榫

该榫种类不一（图 4-14），有的用于带有软屉（藤编、绳编、皮条编制等）之家具的攒边做法中，有的用于硬屉（大理石板、瓷板与木板等）的攒边结构中，还有的用于厚板与抹头的连接。

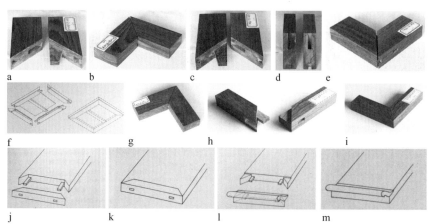

a、b 攒边打槽装板软屉造法1（三角小闷榫）；c至e 攒边打槽装板软屉造法2（三角小明榫）；
f、g 攒边打槽装板硬屉造法；h、i 格角榫变体；j至m 厚板与抹头的结合

图 4-14　格角榫类别

② 揣揣榫

由于该榫的形式如同两手相揣入袖，故得此名，其形式也是花样百出，从宏观上有正反两面均格肩与单面格肩之分（图 4-15、图 4-16），在微观上，又可细分为数种，如嵌夹式与合掌式等。

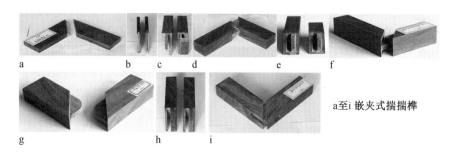

a至i 嵌夹式揣揣榫

图 4-15　正反均格肩

a至e 合掌式揣揣榫

图 4-16　单面格肩

③ 双斜肩 S 形榫

该榫属于创新结构之一，用于方材之间的连接（图 4-17）。

图 4-17　双斜肩 S 形榫图例

④ 双斜肩明榫

与双斜肩 S 形榫一样，用于方材之间的连接（图 4-18）。

图 4-18　双斜肩明榫图例

⑤ 双斜肩 V 形榫

该榫形咬合后，形似 V 字，故将其命名为"斜肩 V 形榫"，是方材丁字形接合的一种（图 4-19）。

图 4-19　斜肩 V 形榫图例

⑥ 斜肩闷榫（三根直材交叉形）

该榫用于非纤细之直材交叉的接合中（图 4-20），上述提及，如果是纤细之直材相交，则采用小格肩之形式，而对于较粗者，也与之不同，如面架类家具结构中的枨子（面盆架）等，均以此结构作为连接件。

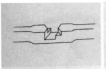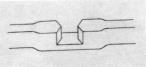

图 4-20　斜肩闷榫图例

⑦ 单斜肩闷榫

该榫属于四面平式家具结构中的一部分，用于腿足与面板的连接（图4-21），其形式与抱肩榫类似，只是榫头部位的开设方式与腿足上端的形式略有不同。

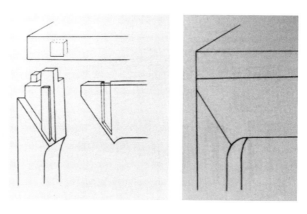

图4-21　单斜肩闷榫图例

（11）圆包圆

圆包圆即裹腿枨，又名"裹脚枨"，由于两枨之表面高于腿足，且在转角处相交，将腿足包裹在内，故得此名。其也属于横竖材接合的一种方式，横竖材有圆与方之分，故裹腿枨之做法不仅可以用于圆材的丁字形接合中，还可以作为方材的丁字形连接件，只是前后两者的形式略有所区别，当遇到方材之裹腿枨造法时，须将方材之棱角倒去，所以裹腿枨在造法上有三，即两枨出榫、格角相抵（圆材之裹腿枨造法），两枨分别出一长榫和一短榫（圆材之裹腿枨造法）以及两枨分别出一长榫和一短榫（方材之裹腿枨造法）。

① 圆材丁字形接合

该种做法需对腿足与横枨相交处改圆成方（图4-22），为嵌入枨子做准备。然后将枨子末端的外皮削切成45度角，且与相邻的一根格角相交。

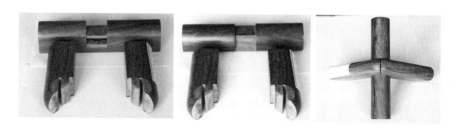

图4-22　圆材丁字形接合图例

② 方材之裹腿枨造法

方材之裹腿枨的造法与圆腿的大致相同，只是榫头的形式由斜变平（图 4-23），且两枨之榫头呈现一长一短之状态。

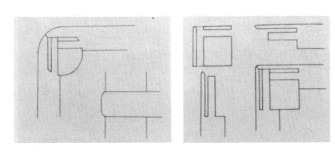

图 4-23 方材之裹腿造法图例

（12）粽角榫

粽角榫，又名"俊角榫"或"人字形榫"，此榫用于连接三根方材于一角，由于其造型与"粽子"相似，故得名"粽角榫"。整齐美观无疑是此榫的特点，但是有一点需注意，即用料，由于榫卯过度集中，如果用料过小会影响连接处的坚实度。另外，用于桌子上的粽角榫不同于柜子、书架等高于视平线的家具，由于桌面光洁才不会影响其美观，故腿足上的长榫不宜用透榫穿过大边；而书架等则不同，由于其顶面已经超过人们的视平线，故用透榫也无妨（图 4-24）。

图 4-24 粽角榫图例

（13）栽榫

栽榫的种类也不止一种，有百脚榫、栽直榫与走马销之别，栽榫可以用于厚板的接合、卡子花与上下部件之间的连接、某些家具牙子（角牙、站牙、挂牙）与邻近部件的接合、攒斗做法形成的图案之间（如斯簇云纹、十字套方）以及两上（即束腰和牙条两木分做）和三上（束腰、牙条与托腮三木分做）的做法中（束腰、牙条之间与束腰、牙条、托腮之间常用栽榫连接）。

① 百脚榫

平板接合的结构之一（图 4-25），与直榫形式类似，只是榫头较多。

图 4-25 百脚榫图例

② 栽直榫

与栽直榫有关系的结构较多，如平板的拼合、牙子与邻近部件的接合、卡子花与上下部件的接合以及攒斗做法所成图案的连接等（图 4-26）。

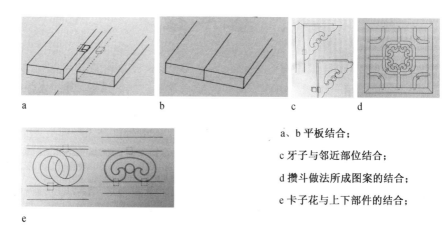

a　　　　　　b　　　　　　c　　　　　d

a、b 平板结合；

c 牙子与邻近部位结合；

d 攒斗做法所成图案的结合；

e 卡子花与上下部件的结合；

e

图 4-26　栽直榫图例

③ 走马销

走马一词源于古代建筑中的走马板，属栽榫的一种，又有"扎榫""仙人脱靴"等称谓。与栽榫相比，走马销的变化在于，一半是栽榫，一半是燕尾状的"银锭"，"下大上小"的榫销与"一边大一边小"的榫眼，足以将部件紧密相连。走马销常位于部件的夹缝处，在明处不得见，如罗汉床帏子与帏子之间（图 4-27）。

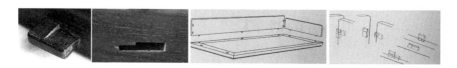

图 4-27　走马销图例

（14）咬尾接闷榫

该榫用于弧形结构之上（图 4-28），如圆形的边框（圆凳的面板与香几的几面等），也属于"攒边打槽装板"的一种，只是与格角榫形式不同，其以"逐段嵌夹"之法为准则，即每段的一端开口，一端出榫，以便逐一嵌夹，最终形成圆形外框。

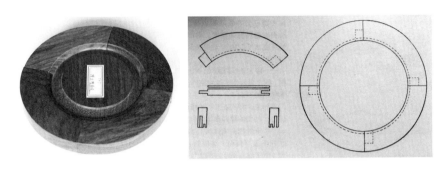

图 4-28　咬尾接闷榫图例

（15）夹头榫（卡头榫）

夹头榫又称"卡头榫"（图 4-29），其造法源于中国建筑的大木梁结构，目的是为了加强桌案类家具的稳定性。夹头榫的基本形式为腿足上端开口并出榫，嵌夹牙条、牙头，其出榫与案面底部的榫眼接合。在夹头榫嵌夹牙条、牙头的过程中，会出现两种情况，一种为既嵌夹牙条也嵌夹牙头；另一种则为只嵌夹牙条，而牙头是通过打槽的方式与腿足连接。另外，夹头榫还有其变体的存在，即在腿足上端以打槽的方式代替开口，因此牙条、牙头都是分段与其连接的，故只有夹头榫之形，坚实程度大为降低。

图 4-29　夹头榫图例

（16）插肩榫

主要运用于案形结构的家具中，其外形不同于夹头榫，但是腿足与牙条、牙头、面板的连接方式与夹头榫无异。其基本结构为腿足上端出榫，以便与面板连接，但是与夹头榫不同之处在于腿足的出榫部位以下需削出斜肩，其目的是保持腿足与牙条、牙头的齐平。在嵌夹牙条、牙头的过程中，同样会出现牙条和牙头分造之情况。另外，插肩榫也存在变体，腿足上部分的斜肩演变为挂销，以便连接开有槽口的牙条及牙头（图 4-30）。

（17）抱肩榫

多出现于带束腰的家具中，用以连接腿足与束腰及牙板的榫卯，有

a、b 牙条与牙头不分开；c至e 牙条与牙头分开；f 变体

图 4-30　插肩榫图例

"千年不倒"之美誉（图 4-31）。在带束腰之家具中，有的设置托腮，有的不设置托腮，前者涉及"三上"（又称"真三上"，束腰、托腮以及牙板采取分做之法，即三木分做）与"假三上"（假三上有两种，一种是采用一木连做法，另一种是两木连做法，即牙条与托腮为一木连做，束腰为一木，然后再进行接合）之造法，而后者则是"两上"（又称"真两上"，即束腰与牙条分两次安装）或"假两上"（束腰与牙条采取一木连做之法）之做法。由于家具的形式多变，故抱肩榫也不是一成不变的，如高束腰结构之抱肩榫，自然与正常束腰的有别，再如腿足上端带有兽面之结构的，为了不损害兽面的完整度，故抱肩榫也需在结构上做出调整。

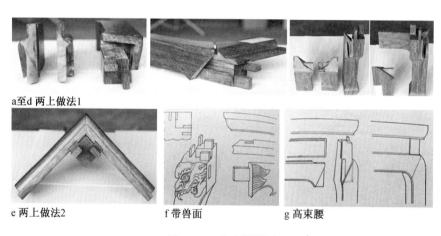

a至d 两上做法1

e 两上做法2　　　　f 带兽面　　　　g 高束腰

图 4-31　抱肩榫图例

（18）龙凤榫

该榫是平板接合的一种方式（图 4-32），用于桌案的面心、柜门、柜帮等部位，其目的是增加木材的宽度。

图 4-32　龙凤榫图例

(19) 楔钉榫

一般用于弧形弯材接合（图4-33），如香几的几面、圈椅的弧形靠背、圆坐墩座面之边框、圆杌凳座面之边框以及圆形托泥等。其基本形式包括两片榫头、榫舌、榫槽及楔钉等。

弯材对接时会出现上下或左右移动的现象，为了防止在上下方向上的移动，需在对接之弯材上各开一榫，并在两片榫头尽端各设一小舌，小舌入槽后，弯材便能紧贴在一起；为了防止两片榫头在左右方向上移动，楔钉是极为关键的部件。

楔钉的断面形状为头粗末端细，将其插入弯材搭口中部凿好的方口中，最终使两片榫头在左右方向上也难以拉开。有些楔钉榫的榫舌外露于侧面，有些则不外露，这取决于榫舌尽端是否与其所在截面弯材的边缘留有余地，如榫舌尽端贯穿于所在弯材截面，榫舌则外露，如不贯穿，留有余地，则不外露。

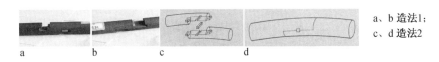

a、b 造法1；
c、d 造法2

a   b   c   d

图4-33　楔钉榫图例

(20) 银锭榫

在形式上与银锭相似（图4-34），故得名"银锭榫"，不仅有单银锭榫、双银锭榫之分，还有半银锭榫的存在，前者常用于厚板的拼合结构中，而后者则用于连接霸王枨与腿足。

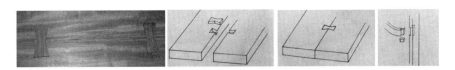

图4-34　银锭榫图例

4.2.2 漆器之"桊榡"

桊榡即为漆器的"胎骨"，从《玉篇》（"桊，屈木盂也。"）、《孟子》（"顺杞柳之性，而以为桮桊。"）、《类篇》（"榡，器未饰也，通作素。"）、《周礼》（"槁人献素"）、《辍耕录》（"梓人以脆松劈成薄片，于旋床上胶缝干成，名曰桊榡。"）以及《格古要论》（"宋朝内府中物，多是金银作素"）中可见此点。对于髹饰类家具而言，所用之胎骨种类甚多，如木、竹、布、皮、金银、铜、冻子、藤与瓷等，均可为桊榡之物，由于所用材料有别，故所需的梂樣之法也不尽相同，如斫、旋、挖、卷、雕刻、编织、锯、翻模、铸造、锤揲等，均是实现胎骨成器的必经之路。

梂樣作为髹饰类家具的第一道工序，其成败对后续过程影响甚大，诸如合缝、捎当、布漆、垸漆（包括粗灰漆、中灰漆与细灰漆之程序）、糙漆（包括灰糙、生漆糙以及煎糙之步骤）以及鞔漆等，为了避免"四失"中所言的"梂懒不力"之过，制作者就不应忽略这起始之步骤。

1）木胎

木是髹饰类家具主要的成胎材料，由于家具的造型不一，故所用成胎工艺也不尽相同，如斫、旋、挖、雕刻以及卷，均可实现胎体的多样化。斫即以刨、削、剡、凿等途径成之的胎骨，应用此法成之的胎骨较为厚重，如汉代的耳杯、匜与案等。

旋木胎即以旋削之法成就器形，而后在剜空内腔，鼎、盒、钟、盘等之类多用旋木之法，如西汉之"描漆鼎"（湖南省博物馆），便是以旋之法塑造木胎的案例之一。

挖之成胎技法可谓历史悠久，利用该法所成之器形较为厚重，如浙江河姆渡遗址中发现的新石器时期的"朱漆碗"，便是案例之一，其不仅见证了上古时代的"梂樣"之法，还为后世之"斫""旋""卷""雕刻"等"成胎"技法奠定了坚实的基础。

雕刻并非是梂樣成形的主要技法，但却是其重要的配角部分，在漆雕并未诞生的年代，雕刻后再作髹饰，可谓是拓展髹饰之法的途径之一，故雕刻既是漆器成胎的参与者，又是实现装饰的必要之举，如商之"镰仓雕"、曾侯乙墓中之"彩绘豆"、汉之"彩绘云气纹漆钫"以及"堆红"中之"木胎雕刻"者等，均是此法参与的见证。

卷之法与上述之斫、挖与旋等略有不同，其所成之器较为轻巧，"卷"即《髹饰录》中所言"屈木"，制作的关键在于"薄木片的弯曲"与"接缝处的处理"。"木片裁切成条，水浴加温，弯曲成型圈，烘干后定型，逐圈类叠，胶黏成形，打磨披灰髹漆"，乃为"薄木片弯曲"之关键，如"为天下人取法"之"襄样"（襄样中包括两种，一种是"为天下人取法"之襄州漆器，而另一种则与前者有别，其是颇为华丽的"金银平脱"）、西汉之"描漆单层五子奁"（湖南省博物馆）、辽之"黑漆盆"（辽宁省博物馆）与清之"犀皮圆盒"等，均为卷木胎之案例；除了"薄木片弯曲"，还有对于"衔接处"的处理，其亦是"卷"之技艺中较为关键的部分，对其处理有两种方式，一是以"木钉"予以连接，二是将薄木片的衔接之处削成"斜面状"，而后以胶漆粘之，可见这梂樣中之"卷"，与索耐特之"弯曲木"有异曲同工之妙。

综上可知，虽同为木胎，但由于器形的不尽相同，所用的梂樣之法截然有别。

2）竹胎

竹与木一样，均可成为漆家具的成胎之料，竹胎的制作大体有三种，即斫、锯与竹篾编织。斫在上述的木胎中已提及，故不再赘述；对于锯而言，由于竹材的特殊，具有"中空外直"之特性，故采用"锯"之法即可成器。

除了"斫"与"锯"之外，竹胎的制作还有"竹篾编织"一类的存在，其与金银器中的"结条"以及象牙器中的"牙丝编织"之法颇为类似，均是将原材料劈成细条或细丝，而后编织成器，如清之"水仙纹黑漆描金蒄胎碟"，即是以"竹篾编织"而成的器物之一。

3）布胎

布胎可谓是漆器胎骨中较轻的一种，即便是以"卷"为之的胎骨，也无法与布胎相比。该法可追溯至战国中期，人们从青铜的"浇铸"与"翻模"中得到启示，用"麻布"等取代木胎等较为笨重的胎体，但由于麻布等物无法直接成胎，故需"范"与"模"的配合，正如青铜器的铸造一般，欲想以麻布成器，需历经以下几个步骤：首先是"制模"，即以木或泥为模，在其上涂以灰泥，而后再裱糊麻布；其次，继续裱糊，直至达到预想之厚度；最后，待裱糊之麻布完全干燥后，除去木模或泥模即可。

由于麻布胎之"轻"，其常被用以制作"行佛"，尤其是在佛教传入与盛行的年代（从南北朝至隋唐），更是大受欢迎，如在唐代，无论是高宗时代（据《大慈恩寺三藏法师传》中记载：仅高宗敕送大慈恩寺的"夹纻宝装像"就有二百余躯），还是武则天当朝之时（在武则天时期，曾造高达九百尺的"夹纻佛像"，正如《朝野佥载》与《资治通鉴》中所言的"鼻如千斛船，中容数十人并坐"与"其小指中犹容数十人"）均对此法甚为青睐。除了佛像，还可利用此法成就家具之胎，如汉代之"盒"（如南京博物院中珍藏的汉代"银平脱长方盒""椭圆形盒""方盒"）与奁（如安徽博物馆中所藏的汉之"双层彩绘金银平脱奁"）以及清代之盘（如藏于北京故宫博物院中的"菊瓣形脱胎朱漆盘"）等，均是以"布"为胎的案例。

同为以"布"成胎之法，但在不同时代有着截然不同的称谓，在战国，其被称为"夹纻"；在汉代，其被称为"纻器"；而在唐宋，布胎又回归了"夹纻"之称谓；时至元代，其更名为"脱活"；由于布胎是逐层裱糊而成，故在明代，其又有"重布胎"之称；到了清代，其称谓与元近似，名为"脱胎"，由此可见"布胎"之流行程度。

任何事物绝非一成不变，布胎亦不例外，古人对其青睐有加，今人对其也未曾放弃，如福建之匠师为了提高胎骨之质量，避免变形，以"绢"代"夏布"（即"麻布"）。

综上可知，布胎的诞生可谓是"跨界"思想的写照，将青铜等制作"内范"与"外范"之法，嫁接并融入漆家具的设计之中，实为后人创新之典范。

4）皮胎

皮胎即以"皮"为胎，皮有"薄羊皮"与"縠纹皮"之分，前者的皮质较薄，故在衔接处不易显露痕迹，从而表面较为光滑；后者与前者不同，其可利用皮革之上的褶皱处，作为装饰，在皮胎上髹涂数层色漆，最后将之磨平，即可产生具有装饰性的斑纹。

在漆家具中，以"皮"为胎多集中于小型家具之中，如盒之类等。另外，由于皮胎较其他胎骨灵活，故其既可成"圆润"之器，又可成"棱角分明"之物，如明代之"红面犀皮圆盒"与清代之"荻浦网鱼图洒金地识文描金圆盒"便是上述做法的佳例。

5）金银胎

对于金银而言，其成器的方式不止一种，诸如锤揲、结条与夹层法等，均是其成器之法，但是在髹饰之工艺中，常用之法以"浇铸"为主。

在漆家具中，金银胎常与剔红并用，虽同为剔红，其与"非金银胎"之剔红迥然有异，差异在于剔刻的深度。"非金银胎"的剔刻深度不宜过深，以免犯"胎骨外露"之过，金银胎剔刻时则需"深刻"，以求"刬迹露金胎或银胎，文图灿烂分明"之境地，即将胎骨暴露于外。

综上可知，以金银为胎之漆家具，虽外被覆以漆层，但金银之绚烂并未被完全淹没，而成为色漆的点睛之笔。

6）铜胎

铜与其他材料一样，均可成为漆家具之胎骨，对于胎骨而言，有主材与辅材之分，铜作为其中之一，亦不例外，其既可充当漆家具之胎的"主要材料"，亦可作为"辅胎"。

以铜为"主胎"的漆家具与青铜器一样，可采用浇铸、制范与翻模之法为之，如影响颇大的"铜镜"，便是以上述之技法成胎的案例，如唐之"人物花鸟纹嵌螺钿漆背镜"（洛阳市博物馆）与"羽人飞凤花鸟纹金银平脱镜"（上海博物馆）等，均是铜与髹饰之工艺"跨界"结合之案例。

成胎技法除了上述之外，还有"编织"一类的存在，常充当漆家具之胎的"配角"，如清之"铜丝胎黑漆小箱"便是佳例之一，从外表看，此箱的外框为"铜丝编织"所成，但实则不然，其是附着在木胎之上与之共同成胎的。

综上可知，对于铜胎而言，其既可"单独"成胎，也可"依附"于他物，与之共同成胎。

7）冻子胎

冻子胎即以"冻子"为胎的一种方式，该种胎骨与木、竹、金银、铜以及麻布等截然不同，其所成之胎并非为"成器"所用，而是为"效仿"或者"简化"某种复杂的"装饰"为之。

冻子胎与"剔红"和"剔彩"密不可分，由于"剔红"与"剔彩"之器并非人人可得之物，故借助"他物"以模仿上述之技法，实为可行且经济之法。欲想成就"剔红"与"剔彩"，首先需刷涂漆若干层，以达到预想之厚度，而后再于其上雕刻"以形写神"与"气韵生动"之图案与纹饰，无论是历时漫长的前者，还是文化性十足的后者，均无法成为普及文化的"批量"之物，故为了"效仿"与"简化"当时的流行之物，"替代性之技法"的产生，实为"对路"之举，"堆红"与"堆彩"便是"剔红"与"剔彩"的"效仿者"与"简化者"。

冻子的使用，不仅解决了刷涂漆层的漫长与繁复，还缩短了雕刻的时间与成本，之于前者而言，冻子无需逐层刷涂，故既减少了"时间成本"，又降低了"工艺成本"；之于后者而言，其将"雕刻"过程予以简化，不仅增加了产量，还提高了速度，实为中国式之"批量化"的可行之举。

任何事物均具两面性，冻子胎亦不例外，其虽然可将繁琐之工艺予以简化，但简化之范畴具有"局限性"与"规范性"，即只适合于图案与纹饰较为平浅者。

8）窑胎

窑胎即"瓷胎"，以瓷为胎需先翻模成器，再进行烧制，方可进行髹饰，髹饰之技法不限，既可以笔描饰（诸如彩绘、描漆、描油与描金等），又可借刀刻划（诸如填嵌、雕镂、堆起与戗划之类），还可以手为之（诸如阳识与犀皮等）。

综上可知，窑胎与其他材料一样，均可成为漆家具的"椶桖"之材。

4.2.3 其他材料的结构技法

在中国艺术家具中，除了"髹饰类""漆家具"与"非髹饰类""木质家具"外，还有其他材料的存在，诸如青铜、金银、玉、陶瓷、竹藤、混合材料以及新材料之家具的存在。在上述的"椶桖"的内容中，笔者已提及了铸造青铜之器的方式，同为铸造，但方式有别，如"焚失法""先分铸后套铸或合铸""失蜡法""夹层法"等，均演绎成就青铜器结构技法的递承与创新。

之于金银而言，除了在"椴榡"中所提及的浇铸与锤揲之法外，还有"结条"技法的存在，该法犹如"竹篾编织"与"牙丝编织"，需将金银制作成丝，而后编织成器，如唐之"金银花结条笼子"便是案例之一。

之于玉而言，其早已被辅以了儒家的道义与伦理而深得人心，以玉为制作家具的材料，其结构技法始终离不开"碾琢"，无论是古拙之器，还是精致之形，均无法脱离"碾琢"之法独存，如汉代之玉，无论是高浮雕，还是圆雕，抑或是镂空之器，均是碾琢之法的演绎与诉说。

之于竹藤而言，其既可采用"编织"之法成之，亦可以"捆绑"与"插接"之法而为之，对于前者，适合成就小器，诸如碟、盒之类者，编织之法虽为竹藤成器的普通之法，但对铜丝编织、金银之"结条"与"牙丝编织"影响颇大；对于后者，则适合实现较大之器形者，如椅、凳与案之类，此法中的"插接"之法与"编织"一样，具有启示作用，如硬木家具中之"裹腿枨"法，便是受此启发而成。

在中国艺术家具中，除了上述材料的参与，还有"混合材料"的存在，其既可存在于古时，也是当下主观群体借以实现传统的途径，但是在古今"混合材料"所充当的角色不同。在古时，混合材料常以"装饰"存之，诸如嵌玉、嵌瓷、嵌螺钿、嵌金银、嵌象牙、嵌铜与嵌百宝等之类。而在当下，情况则大有不同，混合材料不仅局限于"装饰"的范畴，还涉及"结构"领域，如"木材"与"金属"（如不锈钢）的邂逅、"木材"与"塑料"的相遇等，均属异材结合之案例。对于异材的结合，结构技法是实现其和谐与否的关键之所在，也许借鉴"木材学"中"木材金属复合物"与"木塑复合物"的做法（即将异材融入木材之中）实为可行之举。

对于中国艺术家具而言，材料并非隶"不变"之列，随着时代的变迁、科学的进步、技术的升级、审美的转移、新材料不断地出现，将其引入中国艺术家具的设计之中，可谓跟随时代的外在表现，如碳钢、亚克力板等，均属新材料之列，对于诸如前者之新材料，其工艺与青铜较为类似，故在结构技法方面，其既可采用传统之法成之，亦可将新法融入其中。但对于诸如后者之类的新材料，其情况略有不同，如何将"中国艺术家具的工艺观"与象征"现代文明"的"新材料"无痕对接，是实现"以形写神"与"气韵生动"的关键之处。

4.3 装饰工艺——外部工艺

中国艺术家具的装饰工艺所涉及的内容包括外部装饰与装饰技法，前者是后者的外在表现，而后者则是前者的内在支撑。装饰作为中国文化的一部分，不仅描画着不同时代主观群体的哲学思想与审美倾向，还诉说着客观存在的差异与演变。装饰作为中国艺术家具的一部分，既可"错彩镂金"，尽显华丽之色，又可"出水芙蓉"，实现自然可爱之姿。除了外部装饰之外，中国艺术家具的装饰工艺还包括装饰技法，技法是赋予不同材质外部装饰的根本之所在，无论是以"具象"为主的装饰，还是以"抽象"为首的装饰，抑或以"光素"与"纯素"为倾向的装饰，均离不开技法的参与和成全。

4.3.1 外部装饰

装饰是中国艺术家具的重要组成部分，无论是以"手工艺"为主的古代艺术家具，还是以递承"手工艺精神"或者"匠人精神"为主的近代与当代艺术家具，均无法抛开装饰的参与。装饰作为诉说文化前行的载体之一，早已被赋予了主观群体之气息，即人格化倾向，故装饰具有"精神层面"的特征。仅凭主观群体之思想意识与审美倾向，无法实现装饰的"具体化"，故客观存在尤为重要，所以装饰的"物质性"特征也尤为重要。由于装饰赖以存在的材料呈现"多样性"，故装饰也具多元化倾向，但无论如何多元与演变，其源头仅有两种，即"光素之饰"与"有纹之饰"。

1）装饰之特征

在中国艺术家具中，装饰是不可或缺的部分，其虽为中国艺术家具的一部分，但就装饰本身而言，其既离不开主观群体之思想的指导，亦无法脱离客观存在的影响与制约，前者即为"精神层面"特征，而后者则为"物质层面"特征。

（1）精神层面之特征

中国的装饰并不似卢斯（Adolf Loos）口中之"罪恶者"，而是文化的彰显者、思想的表达者，即身具"精神层面特征"，但其中的精神并非是高高在上、遥不可及的，而是与装饰本身形影相随的，即装饰需成为一种"有意味的形式"。

对于装饰而言，"以形写神"，即是达到上述"有意味之形式"的直接途径，此处的"形"有二意，一为"纹饰本身"之"形"，二为"器物"与"结构"之"形"，对于"有纹之饰"而言，装饰之"形"指家具之上的"纹饰"与"图案"，而对于后者而言，装饰之"形"则需借助"器形"与"结构"予以反映。

"有意味的形式"并非是为了"形式"而"形式"的"形式主义"，而是"内容"（"有意味"即是"内容"）与"形式"并存。内容源于文化，是哲学思想、审美倾向与艺术形式等的沉积与积累，而形式则是组成内容之文化的"外在表现"或"具象呈现"，即"纯素之饰"或者"有纹之饰"，可见，预想实现"有意味的形式"，上述无形的"内容"与"有形"的形式缺一不可。为了使"有意味之形式"更为具象化，笔者将以汉代之装饰为例，以说明"内容"与"形式"之间的依存关系。纵观汉代之装饰，其既有对"历史人物"与"故事"的刻画，亦有对"浪漫主义"的追求，可谓是琳琅满目。在形式上，前者以孝子、义士、圣君、贤相、周公辅成王、荆轲刺秦王、蔺相如完璧归赵与鸿门宴等作为儒家将情感、观念与仪式融入现实生活的载体，而后者则以"四神""五灵""楚辞""山海经"中的"神话"，作为"屈骚传统"的递承依靠，由此可见，这"有意味的形式"（"有意味"在于谶纬神学的表达，形式在于所成图案与纹饰）既离不开内容，亦离不开形式。

综上可知，装饰的精神层面作为一种"有意味的形式"，既包括哲学思想与审美倾向等"内容"的养益，又需"纯素之饰"与"有纹之饰"等的"形式"承载。

（2）物质层面之特征

除了哲学思想与审美倾向，装饰还与诸如环境、材料、技法与工具等客观存在无法分割。客观存在作为成就纹饰的物质基础，影响着纹饰的表达，正如《考工记》所言之"天有时，地有气，材有美，工有巧，合此四者，然后可以为良"，可见这客观存在的重要性。对于环境而言，其是文化滋生的基础，故处于不同的环境，文化会有所差异，纹饰作为承载文化的具象之物，其势必受到环境的影响与制约，如春秋战国时期的"楚""秦""晋"与"齐"等地，他们虽同属东周，但由于地理位置之差异，主观群体之审美便出现了"各向异性"，纹饰作为表述差别的平台，自然会受其影响与制约，如楚之漆器的纹饰，无论是在"形式"方面，还是在"色彩"方面，均充满着"楚辞"的浪漫之感，自然与"尚黑"之"秦"截然有异。

对于材料而言，其作为纹饰赖以生存的基础，影响着纹饰的表达与彰显，对于中国艺术家具而言，所成家具的材料不止一种，有青铜、陶瓷、玉、金银、竹藤与木质等之分，故不同材质所出之纹饰会赋予主观群体截然不同的主观感受，如同为云雷纹，其在"青铜"之上与在"漆器"（如剔红中之"疏纹锦地"的形式，其锦地常以"云雷纹"成之）之上的表达截然有别，再如同以"錾刻"成之的"金银器"花纹与"錾胎珐琅器"，虽属同一技法，但所示效果却不尽相同。

技法是影响纹饰表达的关键因素，技法既是触及"意境"的关键，又是"突破"原有的核心。之于前者，技法作为实现"意境"的物质基础，影响着主观群体的寄语，正如宋代戗金所成之纹饰，欲想使其与宋代的绘画、诗歌与书法有异曲同工之妙，则需"细钩纤皴，一一刷丝"之戗金法的配合（该法有别于明清之"清钩戗金"）；之于后者，技法是使得装饰突破原有达至创新的根本，若不是将"针刻"之技法引入漆器之中，也许"戗金"之法难成现实，若不是将鱼子纹（原为金银器之纹饰）引入陶瓷之中，也许"珍珠地刻花"并不存在，若不是借鉴银器上的"云纹"，恐怕"剔犀"之法难以诞生，若不是建筑业之"预应力"技术的引进，也许非髹饰领域中的"无缝拼接"难以成真，由此可见，技法是成就创新的中坚力量。

工具依然是赋予纹饰人格化的直接因素，如若没有"铁制工具"的发明，也许青铜器还无法走下神坛，融入生活（嵌金银与嵌红铜是青铜器身份转化的关键）。综上可见，装饰并非孤立的，其是"形而上"与"形而下"之间出现共同语言的桥梁与纽带。

2）装饰之"六要"原则

装饰作为中国艺术家具中的重要部分，并非是多余之物，而是彰显时代观念、个人情感与社会礼仪的载体，无论是上古时代的图腾崇拜与巫术活动，还是被儒家教义合理化了的观念、情感与礼仪，抑或是追求内心解放的浪漫主义倾向，均可通过装饰予以传达。

装饰作为中国艺术家具的参与者，欲想成为"有意味的形式"，需满足"六要"原则，即气、韵、思、文、技、具，六者看似独立，但实则相互依存，"气""韵""思"属主观意识，"技"与"具"属客观存在，而"文"则是"气""韵""思"与"技""具"之间的桥梁，若无其参与，前者终将高高在上，而后者则依然是"手工劳动"的主角，随着时代工业化的推进与升级，终将为机械所代替，由此可见，欲想"内容"中有"形式"、"形式"中有"内容"，六者缺一不可。

文化需要递承，亦需创新，装饰作为其载体，也当如此，递承的目的在于延续经典之影响，创新的目的在于开创时代之先锋，前者需领会前人之意，后者则需懂得跨界之法，无论是前者还是后者，均需上述"六要"原则的参与。

无论是"有意味的形式"，还是"递承"与"创新"，均需"变"与"不变"的共同参与，对于"变"而言，其既包括"形而上"，亦包括

"形而下"，前者与主观群体的意识密不可分，故无法处于"静止"状态，后者与客观存在相辅相成，故亦无法实现绝对的"固守"；对于"不变"而言，其既不是与主观群体相关的"形而上"，亦不是与客观存在相连的"形而下"，而是使两者实现"合目的性"与"合规律性"（意指"个性"中含"共性"、"个体"中有"社会"、"殊相"中存"共相"）相统一的"形而中"，"形而中"即以"某种方式或方法"为桥梁，将"形而上"与"形而下"合理相融，以达道器合一之境。对于中国艺术家具而言，"形而中"之"某种方式或方法"即技法，那么中国艺术家具之"形而中"便可诠释为以"技法"为纽带，通过"客观存在"来描述与传达"形而上"的一种方式，"技法"与"客观存在"属"工"之列，而源自主观群体意识的"形而上"则是"美"之根，前者（"工"）是"技"与"具"之归宿，而后者（"美"）则是"气""韵""思"之交集，可见装饰中的"六要"与中国艺术家具的"工艺观"相得益彰。

综上可知，"六要"原则不仅赋予装饰以"意味"，还与"递承""创新"以及中国艺术家具的"工艺观"密切相关。

（1）"六要"与"有意味的形式"

装饰作为中国艺术家具的一部分，隶属于"有意味的形式"之列，即"有内容"的"形式"，"内容"源于主观群体文化的沉积与积累，而形式则是主观群体的思想意识与客观存在彼此渗透的产物。

在装饰的"内容"方面，其离不开哲学思想、书法、绘画、文学与艺术等的影响与流露，而上述"形而上"的核心部分正是"六要"中的"气""韵""思"。对于中国艺术家具而言，可为装饰的"内容"甚多，其既可是现实中的人与物，亦可为想象中的神与兽，欲想借"物"抒情，无论是"师造化"式的遁循，还是"法心源"式的解放、感伤与批判，均离不开所在时代之哲学思想、书法、绘画、文学与艺术的参与，中国古代与近代艺术家具如此，中国当代艺术家具亦是如此。无论是哲学、书法与绘画，还是文学与艺术，均是主观群体在"乐观"与"不乐观"之情况下寄语内心所想的一种方式，该种方式既可为"赞美"之音，亦可是"浪漫"之情，还可是"感伤"与"批判"之声。装饰作为一种形式，既需点、线、面等元素的构成，又需"赞美""浪漫""感伤""批判"等情愫的"活化"，这便需要书法、绘画与哲学思想、文学的共同参与，如主观群体欲想表达"浪漫主义式"的"解放"，那么其装饰在内容上可借鉴"屈骚传统式""楚辞式"或者"山海经式"的"幻想"，以其作为"狂放之意绪"与"不羁之想象"（即解放）的载体；在"笔法"（对于髹饰类）或"刀法"方面可吸收"吴带当风"式（吴带当风采用"莼菜式"来处理人物衣褶处的线条，与"曹衣出水"式截然有别，"莼菜式"利用线条之粗细的变化，赋予人物以无限的飘逸之感），以其作为实现"浪漫主义倾向"的外在表现；在哲学思想上，既可融合"陶潜式"之"超然世外与平淡冲和"的"玄学"之味，还可注入"李贽式"的"浪漫主义倾向"（其将"市民文学"融入"心学"之中，"童心说"即为两者结合的产物），其可谓是赋予装饰以"境"（"六要"中的"思"与"境"密不可分）的关键之所在。可见，中国艺术家具中的装饰（即"六要"之"文"）并非只是为了"形式"而"形式"的"形式"，而是主观群体传达"合目的性"与"合规律性"之思想与情感的"人格化"之"形式"。

在"六要"中，除了"气""韵""思""文"之外，还有"技"与"具"的存在，作为一种"有意味之形式"的装饰，除了哲学思想、书法、绘画、文学与艺术等的参与，还离不开技法与工具的支持。对于技法而言，其作为实现"形式"或"文"之基础，影响着"气""韵""思"的流露与表达。中国艺术家具中的技法是具有"手工艺""手工精神"或"匠人精神"的一种成"文"方式，其与以"手工劳动"或"批量化"为终极目标的成"文"之法不可同日而语，笔者以剔红、堆红、剔彩与堆彩为例予以说明，"堆红"与"堆彩"是以非"逐层涂漆"之法来效仿"剔红"与"剔彩"的技法，但前者无须逐层涂漆，只需在"冻子"上以模板翻印图案之法以达剔红与剔彩之效，方法虽有所简化，但却难以寻找那份通过"运刀"与"压花"所成的"藏锋清楚，隐起圆滑，纤细精致"的书法之"气"与绘画之"韵"，技法的重要性不言自显；对于工具而言，其是成就技法的重要之物，无论是递承还是创新，均离不开工具的参与。对于中国艺术家具而言，工具是实现"手工艺""手工艺精神"或"匠人精神"的重要客观存在，无论是《考工记》中之"工有巧"，还是《荀子·强国篇》中之"工冶巧"，均离不开"工具"的配合与成就。以髹饰工艺中的"描绘"为例，其作为中国漆家具的装饰工艺之一，描绘与填嵌、堆起、雕镂以及戗划不同，其成文之工具主要是"笔"，无论是铿锵有力、粗细一致之线，还是飘逸隽秀、粗细有别之线，均以"笔"成之，故笔之优劣直接影响着"气""韵""思"的传达与写照，如细钩笔（等同于绘画中的"勾筋笔"）、游丝笔（较"细钩笔"还细，相当于绘画中的"红毛笔"）、打界笔（又称"打线笔"）、排头笔（相当于绘画中的"排笔"）等，虽同属"描饰"所用之物，但各司其职，有的是"勾勒"（意指"细钩笔"）之用，有的是画"直线"（指"打界笔"）之用，还有的针对面积较大者之用（指"排头笔"），可见，若无得心应手之笔的配合，纹饰中之"气""韵""思""文""技"恐难恰当绽放。

（2）"六要"与递承

任何具有影响力的文化，均为有根者，对于中国艺术家具而言，亦不例外，"根"具有两面性，一面是"递承"，另一面则是"创新"。装饰作为中国艺术家具的一部分，其通过具象与抽象的美诉说着中国文化的内涵，彰显着中国文化的精神，故对于装饰而言，递承并非是照搬古人之作，而是顿悟前人之心。

在中国艺术家具之中，欲想为"文"赋予"六要"中"气""韵""思"，领会古人借"物"抒"情"的真谛之所在方为递承之本。线作为古代艺术之元素，是古人释放意绪的基础，装饰作为艺术之一，亦不例外，无论是"具象之线"，还是"抽象之线"，均是主观群体在"理性"的社会下，释放"感性"的载体，同为金文，但殷代与周代却迥然有异（殷代之金文"直线多"而"圆角少"，首尾常露"尖锐"与"锋芒"之势，周代则"讲究章法""笔势圆润""风格分化""各派齐出"，字体有"圆"有"长"，刻划亦有"轻"有"重"），同为山水之作，北宋、南宋与元代亦不尽相同（北宋与南宋之山水是"师造化"之产物，而元之山水则是"法心源"之结果，前者崇尚"格物致知"，体现的是一种"无我之境"，而后者则是一种在逆境中的"解放"，常以简率的画面，诸如几棵小树、一个茅亭、远抹平山与半枝风竹等，凸显内心的"空幻"之感，所求的是一种"有我之境"），可见，"线"已在"思"中被赋予了"人格化"。

综上可知，"六要"中"递承"的关键在于如何在"理性"与"感性"、"合目的性"与"合规律性"以及"有意味的形式"中表达"线"（既包括"具象之线"，也包括"抽象之线"）以及线所成的"形"（包括形状与形态）之美。

（3）"六要"与创新

装饰中的"六要"原则不仅具有递承性，还包括创新性，递承在于精神之延续，而创新在于跨界之突破。若从宏观方面分，跨界有基于"客观层面"之跨界与基于"精神层面"之跨界，前者诸如技法（即借鉴并引入其他领域之艺术形式，如在漆器领域引入诸如"针刻"与"嵌错"等青铜器之技法）、材料（指异材结合）、形制（将其他艺术领域之造型融入家具设计之中）、纹饰（如在漆家具中引入金银器之纹饰，诸如剔犀之"如意纹"，便是例证之一）与工具等，其中的"技法""工具""纹饰"即为"六要"中的"具""技""文"。

除了基于"客观之层面"的跨界，还有基于"精神之层面"的跨界之具，即将"书法""绘画""文学"之精髓融入中国艺术家具的设计中。对于书法而言，其讲究结体自如、纵横有度、曲直适宜与布局完满。线之刚直、有力、优美与婉转等特性尽显于此，如若能将之转化为"结构性之线"（意指中国艺术家具中具有力学支撑作用的"线性"结构部件）与"装饰性之线"（意指中国艺术家具之中非力学支撑性的"线性"组织，如线脚、纹饰之线条等），可谓是中国艺术家具实现"精神层面""跨界"的必要之举；对于绘画而言，其对中国艺术家具装饰的影响甚大，以"家具用材"代替绢、宣纸等载体，将绘画融入中国艺术家具设计之中，亦可视为精神层面之跨界。绘画可通过两种方式融入中国艺术家具设计之中，一为融入家具之"内"，即成为家具之一部分，如竹刻中的"留青"（"留青"有"多留""少留""全留"之别）、髹饰中的"款彩"（款彩以"阴刻文图，如打本之印版，而陷众色"之特点，其诞生与明代"版画"关系甚大）、雍正之斗彩（"斗彩"以"明之成化"与"清之雍正"为佳的原因在于绘画对其的影响）以及"掐丝珐琅"中之"青绿山水"（古之掐丝珐琅以"色艳"为胜，故明人认为，其只能"供妇人闺阁中之用"，而无法成为"士大夫文房清玩"之列。而今则与昔日截然不同，匠师们将"青山绿水"融入当代艺术家具的设计之中，使得掐丝珐琅以"淡雅"取代了"俗丽"）等。二为位于家具之"外"者，此处之"外"，并非与家具无关之"外"，而是隶属于家具整体的"外"，如"软饰"与"绘画"的结合，即为跨界于"外"的案例之一。对于文学而言，其亦可如书法与绘画般，实现中国艺术家具在"思想层面"之跨界。跨界形式依然有二。一为具象内容的融入，如以小说或戏曲中的情节为装饰所用，该种跨界并非只是为了跨界而跨界，其承载着革新派（此处指"革新派"与西方之"先锋派"截然不同，其是一种"理性与感性""合规律性与合目的性"相结合下的革新）之心声，如明之"小说"与"戏曲"中插图的融入，便是"童心说"（"童心说"是明代浪漫主义倾向的哲学流派，即"心学"与"市民文艺"相结合的产物）的真实写照与传达；二为抽象情感的融入，如楚辞、汉赋、六朝之骈体诗、唐诗、宋词与元曲等，均对工艺美学起着引领性影响。以楚辞为例，其对于汉之影响并非只在于个人之情感的寄语，而是所在时代之哲学思想的倾向，"谶纬神学"与"天人感应"便是见证。

综上可见，"六要"中的"创新"在于"跨界"，无论是书法还是绘画，抑或是文学，均可通过两种方式融入家具设计之中，即"具象式"（形式与内容的借鉴）的融入与"抽象式"（思想与精神的引导）的影响。

(4)"六要"与工艺观

装饰中之"六要"与中国艺术家具"工艺观"形影相随，中国艺术家具的工艺观既有"工"之成分，亦有"美"之存在，"工"作为"制造过程"的缩影，离不开"技法"与"工具"等客观存在，而"美"作为"设计过程"的化身，无法抛开"哲学思想""书法""绘画""文学""艺术"等的感染而独存。对于中国艺术家具的装饰而言，其作为"工艺观"的践行者之一，自然不会背离初心，使"工"与"美"渐行渐远，"六要"作为中国艺术家具的装饰原则，定然与"工艺观"一脉相承。

"气""韵""思"属与"美"相关之因素，对于美的理解，中西方各持不同观点，西方倾向"形式之美"的表达，而中国则提倡"形式与内容之结合"，即"有意味之形式"的追求，其中的"内容"或"意味"即为"美"之沉淀。美中既含"共性""共相""社会"的因素，也不排除"个性""殊相""个体"的因素，无论是前者之"美"还是后者之"美"，均离不开哲学思想、书法、绘画、文学与艺术等之承载，因为其记录着不同时代的主观群体在"理性"与"合规律性"（即"美"中"共性""共相""社会"的因素）下之"感性"与"合目的性"的轨迹（即"美"中之"个性""殊相""个人"之因素），而上述这些内容便是赋予"气""韵""思"（"气"与"韵"是以形传神的关键，而"思"则是通过"思辨"达到"境"之程度的核心）的关键。

"技"与"具"则是与"工"密不可分的因素，"工"即"制造过程"，是门类有别的"技艺"（"技艺"中之"艺"指的是"门类"，如青铜器、陶瓷、丝绸、漆器、金银器、玉器、木器等，其与儒家"六艺"之"艺"有异曲同工之妙）中的主观群体，以不同"技法"（即实现不同门类之"艺"的方法，如青铜之中的"焚失法""铸造""失蜡法""嵌错""模印制范"等；玉器中之"碾琢"与"巧色"；漆器中之"描饰""阳识""填嵌""雕镂""堆起""戗划""斒斓""纹间"与"复饰"等等）来诠释所擅之"技能"（主观群体在"工"之过程中体现差异化的根本所在，如晋戴奎式之"夹纻像"、曹仲达式之"铁线描"、吴道子式之"莼菜描"、张成与杨茂之漆雕、江千里之嵌螺钿、三朱、濮澄、张宗略之竹刻、杨勋之"彩油错泥金"以及卢奎生之"嵌百宝"等，均属技能之范畴）的过程，可见，无论是何种层面之"工"，均离不开"技"之参与。不管是"技艺"还是"技法"，抑或是"技能"，都无法抛开工具而独存，因为工具是承载"技法""技能"，彰显"气""韵"与"思"的重要之物，所以，中国艺术家具不仅是一部文化史、哲学史、美学史与材料史，还是一部工具史。

综上可知，"六要"作为中国艺术家具的装饰原则，不仅与"美"形影不离，还与"工"如同手足，而"工"与"美"正是中国艺术家具"工艺观"的精髓，故"六要"与中国艺术家具的"工艺观"一脉相承。

3）装饰之分类

任何事物均有不同视角，装饰作为其中之一，自然不会特立独行，正如中国艺术家具的分类一般，既可从时间与空间上、使用功能上以及材料上，还可从结构、使用对象与其他方面予以分类，中国艺术家具如此，作为其子部分的装饰亦是如此，笔者将从两方面对其进行分类，一是从哲学思想方面，二是从形式方面，前者包括"师造化"与"法心源"，后者包括"有纹之饰"与"无纹之饰"。

（1）哲学思想方面

中西方对装饰的态度有明显的差异。其既不是西方贵族式的炫耀，亦有别于后现代主义式的情绪式添加（后现代主义借装饰来嘲讽与反对现代主义的冰冷），中国艺术家具的装饰是文化沉积之产物，而非即兴之作，中国的文化与哲学密不可分，装饰作为其中之一，自然不会例外。笔者认为，在哲学层面上，装饰存在两种形式，一是"师造化"，二是"法心源"。

"外师造化，中得心源"是唐代画家张璪所提的艺术创作理论（《历代名画记》中记载："初，毕庶子宏擅名于代，一见惊叹之，异其唯用秃毫，或以手摸娟素，因问璪所受。璪曰：'外师造化，中得心源。'毕宏于是阁笔"），即艺术创作既需遵循自然之规律，还需表露内心之情感，前者是对"理性"与"合规律性"的承认，而后者则是自我之"感性"与个体之"合目的性"的传达。

对于哲学而言，其并非只包括倡导"美教化、厚人伦、惩恶扬善"与"格物致知"的"儒学"与"理学"，还有"向往出世"、"倾向浪漫"、"遵从内心"与"渴望解放"之道家、玄学、谶纬神学、禅宗与心学等等，前者隶属哲学中"理性"与"合规律性"的范畴，具有"共相性"与"社会性"的特点，而后者则是"感性"与"合目的性"的概括与总结，故"殊相性"与"个体性"是其独有的特点。

中国"艺术家具"之所以与"纯艺术"范畴中"艺术家具"迥然有别，其原因便在于此，其是在"理性与感性""合规律性与合目的性"的统一中将"浪漫主义""感伤之情""批判之意"弥散在主流思想之中，装饰作为中国艺术家具的一部分，自然也应与之同为连理。

① 师造化

装饰在哲学层面"师造化"的表现为遵循时代主流的哲学思想，如论主流之哲学思想，莫过于儒、道两家，虽然一个倡导"入世"，一个向往"出世"，但两者并非势不两立，而是"矛盾"中的"互补者"。

装饰作为既对立又互补的哲学思想代表，以"有形之象"或者"无形之象"承载着"两家"在中国艺术家具上的表达。在中国艺术家具的装饰中，"师造化"的表现有两点，一为内容，二为审美原则。在内容方面，其是主观群体以"具象"描绘心中之感的表现，之于儒家而言，其将"自然崇拜""图腾信仰"与充满诡异的"祭祀文化"（"自然崇拜"与"图腾信仰"是上古时代人们对心中所想与所依的表现，而充满诡异的"祭祀文化"是商代人心中之"信仰"与"秩序"的写照）的巫术礼仪提升至"理论层面"，并在君君、臣臣、父父、子子的秩序中满足"官能"与"情感"的"正常抒发"，故在中国艺术家具中，常有忠诚孝子、圣贤高士、义士烈女、圣君贤相等充满人伦、教化与惩恶扬善色彩的内容。之于道家而言，其作为主观群体与外界对象的链接，充满了"超功利"的色彩，为中国艺术家具的纹饰增添了不尽的浪漫主义倾向，如云气纹、云簇纹、灵禽瑞兽与上古神话等，均可视为道家在内容方面的表现；在审美原则方面，儒家在"中"与"和"中演绎着"同一"与"理性"，是实现"共性"与"共相"的根本所在，在纹饰中的表现则为对称、均衡、一致、反复、统一等。道家作为儒家的"互补者"，在"超功利"层面上诠释着"多样"与"差异"，是凸显"个性"与"殊相"的必要之径。中国艺术家具的纹饰作为"有意味之形式"的代表，自然离不开这充满"意味"的"审美原则"，道家在审美原则上与儒家有别，其是在粗细、疏密、交叉、错综、变化等中实现与儒家的"对立"和"互补"。

　　综上可知，师造化并非源于绝对理性，亦非出自绝对感性，其是"互补式"的，即在"理性"中抒发"感性"，在"合规律性"中流露"合目的性"。

　　② 法心源

　　"法心源"与"师造化"亦如"道家"与"儒家"一般，既"互补"又"对立"，故其既可通过"个性""个体""殊相"来实现"同一"中的"多样化"，还可借"共性""社会""共相"来抒发内心的颂扬、浪漫、感伤与批判之情，前者也好，后者也罢，均非绝对的"对立式"的抒发与表达，而是"互补式"的相互映衬，即在"理性"与"合规律性"的基础上表露个体"感性"与"合目的性"的寄语。

　　装饰中的"法心源"是主观群体对"所在时代"或"前朝"某种"主流思想"的"反思"，该种反思既可通过"直接""内容"表述，亦可利用"间接""意境"传达。对于中国艺术家具的装饰而言，反思意味着"新"之到来，故无论是古时之艺术家具，还是近代之艺术家具，抑或当代之艺术家具，均有代表"法心源""反思"的参与。如古代艺术家具中魏晋南北朝的"莲花与卷草"（魏晋南北朝与汉代有别，其摒弃了"谶纬神学式"思想，而将兴趣爱好投向"现实世界"，"莲花"与"卷草"便是其中的代表。莲花与佛教密不可分，以之作为艺术家具的装饰，并非是"无意味之形式"，而是借"物"以映射"陶潜式"或"阮籍式"之"士"的生活方式）、元代的山水之饰（元代之山水与北宋、南宋均有不同，其是"游牧民族统治"下"知识分子"寄语"空幻式""伤感"的表达，故画面虽简，但其"意味"无穷）与明代的"版画式"装饰（该种形式是"心学"与"市民文学""百姓日用即器"思想相结合的产物，其可谓是对"格物致知"理学的反思与发展）等，均是古人之"法心源"的写照。再如近代"线""块""面"相融式的中国艺术家具装饰（近代中国艺术家具是文化大碰撞的写照，其最具代表性的当属"海派家具"，在海派家具中，既有"西样中作"的"洋庄"家具，还有以"西方元素为点缀"的"本庄"家具，前者也好，后者也罢，其装饰形式均与古代艺术家具略有分别，即在"线"的基础上，融入了"面"与"块"的表达）中的果子花、几何纹饰与角隅纹饰等，均蕴含着对传统的"反思"。又如当代之"后现代主义式"的中国艺术家具装饰，其亦充满着对"中国设计之回归"的反思。对于中国当代艺术家具而言，其并非全部隶属于一个系统，有"传统家具"行业与"现代家具"行业之别，前者在中国设计回归之中隶属"经典派"的再造者，其以不同的技法诠释着家具之"文"，诸如髹饰、雕刻与镶嵌等，而后者则是"先锋派"的探索者，其以自身之所长（以"西方"之"现代设计理论"诠释中国家具的设计，是现代家具行业与传统家具行业之间最大的差别）重释着中西文化的邂逅，诸如以立体主义、表现主义等手法将平面纹饰"立体化"（诸如），以达"形式美"之目的（此形式美有别于中国"有意味的形式"，其是西方审美中"形式美法则"的产物），无论是前者还是后者，均以自己的方式彰显着"反思"之"心"。

综上可知，中国艺术家具在装饰方面的"法心源"，并非是对于"主流""思想"或者"审美"的"追随"，而是其"互补"，即"共性"中见"个性"、"社会"中见"个体"、"共相"中见"殊相"，故"法心源"不仅是递承文化"精神"的核心，还是实现"创新"之根本。

（2）在形式上

装饰除了可从哲学思想方面予以分类，还可从形式方面进行划分，即"有纹之饰"与"无纹之饰"，前者既包括"直接人为"而成的"具象式"（侧重"写实"）与"抽象式"（重在"写意"）之饰，还不排除"与生俱来"（意指材料本身之纹）与"间接人为"（意指主观群体未"直接"参与成纹过程，而是对成纹的"外界条件"实施了干涉与调节，如瓷中之窑变，便是案例之一）所成之纹；后者与前者不同，家具上既无"人工所为"之饰，也无"材料生来"之纹，而是以"无纹"见长，如瓷器中的"一色之物"、铜器中的"黄涂之品"、玉器中的"纯色之象"与髹饰中的"质色之器"等，均是"无纹之饰"存在的见证。

①"有纹"之饰

"有纹"之饰包括两类，一为"直接人为"之饰，二为"间接人为"之饰。在中国艺术家具中，前者包括"具象式"纹饰（图4-35）、"抽象式"图案以及"材料自身"的肌理，后者则是"生来无纹"者与"人为遮盖"者的总称。就"有纹之饰"中的"具象式"之纹而言，其所描述的内容存有"可辨之性"，在中国艺术家具中，"具象之饰"包罗甚广，如动物、植物、人物、传说、历史故事等以及博古纹饰、几何纹饰、文字之饰、佛教纹饰、道家纹饰、吉祥纹饰，均属"具象之饰"子成员。

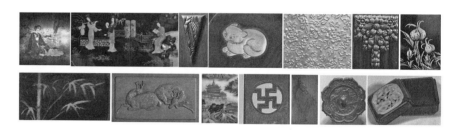

图4-35　具象纹饰

就"有纹之饰"中"抽象纹饰"而言，其与西方所释之抽象并不一样，中国的"抽象"侧重于"写意"的表达与表露（写意在于将"气"与"韵"内藏于"笔""墨"之间，寄"思"于"景"物之中，是以客观之物承载主观之情，而不是以模糊不清、无法辨认之形来标榜自我之另类），如陶瓷中之"绞胎"、彩绘中之"云气纹"、填嵌中之"犀皮"、"纹紴"中之"刻丝花"、"绮纹"与"刷丝"、戗金中之"宋元式戗金"与"竹刻式戗金"以及以"山水画花鸟"为题材的"法心源式"的纹饰等，均属"写意"之范畴（图4-36）。

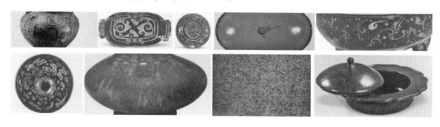

图4-36　抽象纹饰

对于"材料自身"之肌理而言，其可谓是"有纹之饰"的"本质"之美（图4-37），以材料本身所具之纹为饰，并非易事，不仅要考虑"接缝处""纹理"的"过渡"（过渡需自然，不能破坏木纹的自然之感），还需依照"纹理"所具之"性质"成就部件（如就"宽"而"面"、依"弯"挖"弧"、顺"直"而"腿"与就"缺"而"巧"等），如玉器中之"巧色"、青铜中之"素面"、竹器中之"斑竹"以及木器中之"纯素"等，均属"本质之美"的具象写照。

图4-37 本色纹饰

除了上述"具象式"之纹饰（写实式）、"抽象式"（写意式）之图案以及"材料自身"之纹饰之外，还有"间接人为"所成之饰，其与前几者不同，在成纹的过程中，主观群体并未亲手参与，而是对外界因素加以控制（诸如温度），以达到宛若天成之感，如陶瓷中之"哥釉""钧釉""窑变釉"等，均属此类范畴。

综上可知，中国艺术家具的纹饰有来源于"自身者"（即"材料自身"所具之纹理），亦有发起于"外界者"（即通过"人为所成"的"写实式"与"写意式"之纹饰与图案）。纹饰作为"有意味的形式"，其并非一成不变，而是处于"变"势之中，因为无论是处于"主导之位"的"主流思想"（其是"理性"与"合规律性"的代言），还是处于"互补之位"的"个性思想"（其是"感性"与"理性"、"合目的性"与"合规律性"相统一，即"个性"中显"共性"、"殊相"中有"共相"、"个体"中存"社会"），均呈"动"之态，纹饰作为上述思想的彰显者，必然随"势"而变。

②"无纹"之饰

装饰在形式上，除了"有纹之饰"，还有"无纹之饰"的存在（图4-38），"无纹之饰"包括两者，即"生来无纹"者与"人为盖纹"者。对于前者而言，其与"有纹之饰"中的"生来有纹"者一样，同属"本质之美"，此种材质古今皆有，诸如玉、碳钢、不锈钢等，均属此类；之于后者而言，其借助主观群体之力，将材质本身之色或肌理予以掩盖，此种做法，虽为人为，却别有一番韵味，如瓷器中"一色"者、髹饰中"质色"者以及鎏金中"黄涂"者等，均各有特色，各显其美。

图 4-38　无纹之饰

"天生无纹"者也好，"人为盖纹"者也罢，其特点均为"无纹"，对于"无纹之饰"而言，既没有"人为之饰"（包括"直接人为"与"间接人为"）的养益，又没有"自身之肌理"的衬托，故若想取得"静中有动""直中有曲""统一中有变化""共性中有个性"之效果，需对器物之整体（即"型"，意指造型）与局部（即器之组成者）有所作为，对于"型"而言，在"无纹之饰"的器物中，其既为家具之骨架，亦为家具之装饰，故对之的把握，尤为重要；对于"局部"而言，其与"型"一样，均需靠自身变化来营造"个性"之感，其变化既可以"线"成之（包括"结构性之线"与"装饰性之线"，前者是具有"支撑作用"的线性结构，其隶属于器物结构的一部分，诸如搭脑、鹅脖、腿足等，后者则是"非支撑性"之线的总称，其在器物中只具装饰之用，如线脚中之"线"），亦可用"面"来实现。对于前者（即"线"）而言，其既可通过"结构性之线"的曲、直、疏、密、粗、细、长与短等来营造"变"与"动"之势，还可利用"装饰性之线"（即线脚中之线）的"阴"（阴线）与"阳"（阳线）来缓解"沉闷"之气；对于后者（即"面"）而言，其也可通过两种方式实现"变化"之意，一为以"变断面"之法来打破单调之感，二为通过"线脚"（指线脚中之"面"，如平面、凸面与洼面）之"变"来达到"灵动"之目的。

总之，"无纹之饰"作为中国艺术家具中的装饰，其与"有纹之饰"一样，均是文化的承载之物，诉说着不同时代的哲学思想与审美倾向。

4.3.2　装饰技法

中国当代艺术家具的设计既含有艺术因素，又不排除技艺之支撑，即设计＝艺术＋技艺，装饰亦属于设计之范畴，故也是艺术和技艺的综合体，艺术的呈现来源于外部装饰，而技艺的彰显则出自内部技法，纹饰是否精致、线条是否流畅与彩绘是否灵动，均在于技法实施。

装饰不仅承载着中国文化，而且也包含着人们对空间的认识与探索，装饰有两种，即平面型与非平面型，前者是人们认识二维的手法，而后者则是在三维的空间中认识本国文化的博大精深。古人也好，今人也罢，只要涉及装饰，均离不开这两种装饰形式，彩陶上的彩绘，青铜器上的失蜡法、错金银、嵌红铜、鎏金、针刻与彩绘等，漆器上的描金、彩绘、镶嵌、漆雕等，瓷器上的刻花、划花、印花、斗彩、五彩、粉彩与珐琅彩等，皆是平面装饰与非平面装饰的理解与诠释，而成就这些装饰的功臣，便是其后的技法。将上述之技法加以综合可知，无论是何种器物之上的装饰，均离不开雕刻、镶嵌与髹饰等技法。

中国当代艺术家具作为中国文化在当代的延续，自然亦是如此，其主要的装饰技法仍以镶嵌、雕刻与髹饰等为主。自从祖先们开始设计纹饰，便离不开这三种技法的配合，无论是建筑之上的雕梁画栋，还是青铜器之上的纹饰图案，抑或是木质家具之上的装饰元素，均是上述技法作用的结果。

1）镶嵌

镶嵌实则包括两层含义，即"镶"与"嵌"，"镶"指的是包镶，"嵌"为填嵌。包镶是将小片木材或其他物料拼接成设计者所需之图案，作为家具的贴面，如清中期的紫檀包镶条桌。

填嵌与包镶大为不同，它是根据纹饰的形状，在家具表面挖槽剔沟，使其与预先设计好的图案相符，然后把需要填充的物料纳入其内。填嵌的材料有所不同，故有嵌木、嵌瓷、嵌玉、嵌石、嵌螺钿、嵌金属、嵌百宝、嵌金银丝、嵌玳瑁、嵌珐琅等之别。

为了突出不同的艺术效果，匠师们将填嵌分为高嵌、平嵌与高平嵌，高嵌犹如雕刻中的高浮雕，三维的视觉效果较平嵌强；而平嵌与高平混合嵌则与浅浮雕形式有异曲同工之妙。

（1）嵌木

嵌木是家具设计装饰的途径之一，家具通体为同一颜色，不免有些单调与乏味，故匠师们为了增强视觉上的跳跃感，用与家具主体颜色反差较大的木材与之配合使用，在视觉上，给人一种对比的效果。如紫檀、酸枝、乌木等木材的色泽较为深沉，故匠师们会用浅色木材与之搭配使用，如黄杨木、黄花梨等（图4-39）。

（2）嵌瓷

与嵌木的做法一致，只是所嵌入的材料有所异同。陶瓷作为中国文化之一，不仅辉煌着本土，也影响着西方，曾经，无论是西方之皇帝，还是贵族，抑或是作家，均以拥有中国瓷器而自豪，如伊丽莎白一世

a、b 嵌黄杨   c 嵌黄花梨

图 4-39 嵌木图例

（1533—1603）之"蓝丝绸卧房"，便是以青花瓷为灵感来源，将其上的白与青转嫁于墙壁之上，唐之南青北白、宋之五大名窑、唐三彩、青花、粉彩（软彩）、五彩（硬彩）、斗彩等，均是中国璀璨文化的见证。而后，将瓷与家具结缘，既有创新之成分，又有继承之影子，嵌瓷常出现在屏风的屏心、椅子的靠背处、坐面、桌面等部位，除此之外，在当代艺术家具设计中，还有镶嵌瓷片这一做法（图 4-40）。

图 4-40 嵌瓷图例

（3）嵌石

无论是古人还是今人，均对石有着特殊的情感和寄托，早在新石器之时，人们就懂得用石中之美者（如绿松石）作为坠饰，以装点自己（图 4-41）。石作为自然之物，深得文人的喜爱，如有"石痴"之称的米芾，喜欢供养"怪石"的苏轼，均是宋代"赏石文化"之见证。另外，到了明代，文人们将"石""木"均冠以"文"字，称之为"文木""文石"。将木、石等材料嵌入家具之上，用以点缀，既将木材的质朴加以展现，又有种返璞归真的自然气息。如所嵌之石属于名贵、稀有的品类，那么此种镶嵌当属"嵌百宝"的一种。

（4）嵌玉

在中国的古时，玉石具有极为重要的地位，人们认为玉石具有高尚、坚贞的品质，故常以之比拟君子之德，如在《说文解字》中记载："玉，石之美者，有五德。润泽以温，仁之方也；鳃理自外，可以知中，义之方也；其声舒扬，专以远闻，智之方也；不桡而折，勇之方也；锐廉而不忮，洁之方者。"再如《礼记》中提及："君子无故，玉不去身。君子于玉比德焉。"可见，匠师与文人将玉作为家具上的镶嵌之物，绝

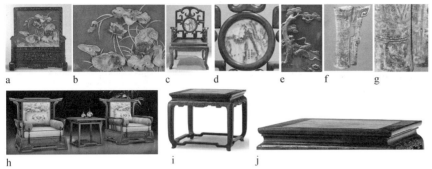

a、b 清祁阳石浮雕荷花纹插屏；c、d 大理石镶嵌1；e 木料镶嵌；f、g 绿松石镶嵌；h 大理石镶嵌2；i、j 嵌云石

图 4-41 嵌石图例

非偶然，如座椅靠背的扶手与腿足的牙板上、桌案几类的束腰上、大型柜箱及衣架类家具的柜门或枨子上、匣类等小型家具的盖板或里面上等（图 4-42）。

图 4-42 嵌玉图例

（5）嵌百宝

百宝是一类珍贵材料的总称，如玉石、珍珠、象牙、玳瑁、黄金、水晶、犀角、珊瑚、翡翠、玛瑙、珍贵木材及瓷片等。嵌百宝作为青铜器、漆器、玉器（玉器之上采用嵌宝工艺，与阿拉伯之痕都斯坦风格关系甚大）与家具等物之上的装饰，可构成各式图案（图 4-43），如人物、风景、花草、动物、植物、几何纹饰等，光鲜亮丽的百宝嵌入木材中，别有一番风味。

图 4-43 嵌百宝图例

（6）嵌螺钿

螺钿镶嵌即为贝壳镶嵌（表 4-1），常见的贝类材料有夜光贝、海贝、砗磲等。在进行镶嵌之前，首先需将贝壳加以煅烧，剥离出色彩鲜

艳、光泽度佳的内层，经过切割、打磨处理后，拼贴成各种图案纹饰，如卷草、花鸟、动物、人物、文字、风景等纹饰。另外，螺钿镶嵌有厚、薄之分，薄螺钿不仅纹饰精细，还可呈现出绚丽之色，故有"七彩螺钿"之称。提及薄螺钿，明末巨匠江千里不可不提，其螺钿嵌"工精如发"，可谓纤细惊人。

表 4-1 嵌螺钿汇总表

商代	花土中散落的蚌壳与小蚌泡即为商代嵌螺钿的见证（花土即墓中之物印泥土上的痕迹，虽然原物已不复存在，但花土的现世可令人感知曾经的痕迹）
西周	嵌蚌壳豆（据《浚县辛村古残墓之清理》中记载："其他几何形纹饰有方形、长方形、矩形、三角形、圆锥形、剑形等多种，皆涂朱。有数枚镶一圆盒边缘上，盒痕犹存。其由弧形、矩形组成之螺钿，墓残一段。傍着猸彝之省纹。惜两端皆为盗者截断，不能见其全形。然得此小段，则数百散乱何形蚌饰，皆知为螺钿，弥足可珍"）
魏晋南北朝	虽无实物存世，但依然可通过文献记载感知嵌螺钿的存在，如在嵇康的《琴赋》（"错以犀象，籍以翠绿，嵌蚌具体"）与《邺中记》中均有所体现
唐代	
五代	
元代	
明代	

| 清代 | 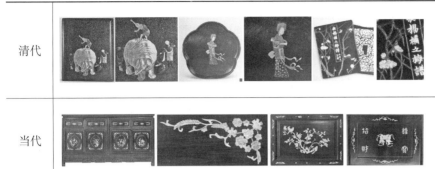 |
| 当代 | 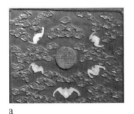 |

（7）嵌象牙

将象牙切削、打磨、雕刻成所需的形状，然后嵌入木材之中（图 4-44）。嵌象牙有非染色和染色之分，前者洁白光亮，与木材形成鲜明的对比，后者色彩绚丽，华丽之色脱颖而出。

a 红木金漆嵌象牙屏风（清）；b 插屏屏心之局部（清中期）；c 紫檀染牙插屏式座屏（清）

图 4-44 嵌象牙图例

（8）骨木镶嵌

骨木镶嵌是宁式家具中典型的装饰技法，为"嵌骨"中的一种，即采用象牙、牛骨、木片等原料，以"高嵌"（类似"高浮雕"与"中浮雕"）、平嵌（类似"浅浮雕"）以及"高平混合"嵌的技法将上述材料加工成预先设计好的纹饰嵌入家具中（图 4-45）。

图 4-45 骨木镶嵌图例

（9）嵌金银丝

金银丝镶嵌是硬木上的一种装饰技法，其虽诞生于明代，但历史可谓悠久至极，从青铜器之上的"错金银"（图 4-46），到汉代的"金银箔贴花"（又名"金箔"图 4-47）再到唐代的"金银平脱漆器"（图 4-48），均是促进"金银丝"镶嵌技术得以成熟的关键（图 4-49）。由于"金银丝"镶嵌的依附性较强（其必须以成型的工艺品为母体），故在明清之时，其常被施以小件工艺品之上作为装饰，随着时间的推移，金银丝镶嵌逐渐突破了原有的局限性，被匠师们将其融入大件的家具设计之中。不仅如此，金银丝在镶嵌技法方面亦有所创新，即在传统"实嵌"法的基础上，又衍生出"点嵌法""虚嵌法""密嵌法""珠嵌法"等。

a 铜戈（战国）；

b、c 紫檀错金银长方内洼香盒（明）；

d、e 紫檀错金银嵌玉小香盒（清）；

f、g 错金银香炉（清）

图 4-46　错金银图例

a 金箔（汉）　　　　b 金箔细部（汉）　　　　c 西汉当卢

图 4-47　金箔贴花图例

a 至 c 金银平脱漆器葵花镜及细部（唐）

图 4-48　金银平脱及细部图例

图 4-49　嵌金银丝图例

（10）嵌铜

此工艺始于春秋中期，流行于战国时期，嵌红铜与错金银的工艺极为相似，即先用尖锐的铁工具在器物表面刻划图案纹饰，再将铜嵌入其中，最后用错石之类的磨具进行打磨，使之不易脱落且光亮美观。铜有"片"与"丝"之分（图4-50），故所嵌之物既可为铜片，亦可为铜丝，前者如北京故宫博物院所藏之清制黑漆长方箱，便是嵌铜片之案例（箱面上的人物与树石均以雕镂好的铜片所嵌），后者如清初卷草纹嵌螺钿黑漆奁，即为嵌铜丝的案例（纹饰中的缠枝就是用"双根拧纹的细铜丝"嵌成）。铜与金银器一样，既可在其上进行錾凿，又可对其施以刻划工艺，使之在形式上走向多样化之路，如能将身兼技术与艺术双重之特点的铜片或铜丝再次融入中国当代艺术家具之中，可谓是中国文化踵事增华、古为今用的最佳表达。

a、b 嵌红铜狩猎纹青铜壶（战国）　　　c、d 清嵌铜黑漆箱局部

图4-50　嵌铜图例

（11）嵌珐琅

嵌珐琅包括嵌掐丝珐琅、錾刻珐琅与画珐琅。掐丝珐琅（提及掐丝，其历史可追溯至战国时期，掐丝原为金银器的装饰技法之一，最初被当时的匈奴人熟练运用，至汉代，掐丝成为中原和南方的常见技艺，其将金银箔片剪成长条，而后将其搓制成丝，完毕之后，再将所成之丝按照设计的形状附着于器物表面之上）本是阿拉伯等西方国家之传统工艺，于元代之时，被传入中国，至明代，则大量生产使用该工艺的作品，而后发展为中国艺术之列。

掐丝珐琅，又称"景泰蓝"，其工艺过程大致需历经制胎（以铜胎为主，也有少量金银胎的存在）、掐丝（用铜丝或金丝做出所需之花纹图案）、焊接（将花纹图案焊接于胎体之上）、点蓝（将珐琅彩填于花纹之内）、烧蓝（焙烧珐琅彩）、磨光与镀金（在铜丝上作描金处理）等七大步骤，方可完成，由于掐丝珐琅的色彩过于明艳，图案纹饰也较为繁密，故明人认为，其只能供"妇人闺阁中用，非士大夫文房清玩"。在中国当代艺术家具中，传统家具行业（如深发）已将水墨画嫁接入内，故为掐丝珐琅增添了一抹清淡之色（图4-51）。

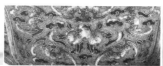

a、b 清乾隆时期掐丝珐琅花盆　　　　　　　c至e 当代之景泰蓝顶箱柜

图 4-51　掐丝珐琅图例

　　錾刻珐琅，是一种较为罕见的工艺，即在錾刻的花纹中，填充珐琅料。该工艺常与"透明珐琅"（又称"烧蓝"）并用（图 4-52），其亦为西方装饰技法，在清初之时进入中国。

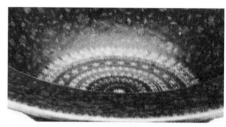

a、b 清錾刻透明珐琅面盆（北京故宫博物院）

图 4-52　錾刻珐琅图例

　　画珐琅与前两者均不相同，以铜胎或金胎为载体，在其上涂珐琅料作地，之后进行焙烧，焙烧后再用珐琅料绘制图案于胎体之上，最后再进行焙烧（图 4-53）。该装饰亦是"西风东渐"之结果，在清初之时，将此种技法引入中国艺术范畴之列。画珐琅历经康熙与雍正的实践，在乾隆时期，已然呈现极盛之状态，不仅如此，这外来之艺术，已附有浓郁的中国风。

a　　　　　　　b　　　　　　　c　　　　　　d

a清乾隆时期金胎画珐琅带扣；b清中期铜胎画珐琅挂屏；c清嵌画珐琅云龙纹多宝阁；d清中期挂屏

图 4-53　画珐琅图例

（12）嵌蛋壳

　　嵌蛋壳与"嵌螺钿"和"贴黄"的原理类似，其既可采用以"衬色""衬金""分截壳色"之法成就图案，又可用"本质之色"作为纹饰

与图案。"衬色"之法可视为一种综合技法，既先以"他法"成就图案（诸如描饰之法），而后再将处理后的蛋壳内膜嵌之于上，通过该法所成之纹，即为"衬色"（此法中之"嵌"，更接近于"镶"与"贴"）；"衬金"与"衬色"之法类似，只是蛋壳内膜下衬之物为"金"；"分截壳色"在"嵌螺钿"与"嵌蛋壳"中有所区别，对于"嵌螺钿"，"分截壳色"是利用"自身之色"赋予纹饰以设色之感，但对于"嵌蛋壳"，其需以"人为之色"来达到"设色"之目的；除了"衬色""衬金""分截壳色"之外，嵌蛋壳还可以"本质之色"来成就图案与纹饰，其虽不如前几者般多彩，但却又别有一番淡雅之气（图4-54）。

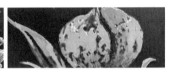

图4-54　嵌蛋壳图例

（13）嵌竹

竹与玉一般，已被人格化了，其中空外直、节节向上，是文人与清雅之士的所爱。竹子除了可以直接成器之外，还可以之为点缀（图4-55），作为"嵌"与"贴"之物。之于前者而言，其是将经过处理的竹材嵌于器表，如清乾隆时期紫檀嵌竹冰梅式凳与清梅花纹黑漆镶甸册页盒（盒面上之隔栏即为"斑竹"所成），即为"嵌"之案例；之于后者而言，其与前者略有所别，需以竹黄为料，将之贴于器物之表，如清之贴黄仿攒竹方笔筒，即为"贴"之案例。

（14）嵌刺绣

对于刺绣而言，其可谓是中国文化"东风西渐"的主力之作，其不仅记录着时代风格的变换，还描画着"地域特色"与"个人审美"的差异，刺绣的历史较为久远，可追溯至周代（俄罗斯的巴泽雷克古墓群里曾出土为数不少的中国丝绸，其中便包括刺绣），而后，历经不同朝代的发展，无论是在装饰方面，还是在技法方面，均是新品屡出。刺绣作为中国文化的承载者之一，不仅需要递承，亦需创新，故刺绣也如其他设计一般，常有"跨界"之举，如"绣"与"刻"（诸如"双面透刻"，便是受到雕刻之"透雕"启发后的产物）、"绣"与"绘"（即绣与画的结合，如宋之"刻丝"、清之"三蓝刻丝"与"水墨刻丝"等，均是"绣""绘"结合的产物）以及"绣"与"绘""刻"（其可谓是一种综合技法，即"刻绣绘"）的结合等。可见，刺绣之种类众多，刺绣参与家具设计，已不是新鲜之事，早在魏晋南北朝之时，就已存在，如西晋豪富石崇（据《世说新语·汰侈》中记载，西晋豪富石崇曾以五十里锦为

a   b   c

a清乾隆时期紫檀嵌竹冰梅纹梅花式凳（北京故宫博物院）；b梅花纹黑漆镴甸册页盒（《中国古代漆器》）；c清贴黄仿攒竹方笔筒（北京故宫博物院）

图 4-55 嵌竹图例

步障，与人斗富）用以斗富的"布障"（又名"软屏风"与"锦屏风"，图 4-56），便是例证之一。刺绣作为有异于家具的门类之一，将之引入家具领域（图 4-57），可谓是在"跨界"中实现"递承"与"创新"的可行之举。

图 4-56 明之步障（明清大漆髹饰家具鉴赏）

图 4-57 台屏与折屏图例

（15）嵌其他

中国艺术家具是与时俱进的，故所用的镶嵌之材亦呈多样之性，除了上述的十几种镶嵌之外，还有其他形式的存在，诸如软包、皮、毛等，均可成为镶嵌的材料之一。无论是软包还是皮、毛等，均属"软屉"之衍生，在古时，人们以竹、藤与草（如张胜温画卷中之"七祖神会大师"的竹椅，便是以"草"为软屉的案例）等为之，而今，人们又在原来的基础上增加了软包、皮与毛等。前者也好，后者也罢，均有两种形式的镶嵌，即"活动式"嵌入（图4-58）与"固定式"嵌入（图4-59），"活动式"嵌入即所嵌之软包、皮与毛等物可与主体分离，而"固定式"嵌入则与之不同，其无法与主体分离。"活动式"的嵌入在中国早已存在，如宋画中椅披（如高宗像、孝宗像、光宗像、宁宗像、理宗像与度宗像等）与绣墩（如《却坐图》中之绣墩）的外覆之物等，均有对其的描述；对于"固定式"的嵌入，其可谓是"软屉"之概念在当代的延续，既可借用西式表达方式（诸如表现主义式、立体主义式、解构主义式、现代主义式、后现代主义式等），亦可将中国文化注入其中（诸如绘画、书法以及其他工艺美术领域等与之结合），但无论是以前者之法成之，还是以后者之径实现，均需做到"形式"中见"意味"。

a 南宋绣墩（《却坐图》）；
b 宋代帝后像局部；
c 宋代帝后像活动式嵌入细部

a

b

c

图4-58　活动嵌入式图例

a至c 嵌软式

d 嵌皮　e 嵌毛

图4-59　固定嵌入式图例

2）雕刻

雕刻在中国装饰文化中占有一席之地，其存在的历史较为悠久，从以"磨制"为主的新石器时代，人们就懂得可用较为复杂的雕刻来彰显内心之所向，如良渚文化中，用以"礼地之器"的玉琮，其上的神人兽面纹，便是以浮雕与阴刻结合之法予以完成的，不仅如此，玉琮上的雕刻还凸显了新石器时代之装饰技法的精湛（其上细部之阴线极为纤细，最细处仅 0.07 毫米），可见，先人在满足了基本的物质生活之后，已出现了精神层面的需求，如自然崇拜与图腾崇拜，而雕刻便是承载这些精神寄托的桥梁（即将精神寄托通过雕刻反映于实体之上）。

历经几千年的锤炼，雕刻的队伍愈发壮大，如从形式上分，可将其分为浮雕、圆雕、透雕、综合雕与阴刻；若从材料方面入手，还可将其分为玉雕、金银雕、瓷雕、木雕、石雕、砖雕、竹雕、骨雕、牙雕与角雕等。中国艺术家具作为中国文化的载体之一，无法将雕刻艺术置身于事外。

（1）从形式方面

① 浮雕

宋代之《营造法式》将浮雕分为浅浮雕、高浮雕（即深浮雕）与中浮雕（表 4-2），根据主观群体的不同需要，选择而用。

表 4-2　浮雕图例

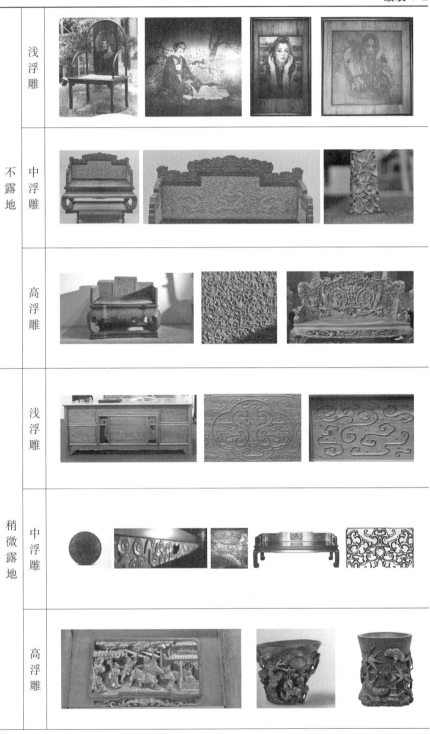

不露地	浅浮雕	
	中浮雕	
	高浮雕	
稍微露地	浅浮雕	
	中浮雕	
	高浮雕	

光地	浅浮雕	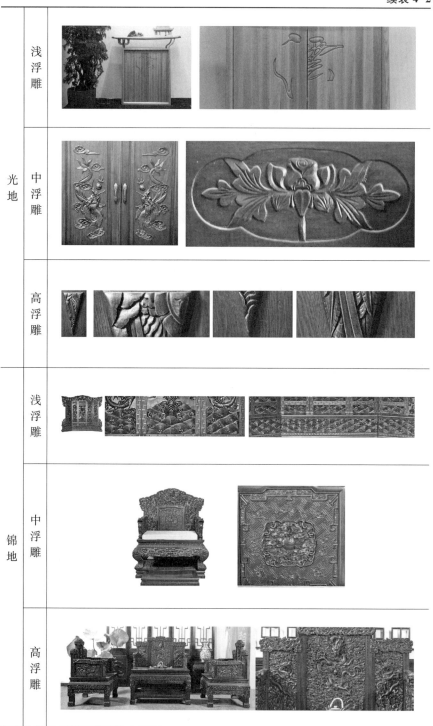	
	中浮雕		
	高浮雕		
锦地	浅浮雕		
	中浮雕		
	高浮雕		

　　浅浮雕的平面感较强，其利用透视、错觉等绘画的处理方式，来营

造较为抽象的压缩空间，赋予画面以清淡、静雅的艺术效果。家具如同宣纸一样，匠师们以刀代笔，在其上进行不同形式的创作，故浅浮雕的表现形式较多，包括露地、不露地、稍微露地、光地与锦地等形式。随着时间的推移，浅浮雕又出现了创新的类别，如丝翎檀雕与光影雕等。丝翎檀雕的灵感起源于中国工笔画，其以刀代笔（以阴刻的形式将动物羽毛和人物发丝的灵动、飘逸与精细展现得淋漓尽致），将中国经典的艺术形式展现在不同于绢、宣纸等载体的木材之上，突破了工笔画二维空间展现的局限性。若论载体、技法与工具，丝翎檀雕属创新之作。若论形式，其依然属于继承之举，因为早在上古时代的良渚文化中，先人们就曾以玉石为载体，开创了此法的先河（浙江省文物考古研究所中所藏"琮王"上的"神人兽面纹"的细部便出现了极为纤细的阴线，只有0.07毫米），除了玉石之外，丝翎檀雕的前身还出现于汉代的"木画"之中，据《西京杂记》中所言"……中设木画屏风，文如蜘蛛丝缕"，可见刻纹之细；光影雕是以中国传统木雕为根基，糅合西方绘画理论及牙雕、玉雕等工艺特点在其内的一种崭新的雕刻技法，其主要以西方油画及现代摄影作品为题材，为家具设计增添了一丝新颖之感。

中浮雕介于浅浮雕与高浮雕之间，其刀口位置自然也介于两者之间，不高不低的纹饰图案，赋予家具以"不张扬"之感，其与浅浮雕、深浮雕一样，亦有露地、不露地、稍微露地、光地与锦地等之别。

高浮雕，即深浮雕，其刀口位置较浅浮雕高，故得此名。由于其空间立体感较浅浮雕强，故视觉效果极具冲击力。深浮雕与浅浮雕一样，包括露地（能够清晰地看到所承载浮雕之纹饰的家具面板，此种浮雕形式又被称为"铲地"浮雕）、不露地（浮雕布满所要装饰的家具面板）、稍微露地（介于露地与不露地之间，纹饰的面积较大，但未充满所在面板）、光地（属于"露地"的范畴，浮雕以外的底板不做任何雕饰，故也有"平地"或"素地"之称）与锦地（可理解为深浮雕与浅浮雕的混合应用，以浅浮雕作底，其中穿插深浮雕之形式，犹如青铜器上的"三层花"之式）等形式。

② 圆雕

属于立体雕刻的一种，在宋代被称为"混作"，是建筑中颇为常用的装饰手法之一，如口含脊梁的鸱吻（位于官式建筑的脊梁之上）、鳌鱼（位于民居脊梁之上）、蹲坐于殿堂屋脊之上的神兽（仙人、龙、凤、狮子、天马、海马、狻猊、押鱼、獬豸、斗牛与行什）与华表之上的望天吼等，均有圆雕的影子。家具是建筑的缩影，故出现于建筑之上的雕刻纹样，在家具也常有见到，如宝座、衣架、高面盆架搭脑两端的龙头或凤头、家具足部的兽爪以及各式的卡子花等（图4-60）。

图4-60　圆雕图例

③ 透雕

又称"镂空雕""通花雕""漏雕"，提及透雕，也许你会对层叠错落的"博山炉"感慨有佳，感慨博山炉之上多达九层的奇禽异兽；也许你会对转动自如的"象牙套球"大加赞赏，赞赏其内只只镂空的不同球体（套球即大球内包含多重小球，其层数在不同朝代有所差异，如宋代仅能做出三层，而至清代之时，套球的层数已达十四层与二十五层，在当代，套球之层数又创新高，出现了五十层者）。感慨也好，赞赏也罢，这精湛技艺的诞生均不是一蹴而就的。透雕作为中国的艺术之一，其历史也较为悠久，可追溯至新石器时代，如山东博物馆中的灰陶镂空器座（大汶口），便是透雕早期案例之一。

透雕是将浮雕纹饰以外的底板凿空，凸显轮廓，使之产生虚实相间的感觉，在装饰效果上，更能衬托出主题纹饰。无论在建筑中还是在家具中，镂雕均是常见之雕刻技法。透雕常出现于门、窗与隔扇等部位（以窗为例，其中的步步锦窗棂格、灯笼锦窗棂格、龟背锦窗棂格、盘长纹窗棂格、冰裂纹窗棂格等，均属透雕之范畴）；而镂雕出现的位置不定。

另外，在家具中，根据所雕之花纹是否需要外露，透雕又可分为"一面做透雕"（只在器物的正面施以雕花的形式）、"两面做透雕"（家具的正反面均雕花的形式）以及"整挖"透雕（属于两面做透雕的一种，但是整挖透雕需在厚板上进行）（表4-3）。

④ 综合雕

采用两种或者两种以上不同形式的雕刻，被称为综合雕（表4-4），如透雕与浮雕的结合，圆雕与透雕以及圆雕、透雕、浮雕的结合等。综合雕包括两种形式，一种是在家具的同一部件上施以综合雕；另一种则是家具不同构件之雕刻形式的集合，此种综合雕是以家具整体为对象。

两种或者两种以上雕刻形式的并用，可使得雕刻在视觉上更为立体化，一凸一凹、一深一浅、一虚一实，方可界定出空间的"有"与"无"，如春秋战国时期的"重金壶"（齐燕战争中齐国的战利品），除了平面装饰外（错金银），还兼有非平面装饰之技法，如镶嵌（嵌绿松石）与雕刻技法，这雕刻技法涵盖了镂空雕、圆雕与浮雕三种雕刻形式。

表 4-3　透雕图例

一面透雕	
两面透雕	反面　　　　　　　　正面
整挖透雕	

表 4-4　综合雕图例

| 青铜 | 镂空雕、浮雕与圆雕的结合 |

象牙	 圆雕与镂空雕的结合	 深浮雕与浅浮雕的结合
家具	 	

⑤ 阴刻

阴刻又名"线刻"或"素平"（表 4-5），与浮雕正好相反，如以面板本身作为参照物，浮雕的纹饰高于面板，而阴刻则有所不同，其图案纹饰低于面板之表面。

表 4-5　阴刻图例

"戗"之阴		清乾隆时期戗金细钩填漆捧盒（北京故宫博物院）
"填"之阴		清乾隆时期戗金细钩填漆捧盒（北京故宫博物院）
"剔"之阴	 清剔红几（中贸圣佳）	
"刻"之阴	 丝翎檀雕（当代传统家具企业之作）	

"划"之阴		瓷器上的阴刻
"碾"之阴		玉器上的阴刻
"画"之阴		东周漆画残片（山东省博物馆）
"錾"之阴		南宋莲花纹银盘

  阴刻的历史也较为久远，早在青铜器之上，便有对其的实践，如针刻之法，除此之外，其还被应用于陶瓷、玉器、木器与金银器之上。之于陶瓷而言，划花与刻花为见证；之于玉器而言，阴线更是随处可见，双阴挤阳即为写照之一；之于木器而言，为了衬托层次，凸显对比，阴线更是不可或缺之物，其既可成为纹饰之主题（如好似"打本之印版"的款彩，便是以阴线成就"文图"之案例），亦可作为纹饰之点缀（如描饰中的"划理"者，便是"阴刻"细节的见证）；之于金银器而言，其与上述几种材料的雕刻一样，均有"阴线"的参与，如錾刻所得低于器表的线，便是阴线之描述。综上可知，得到阴线之法不止一种，其与家具的材料密切相关，不同材料，所施之"工"有所差异，如髹饰中的"填"之阴、"戗"之阴、"剔"之阴与"画"之阴，硬木中的"刻"之阴，瓷器中的"划"之阴，玉器中的"碾"之阴，以及金银器中的"錾"之阴等（表4-5），均为成就阴线之途径。

（2）从材料方面

由于中国艺术家具的用材不尽相同，故其上的雕刻也各呈差异之姿，若从材料方面入手，中国艺术家具的雕刻还可分为木雕、玉雕、犀角雕、竹雕、骨雕与象牙雕等。

① 木雕

木雕是以刀代笔，在木材上将主观群体的设计立体化的一种表现形式（表4-6），其起源甚早，可追溯至河姆渡时期，而后，历经夏、商、周、春秋战国的发展，至秦汉时期趋于成熟。

表4-6　木雕图例

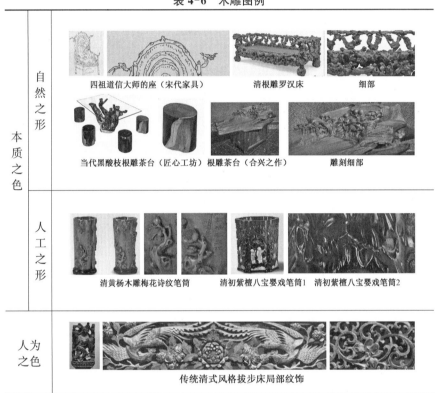

本质之色	自然之形	四祖道信大师的座（宋代家具）　　清根雕罗汉床　　细部 当代黑酸枝根雕茶台（匠心工坊）　根雕茶台（合兴之作）　雕刻细部
	人工之形	清黄杨木雕梅花诗纹笔筒　　清初紫檀八宝婴戏笔筒1　清初紫檀八宝婴戏笔筒2
人为之色		传统清式风格拔步床局部纹饰

木雕在表现形式上既可以"本质之色"为之，又可以"人为之色"覆之。之于前者而言，既包括"自然之形"，亦不排除"人工之形"，自然之形诸如"根雕"者，其以木材的自然之形（如树身与树瘤等）成器。根雕的起源较早，楚墓中之"辟邪"，便是例证之一，历经汉、唐、宋、明与清的发展，根雕艺术早已成熟。在根雕的发展过程中，并非只有欣赏品与陈设品的问世，还有一些颇具实用性的家具存在，如笔筒、台、架等；除了"自然之形"外，在木雕中还有"人为之形"的存在（"人为之形"包括"徒手之形"与"机械之形"，在中国艺术家具之中，"人为之形"主要指"徒手之形"），即器物之

形并非是"自然所成",而是"人工为之",如一些动物、人物、植物与几何纹饰等。

木雕除了"本质之色"的存在,在中国艺术家具中,还有"人为之色"的存在,即在木雕上以其他工艺将木纹加以掩盖,诸如髹饰之技法的参与(诸如质色、金髹、描饰、阳识、堆起、填嵌、雕镂、戗划与综合工艺等),木雕与髹饰之工艺的结合,也堪称历史悠久,如商代之"镰仓雕",便是案例之一。

木雕作为中国艺术家具文化的载体,自然离不开哲学思想、书法、绘画、文学与艺术的影响与渗透,"哲学思想"赋予木雕"时代特色","书法"与"绘画"使得木雕"气韵"并存,文学则为木雕注入情感(如浪漫、忧伤与批判等),"艺术"可谓是木雕实现技法"跨界"的关键之举(此处之"艺术"意指"工艺美术"的"不同门类"),可见,木雕并非只具"工"之特色。

② 玉雕

由于玉石质密坚硬、温润光莹,故被主观群体不断地人格化,赋予了诸多的象征意义,时至西周,重玉之观念愈发明显,五端(圭、璧、琮、璜、璋)、六器(苍璧、黄琮、青圭、赤璋、白琥、玄璜)、九德(仁、知、义、行、洁、勇、精、容、辞)、十一德(仁、知、义、礼、乐、忠、信、天、地、德、道)等,均是重玉之见证。

玉雕作为玉文化的表现者,自然承载着诸多的伦理与道德,玉雕在中国艺术家具中的表现有两种,一为"独立"成器者,二为家具的"装饰者"。前者可通过不同的碾琢工艺,成为独立器具(图 4-61),如盒(如清之花卉纹玉盒)、杯(诸如汉之玉足高杯、唐之金扣白玉杯以及清之双童耳玉杯等)、瓶(如元之玉贯耳盖瓶)、卣(如宋之兽面纹玉卣)、爵(如明之金托玉爵)、筒(如清人物纹香筒)、灯(如汉之清玉五枝灯)、瓮(如元之渎山大玉海)、床(如《故宫遗录》中所记载之元代玉德殿中之"玉床")等;对于后者而言,其与前者略有不同,其并非单独成器,而是作为家具之辅助(图 4-62),即装饰,如作为镶嵌之物。无论是"单独成器者",还是"装饰者",均可通过抛光、浮雕、镂空雕、巧色与圆雕完成。

③ 犀角雕

犀角除了可以入药,还可用雕刻来形成器物(如酒器)或者装饰之物(图 4-63),该历史可追溯至汉代,历经时间的沉淀,犀角雕至明清已极为成熟,如明代苏州鲍天成、金陵的濮仲谦与清代无锡的尤通等,均是犀角雕名家。

a　　　　　b　　　　　c　　　　　　　　　　d

a 宋之兽面纹玉卣（安徽省博物馆）；b 清人物山水纹香筒（上海博物馆）；c 清花卉纹玉盒（中贸圣佳）；d 清双童耳玉杯（北京故宫博物院）

图 4-61　单独成器图例

 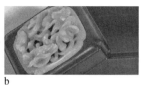

a　　　　　　b

a、b 清紫檀嵌玉委角盒（中贸圣佳）

图 4-62　作为纹饰图例

a　　　　b　　　　c　　　　d　　　e

a 清雕螭虎纹夔龙纹犀角杯；b 清雕螭虎纹夔龙纹犀角杯雕刻细部；c 清雕螭虎纹兽面纹犀角杯；d 清雕螭虎纹兽面纹犀角杯雕刻细部；e 清犀角雕狩猎图杯

图 4-63　犀角雕刻图例

④ 竹雕

竹刻的历史可追溯至唐宋，至明代以后，该工艺达到兴盛的状态，自此之后，许多竹刻名家屡屡涌现，如"嘉定三朱"、张宗略与濮澄等人，上述之人虽都为竹刻名家，但所成作品的风格却是各有所异（表 4-7）。

表 4-7　竹雕图例

嘉定派	   明朱鹤款竹刻松鹤图笔筒（南京博物院）

留青刻	  明张希黄款山水楼阁竹刻笔筒（上海博物馆）	
薄地阳文	 清吴之璠款"薄地阳文"竹刻	

　　号称"嘉定三朱"的朱鹤、朱缨（朱鹤的儿子）与朱稚征（朱鹤的孙子）之作品，均以高浮雕与镂雕为主，由于其自身精通诗歌与绘画，故所成之作品不仅较为注重神韵的传达，且书卷气息颇为浓郁，而后，由于此种形式的竹雕层出不穷，故"嘉定派"（该派别的得名源于"三朱"的祖籍，由于朱鹤等为嘉定之人，故将与其风格一致的作品称为"嘉定派"）的诞生亦成自然之事。

　　张宗略是明末的竹刻名家，其以"留青之刻法"而名扬四方，该种刻法需要保留"竹肌"，根据设计需求，可多留，也可少留，还可全留。此种刻法与"嘉定三朱"的风格截然不同，其在立体感方面虽不如三朱强烈，但在画面的细腻程度上，却有所突破，颇具中国的"工笔"之风。

　　濮澄（字仲谦）是金陵派竹雕的创始人，该派的竹雕注重保留材料的形态，而后稍加雕琢即可，据说其作品极为精巧且价值连城，正如其友人张岱所言"南京濮仲谦……其技艺之巧，夺天工焉。其竹器，一帚、一刷，竹寸耳，勾勒数刀，价以两计。然其所成自喜者，又必用竹之盘根错节，以不事刀斧为奇，则是经其手略刮磨之，而遂得重价……"

　　中国之艺术讲究传承式的创新，竹刻亦不例外，历经唐宋与元明的发展，竹刻的形式被不断地丰富，如清代的吴之璠（字鲁珍，号东海道人，其擅长圆雕，但更精于浮雕，以"薄地阳文"刻法的浅浮雕享誉天下，该法实则为"嘉定派"与"留青刻法"相融之果）与潘西凤（字桐岗，号老桐，其刻法与濮仲谦类似，也倡导"每略施刮磨，以达收天然之趣"的目的）等大家的竹刻之品，均是对嘉定派、金陵派与留青刻法的延续与再创造。

竹刻除了以上几种形式之外，还存在一种以"贴黄"（又称"竹黄""翻黄""反黄""文竹"等）为基础的"假竹刻"，该技法是以木为胎，然后在其上粘贴竹黄，而后在该层表皮上施加雕刻工艺，由于其只是外贴竹黄，而非全部以竹为料进行雕刻，故笔者将其称为"假竹黄"。

⑤ 骨雕

即以兽骨为载体（图4-64），将花纹图案呈现其上，其历史可追溯至旧石器时代，在当时，先人们就懂得用骨作为装饰，如用兽骨制作的项链，历经旧石器时代的探索，时至新石器时代，人们对骨的利用又出现了新花样，除了雕刻之外，还在其上附以镶嵌工艺与之配合，如绿松石。与时俱进是任何艺术得以持续发展的根本，骨雕作为其中之一，亦不例外，虽然骨不像玉般被赋予礼法与道德的意义，但所成之品依然精美有佳，如宁式家具中的骨木镶嵌，便是例证之一。

a 大汶口文化之弦纹骨雕筒
（山东省博物馆）；
b 大汶口之嵌绿松石古雕筒
（山东省博物馆）

a   b

图 4-64　骨雕图例

⑥ 象牙雕

象牙雕大致可分为三种形式，即镶嵌、雕刻与牙丝编织（表4-8），无论是哪种形式，其历史都较为悠久。镶嵌即在象牙上嵌入其他材料（如绿松石）的物体，该种工艺早在新石器时代的河姆渡文化与大汶口文化中就已存在；雕刻，即在象牙之上进行雕刻，以到达丰富主观群体之视觉效果的目的，该工艺也可追溯至上古时代，在施加镶嵌工艺的同时，必然涉及雕刻工艺的参与，唐代可谓牙雕的鼎盛之期，一件象牙制品上，可能同时出现几种工艺，如镂（即雕刻）、金镂（在阴线内嵌金）与银寸（每隔一寸嵌或包银箔）等，如《唐六典·少府监》中所记载的镂牙尺便是最佳案例之一。象牙雕刻与木雕一样，有浮雕、圆雕、镂雕、阴刻、综合雕等之分，由于象牙质地细腻，不易脆裂，故其是雕刻的良材，尤其适合镂雕，提及镂雕，不得不提"套球"（其在镂雕中声誉最高），从宋代的"三层"（被明人称为"鬼功球"）发展到清代的"十四或二十五层"，再到当代的"五十余层"等，足以证明其合适的程度；牙丝编织的形式与前两者有所不同，其将象牙劈裂成丝，而后进行编织，该工艺可追溯至汉代。

表 4-8　象牙雕图例

镶嵌	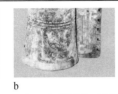 a　　　　b	a、b 商晚期嵌绿松石象牙杯（中国国家博物馆）
雕刻	 a　　　　b　　c　　　　d	a 大汶口之象牙梳(山东博物馆)；b、c 象牙镂雕人物纹大花瓶；d 象牙雕《月曼清游册》(清)
染色	 a　　　　b	a 唐之拨镂尺（日本正仓院藏）； b 清染牙座屏局部（上海博物馆）

象牙除了上述的三种形式之外，其上还可以采用不同的处理方式，予以丰富主观群体的视觉效果，如染色处理，即染牙。日本正仓院内院藏的拨镂牙尺，即为唐代染牙的代表作之一（唐代是个喜好"颜色之朝代"，无论是瓷器中的花釉与三彩，还是银器中的金银花器，抑或是漆器中的嵌螺钿与金银平脱，均呈绚丽多彩之势，象牙雕刻隶属于工艺美术之范畴，自然不能例外）。

综上可知，牙雕在形式上有镶嵌、雕刻与牙丝编织之分，在处理方式上，还有染色与非染色之别。

3）髹饰

髹饰一词最早可见于《周礼》之中，古人将以漆漆物称为"髹"，而"饰"则有文饰之意，故髹饰作为中国当代艺术家具工艺的一部分，亦是工（制作过程）与美（设计过程）的统一体。我国的用漆历史较为悠久，可追溯至六七千年前的河姆渡时期，在当时就有朱漆器皿的存在（朱漆碗和朱漆筒形器），到了商代，髹饰工艺更进一步，彩绘雕花、镶嵌绿松石与贴金银箔等参与髹饰过程。任何事物的发展均需历经萌芽、发展与成熟之过程，漆器亦不例外，如果说河姆渡时期是漆器的萌芽期，那么经过夏商周的锤炼（发展时期），漆器的发展已然进入了成熟期，即秦汉时期（两汉之漆器可谓是巅峰时期），据《盐铁论·散不足》中记载（一杯卷用百人之力，一屏风就万人之功）可知当时漆器的考究程度；到了魏晋南北朝，漆器虽比不上两汉之时发达，但也出现了创新制作，如戗金与犀皮的问世；进入唐代，儒释道三者合一，漆器作为承载思想的载体之一，既有继承的痕迹，也有创新的亮点，如金银平脱漆器、夹纻、嵌螺钿等；历经唐代的雍容与华丽，迎来了宋代的严谨与空灵，漆器作为抒发情感的寄托，充满了"理学"的气息（理学是儒、道、禅相结合的产物）。无论是雕漆（剔红、剔黑、剔黄、剔犀与剔彩等）与戗金，还是堆漆与螺钿等，均是时代进步的坐标；元代之统治者虽为异族，但礼仪制度仍秉承汉制，故其漆器之上的髹饰工艺，也深受宋之影响，如雕漆、螺钿与戗金银，因此也涌现出了不少的髹饰巨匠，如张成（元代晚期漆雕制作的代表人物）、杨茂（元代晚期漆雕制作的代表人物）、黄生（元中期著名的螺钿匠人）与彭君宝（元初之戗金名匠）；到了明代，漆器发展又出现了新的高潮，不仅品类大增，正可谓"千文万华，纷然不可胜识"，而且髹漆技术也添新类，如罩漆、描金、填漆、雕填、百宝嵌等；清代作为中国古代的尾声，文化与艺术均出现了"错彩镂金"之势，漆器作为其载体之一，自然深受其影响，除了宫廷漆器之外，民间漆器也异常兴盛，如北京的雕漆、金漆镶嵌，苏州的雕漆、退光、扬州的雕漆、螺钿、百宝嵌与彩绘，福州的脱胎，广州的金漆与宁波的描金等。综上可知，中国在髹饰方面，已经验十足，从第一部《漆经》（五代时期关于用漆的专著，是朱遵度所著）到现存的《髹饰录》（明代黄成著，是我国现存的仅有的一部关于古代用漆之专著，另外，在日本，还尚存一部该著作的抄本），均是中国髹饰工艺辉煌的见证。

中国的髹漆技术不仅为国人所青睐，对于异国之人也颇具吸引力，如日本之漆器、西方之"布尔工艺"与"马丁髹"等，均难以脱离中国器漆的影响。髹漆技术所成的效果有二，即平面效果（即在处理好的胎体上直接绘制）与立体之效果，部分彩绘隶属于前者之范畴，如黑漆描金、朱漆描金，而漆雕（剔红）、堆漆、刻灰、剔锡、剔黑、裂纹等，均是后者所包含的内容，由于后者之工艺较为复杂，故日本选择了借鉴前者，这就是为什么我们在日本漆工艺中难见漆雕等工艺的原因之一。而西方则视中国的漆器为奢侈之品，无论是皇帝还是贵族，抑或是作家与画家等艺术家，均对其喜爱有加，如奥地利女王特蕾莎之漆器厅、伊丽莎白之"蓝丝绸卧房"中的漆器桌子、荷兰之海牙宫殿内的"漆器宫"与雨果室内之"漆器壁龛"等，均是"中国风"刮过的见证。

髹饰技法之所以深得不同主观群体的青睐，除了其可成就"有意味"的形式外，还兼有"功能性"方面的特点，此功能性在于髹饰所用的成分。众所周知，无论是"有纹"之饰的髹饰技法，还是"无纹"之饰的髹饰技法，均非在材料表面直接操作，其需在披麻挂灰上漆之后，方可进行髹饰，此种做法的益处在于"隔离"木材中"抽提物"对髹饰之影响（抽提物中"树脂酸""油分""单宁""水溶性抽提物"均会对漆膜产生不同影响，若以麻布与漆灰为漆层打底，则会将影响大大降低），可见，髹饰技法不仅具有"精神层面"的特点，还身兼"物质层面"的特征。

作为实现"有意味"之形式的髹饰而言，其种类颇多，既有以"单一之法"成就纹饰者（即"单一门"），亦有以"综合之法"完成纹饰者（即"综合门"）。前者包括质色髹饰、纹𪅵髹饰、罩明髹饰、描饰、填嵌、阳识、堆起、雕镂、戗划等[16-20]，后者则包括斒斓、复饰与纹间，无论是前者还是后者，均是"门类"的概述。故无论是"单一门"还是"综合门"，其子部分又可进行细化，被细化之子部分还可进行再次细分，直至无法细化为止。可见，中国艺术家具髹饰技法，不仅具有"共性"与"共相"之特点（体现在"技法"之上，此技法可进行"再次细化"，如嵌螺钿），还具有"个性"与"殊相"化之特征（体现在不同主观群体的"技能"上，是具有"共性之技法"实现"差异化"的根本），如嵌"厚螺钿"、薄螺钿之"衬色者"与"分截壳色者"以及"镌甸"等，均属"嵌螺钿"中具有"差异之性"的案例。

（1）质色髹饰

质色修饰指的是以单一色漆髹涂于器物表面之上的过程，黑髹、朱髹、黄髹、绿髹、紫髹、褐髹、金髹、油饰等均属此类之中（图4-65至图4-67），利用该法所成之漆器，色彩单纯，表面无纹，可谓髹饰工艺中"素设计"案例之一。黑髹即在器物上以黑漆髹之，其是漆器中最为常见的一种做法，不仅如此，黑髹还可成为其他髹饰工艺的"地子"，如洒金、描金、嵌螺钿等；黄髹、绿髹、紫髹、褐髹与黑髹同理，均是将黄漆、绿漆、紫漆与褐漆等色漆涂覆在器物的表面；金髹，又有"明金"之称，即在器物周身贴金箔或上金粉的做法，由于金箔用量的不同，故该做法又有贴金、上金与泥金之别（从贴金到上金再到泥金，金箔用量呈逐级递增之势，故得"一贴三上九泥金"之说法）。该法与"罩金髹"有所不同，器物表面施以金髹之后，无须再涂抹罩漆，而"罩金髹"则需要；油饰即以油代漆，将之涂覆于漆灰地子上，油与漆的区别在于，其可以调制出较为鲜亮的颜色，如白、天蓝、桃红等。

a 南宋黑漆碗（浙江省博物馆）；b 辽黑漆盒（浙江省博物馆）；c 明榆木黑漆罗汉床（可乐马博物馆）；d 明榆木黑大漆云纹矮罗汉床（可乐马博物馆）

图 4-65　黑髹图例

a 新石器时代之朱漆碗（浙江省博物馆）；b 南宋之红漆盒（南京博物院）；c 元髹朱漆莲瓣式奁（上海博物馆）；d 清乾隆时期菊瓣形脱胎朱漆盘（北京故宫博物院）；e 红漆方凳（春在中国）

图 4-66　红髹图例

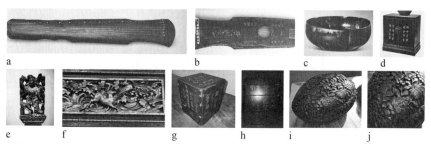

a 唐大圣遗音琴正面；b 唐大圣遗音琴细节；c 宋花瓣式紫漆钵；d 清紫漆带座书柜；e、f 金髹；g、h 褐髹；i、j 绿髹

图 4-67　紫髹、金髹、褐髹与绿髹图例

（2）纹䰀髹饰

纹䰀髹饰即是在䰀漆过程中，用特定的工具在器物表面上制作特殊肌理的方法与工艺，所用工具包括漆刷子、缯绢与麻布等，根据所成之纹理不同，可将此工艺分为刷丝、绮纹刷丝、刻丝花、蓓蕾漆等（图 4-68）。

a 仿断纹（当代）　　b 至 e 曾侯乙墓中的鸳鸯形盒（蓓蕾漆）

图 4-68　纹䰀图例

（3）罩明髹饰

即在器物之上罩髹透明之漆的过程，既可在质色漆器上施以罩漆，如朱髹、黄髹、金髹、洒金等，亦可在非质色漆器上（即带有花纹图案的器表）上施罩漆，如描金［包括"金箔罩漆开墨"与"金箔罩漆开朱"，前者也可称之为"平金开墨罩漆"（图4-69a、图4-69b），后者也可称之为"平金开朱罩漆"］，综上可知，罩明髹饰可分为罩朱髹、罩黄髹、罩金髹、洒金与描金罩漆等。

罩朱髹即以朱漆作地，上涂透明罩漆的做法，由于罩漆本身为黄色，故将之罩在朱漆上后，既可使其光泽得以加亮，又可使颜色得以加深；罩黄髹即以黄漆为地，上涂透明罩漆的做法，在罩黄髹的过程中需注意，所罩之漆要薄。

罩金髹即采用贴金箔或上金粉等做法为地子，而后在其上施以罩漆的做法。该做法中的洒金与"明金洒金"相对应，前者是将金片、金点洒于漆地之上，而后以罩漆涂之，而后者则无需用罩漆罩之。由于金点与金片的分布有形状之别，故所成之图案有云气、漂霞、远山与连线等之别，另外，洒金还有品相之分，正如杨明所认为的"黑漆地作洒金才是做好，其他色为地者，次之"。

a　　b　　　　　　　　　c　　　　d　　　　e　　　f
a、b 清朱地描金罩漆蟠龙纹大柜（平金开墨罩漆）；c 明罩金髹识文方盘（罩金髹）；d 太和殿的罩金髹宝座屏风（罩金髹）；e、f 明黑大漆描金罩漆花鸟纹盘（罩漆）

图4-69　罩明髹饰图例

刷丝即刷子刷出来的细纹，其以"纤细分明为佳"，正如杨明所言之"其纹如机上经缕为佳"，该种刷迹并非刷痕，而是人为所致。

绮纹刷丝与刷丝一样，均是人为之举，虽同为刷迹，但是在形态上却有所区别，绮纹刷丝属"曲纹"类，而刷丝却与之相反，属"直线纹"类。由于刷制手法的区别，绮纹刷丝又出现了不同的肌理效果，如流水、洞濛、连山、波叠、云石皴与龙蛇鳞等。

蓓蕾漆的形式与上述两种的区别较大，其是用缯或绢等织物贴于器物表面，待漆干到一定程度之时，将织物揭起，即可得到蓓蕾之效果（蓓蕾是南方俗语，意为"小疙瘩"，将之引入漆艺之中，意在形容漆面的不光滑，该种漆面上的小颗粒是有意为之，并非操作失误所致，为了与平滑的漆面相区别，匠师们将这种附有"小颗粒"的漆面，称为"蓓蕾漆"）。另外，由于器物表面所贴之织物的肌理不同（粗细不一），故蓓蕾漆又出现形态之别，如颗粒较为致密的"秾花型"与颗粒较大的"海石皴"等。

断纹作为纹理髹饰的案例之一，其无论是在古代还是在当代，均是热爱"质朴"之人士的首选。据《琴经》《洞天清禄集》与《诚一堂琴谈》中记载，断纹之形并非一种，还有梅花断、牛毛断、冰裂断、蛇腹断、龟纹断、乱丝断、荷叶断与縠纹断等之别。

在古时制作断纹的方式有三：一为在纸上涂漆加灰，待纸断后，方可得断纹之效果；二是将器物在冬日里以火烘烤至极热之态，而后再用雪敷于其上，亦可得断纹之效果；三是以刀刻之。上述的三种方式正如宋人赵希鹄在《洞天清禄集》中所言"用信州薄连纸，先漆一层于上，加灰，纸断则有纹。或于冬日以猛火烘琴极热，用雪罨激烈之。或用小刀刻画于上"。历经时间的洗礼，裂纹之做法在当今又出新招式，除了古法的晒断与烤断外，今人为了实现断纹之目的，又增擗断与颤断之法。

（4）描饰

描饰即以笔蘸取稠漆或油，在器物之上描绘花纹图案的过程，描金、描漆、漆画、描油等均属此类之中。描金即在漆地上加描金花纹的做法，漆地有颜色之别，如朱地、黑地、金地等，故描金还可分为朱地描金、黑地描金与浑金描金（金地），不仅如此，除了地子可有所不同之外，其上的花纹亦可采用不同的处理方式，如黑漆理、彩金象等。描金的做法对日本的漆器影响很大，"莳绘"（即泥金画漆）便是例证之一，该法虽受到中国的影响，但经日本匠人之手的绘制，其已具备十足的日本气息，正因为其特点十足、描绘精美，该工艺也曾被多名中国名匠作为模仿的典范，如杨埙、蒋回回与方信川等。

描漆是在光素的地上以各种色漆描绘花纹的做法（图 4-70 至图 4-74）。由于漆地的不同，可将其分为丹质描漆（如红漆描黑、红漆描彩）与黑质描漆（如黑漆描红、黑漆描彩等），不仅如此，除了地子的颜色可变之外，地子之上的花纹亦可采用不同处理方式，即金理、黑理与划理，故描金还可分为金理钩描漆、黑理钩描漆与划理描漆。从一系列的出土文物中可知，我国在描漆方面，不仅历史悠久，且技艺精湛，如楚墓中发掘的描漆彩绘小瑟、长沙马王堆出土的漆鼎、大同石家寨北司马金龙墓中的木板屏风等[21-23]，均是例证。

描金在我国的历史较为悠久，从 1956 年长沙仰天湖第十四号和第十六号墓中出土的两块彩漆雕花板（该雕花板除了朱、黑两色漆之外，大量用金以描绘花纹）和 1957 年信仰楚墓中出土的大批彩绘漆品（以出土的小瑟为例，该物之上平涂的金彩以及用金色点出的纹饰图案，均彰显了描金技术的精湛）中可知，我国 2 000 多年前的漆器上已广泛使

a b c d e f

a、b东周漆器残片（黑漆描红）；c、d秦代描漆圆盒（黑漆描红）；e战国二十八星宿衣箱（黑漆描红）；f西汉之黑漆描红奁盒（黑漆描红）

图4-70　描漆（黑漆描红）图例

a、b柿蒂纹奁盒（红漆描黑）　　　c、d西汉之红漆描黑漆耳杯（红漆描黑）

图4-71　描漆（红漆描黑）图例

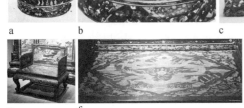

a b   c   d

a、b战国彩绘出行图漆奁(黑漆描彩)；
c战国彩绘描漆小座屏(黑漆描彩)；
d秦代描漆双耳长盒(黑漆描彩)；
e、f清乾隆宝座（黑漆描彩）

e f

图4-72　描漆（黑漆描彩）图例

a、b漆盒（红漆描彩）　　　c至e 皮胎朱红漆彩绘桃形盒（红漆描彩）

图4-73　描漆（红漆描彩）图例

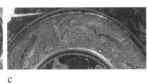

a至c 对棍图彩绘描漆盘（黑红漆描彩）

a b c

图4-74　描漆（黑红漆描彩）图例

用了描金与描银之法。描金即在漆地上加描金色花纹的做法，对于该种彩绘的实施，可通过两种做法予以实现，一是将金箔或金粉"贴于"（贴金）或者"上于"（上金或泥金）所成纹饰的表面，如北京匠师的做法（在退光的漆地上以色漆绘制图案，待其干后，在花纹上打金胶，然后将金箔贴上去或将金粉上上去）与《漆工资料》中所记载的做法（将打磨完的中涂层，再髹涂红漆或黑漆，即上涂层。待其干燥打磨平滑后……推光至光亮状态，而后再用彩漆于器物之上描绘花纹图案，此步完毕后，将绘有纹饰的器物放入荫室，待其将要干燥之时，再以丝棉球着泥金或者银粉刷涂于花纹之上即可）；二是将金粉或银粉与色漆加以混合，而后在光素的漆地上进行描绘花纹。由于描金可在不同的地上完成，故又可将其分为朱漆描金、黑漆描金、黑红漆描金与浑金描金（图4-75），除了地子可以多样化之外，所描之金亦可有变化之举，如以纯色金或彩色金（即彩金象）予以描画，另外，为了丰富画面的层次感，还可对花纹之上的纹理做出不同方法的处理，如黑漆理与划理（即疏理）等。提及描金，一人不得不提，即明代的描金名家杨勋，其泥金画漆（日本称之为莳绘）可谓是精致有佳，虽有模仿日本之势，但并非绝对的效仿，而是在泥金的基础上兼施五彩（即扁斓门中的彩油错泥金），以达自出新意之目的，就算精通莳绘的日本匠人，也自愧其工无法与杨勋相比，正如《两山墨谈》卷十八中所言的"宣德间尝遣漆工杨某至倭国，传其法以归。杨之子埙遂习之，又能自出新意，以五色金钿并施，不止循其旧法。于是物色各称，天真烂然。倭人来中国见之，亦齿乍指称叹，以为虽其国创法，然不能臻其妙也"。

漆画与描漆类似，只是做法花纹较为单纯，可将其分为纯色漆画、没骨设色漆画、朱质朱纹漆画、黑质黑纹漆画等（图4-76），纯色画即用一种色漆在漆地上描绘花纹且画纹上以黑漆、金漆或其他色漆勾勒纹理；没骨即不用黑漆勾勒轮廓，而是直接用各种色漆予以完成，故所成之图案形式较为自由；朱质朱纹是在红色地子上绘制红色花纹，由于花纹与地子同色，故需使花纹略高于地子；黑质黑纹与朱质朱纹一样，只是所用之漆的颜色由红色改为黑色。

描油与描漆一样，只是以"油"代漆（图4-77），在漆器上描画各种花纹的做法，其也有黑理钩描油、金理钩描油与划理描油等之别。以油作画的历史也可追溯至战国，如上述之楚墓中的小瑟，其上所绘之颜色已多达九种，即鲜红、暗红、浅黄、黄、褐、绿、蓝、白、金，这黄色与白色便是油料所致。

（5）填嵌

填嵌即在器物表面上以漆、金、银或螺钿等填之，在填嵌的过程

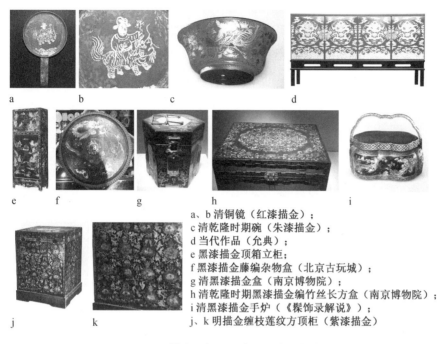

a、b 清铜镜（红漆描金）；
c 清乾隆时期碗（朱漆描金）；
d 当代作品（允典）；
e 黑漆描金顶箱立柜；
f 黑漆描金藤编杂物盒（北京古玩城）；
g 清黑漆描金盒（南京博物院）；
h 清乾隆时期黑漆描金编竹丝长方盒（南京博物院）；
i 清黑漆描金手炉（《髹饰录解说》）；
j、k 明描金缠枝莲纹方顶柜（紫漆描金）

图 4-75　描金图例（红漆、黑漆、紫漆）

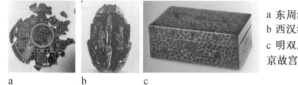

a 东周漆画残片（山东省博物馆）；
b 西汉漆画龟盾（湖北省博物馆）；
c 明双凤缠枝花纹漆画长方盒（北京故宫博物院）

图 4-76　漆画图例

a、b 三弯腿塌（元代）　　c、d 明描漆兼描油长方盒　e、f 清黑漆金理钩描油盒

图 4-77　漆油图例

中，可采用两种做法，一是在器物表面上刻出纹饰图案，而后在其内填漆、金、银、螺钿、百宝、石头、骨料与铜等之物；二是在器物上以稠漆做出高低不平的地子，而后在其内填入上述之物。填漆、绮纹填漆、彰髹（即斑纹填漆）、螺钿、蛋壳、镌钿、衬色甸嵌、嵌金、嵌银、嵌金银与犀皮等[24-29]，均属此类。

　　填漆即在所成之轮廓中以漆填之，由于花纹图案既可通过刻划而得，亦可通过堆起而得，故填漆的方法也产生了两种，即磨显与镂刻

（图 4-78），前者是以堆稠漆之法为基础，用稠漆堆出所需的花纹轮廓（即阳纹轮廓），而后在其内填入色漆，待干后，最后以打磨收尾；后者是直接在漆地上镂刻出低陷的花纹，而后在其内填漆。如将两者进行比较，前者较为复杂，因为在填漆的过程中，不仅要在轮廓内以色漆填之，还需在轮廓外填充漆料，以达通体平齐之目的。

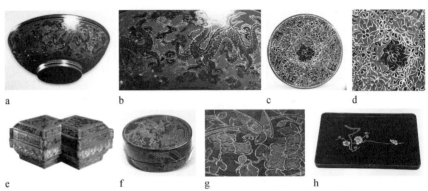

a　　　　　b　　　　　c　　　　　d

e　　　　　f　　　　　g　　　　　h

a、b 清乾隆时期云龙纹填漆碗（磨显）；c、d 明缠枝莲纹填漆盒（磨显）；e 明雕填龙凤纹方胜盒（填漆）；f、g 清花鸟纹黑漆细纹填漆盒（填漆）；h 清黑地镂嵌填漆梅花纹长方盒（填漆）

图 4-78　填漆图例

　　嵌金银即将金或银镂切成金片或者银片（还可在其上施加纹饰之纹理的处理方式，如刻划）贴于漆器表面，而后进行上漆之过程。为了使漆地与所贴金、银或金银处之花纹齐平，需上漆若干道，然后再经打磨，使花纹凹显出来，该工艺源于青铜之上的"金银错"（即在青铜上嵌金银片）。随着时间的推移，该工艺又被引入漆器之中，发展为金银箔贴花（该工艺出现于汉代，又名"金箔"，即将刻镂完毕的金银箔片粘贴于所需部位，然后髹几道与底色相同的大漆，使贴花与漆面齐平，待其干燥后，将金银箔片之上漆层打磨掉即可）、金银平脱漆器（该工艺是金银错与金银箔贴花的继承者，即以木器或铜器为载体，将金银箔片或细丝按照不同的图案或纹样附着于其表面，然后再加涂漆层，待其干燥之后，将覆盖在图案或纹样上的漆层磨去，最终使其露出）与嵌金银丝（请参照镶嵌中的"嵌金银丝"一节）等（图 4-79）。

　　嵌螺钿即以螺钿装点漆器的做法（图 4-80 至图 4-82）。我国采用贝壳作为器物装饰的历史可追溯至商周时期，如 1928 年安阳西北岗殷墟大墓中发现的"花土"（雕花木器印在土上的花纹）、《尔雅·释器》中所提及的"弓以蜃者谓之珧"（珧即为小蚌，此句意为用蛤蚌作弓之装饰）以及 1964 年在洛阳庞家沟西周墓中出土的嵌蚌泡漆托等，亦可证明利用贝壳作为装饰的历史之早。

a 汉银扣贴金薄云虡纹漆奁（江苏省扬州市邗江区文物管理委员会）；b、c 汉彩绘银平脱奁（安徽省博物馆）；d 唐银平脱琴（日本正仓院）；e 唐金平脱琴（日本正仓院）；f、g 唐金银平脱漆器葵花镜（日本正仓院）；h、i 唐之羽人花鸟纹青铜镜（中国国家博物馆）

图 4-79　嵌金银图例

螺钿与漆面平齐式

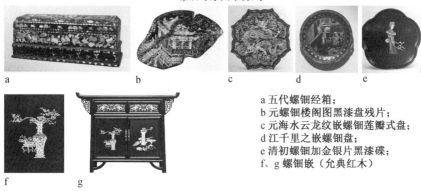

a 五代螺钿经箱；
b 元螺钿楼阁图黑漆盘残片；
c 元海水云龙纹嵌螺钿莲瓣式盘；
d 江千里之嵌螺钿盘；
e 清初螺钿加金银片黑漆碟；
f、g 螺钿嵌（允典红木）

图 4-80　嵌螺钿（螺钿与地子齐平）图例

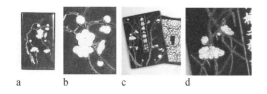

a、b 卢葵生制梅花纹镶甸漆沙砚；
c、d 清梅花纹黑漆镶甸册叶盒

图 4-81　嵌镶甸（螺钿与地子齐平）图例

a、b 黑漆嵌碎甸炕桌（明后期）

图 4-82　嵌碎甸（螺钿与地子齐平）图例

而对于嵌螺钿的开始，则可追溯至西周晚期，如浚县辛村西周晚期墓内发现的"蚌组花纹"（用磨制的小蚌片组成花纹图案），可谓是嵌螺钿的雏形。螺钿有厚薄之分，嵌厚螺钿者，又可称其为"嵌硬螺钿"，嵌薄螺钿者，还可将其命名为"嵌软螺钿"或"点螺"。提及后者，便不能不提江千里（明末清初的嵌薄螺钿巨匠），其"工精如发"的作品为当时之人所追捧。螺钿除了有厚薄之分，还有颜色之别，如有的呈现七彩之色，有的则为透明之色，为了营造最佳的视觉效果，匠师们定会对漆地有所要求，如螺钿为七彩者，漆地"宜黑不宜朱"，若螺钿为透明者，为了平添图案的律动感，则可以彩色制造地子，即所谓的"衬色螺钿"。

　　另外，除了对地子和螺钿本身作出特殊的处理之外，对所成之花纹图案亦有不同的处理方式，如嵌螺钿与嵌镌甸，利用前者所成之花纹，与漆地相平，而采用后者所成之纹饰，则不完全与漆地相齐平，犹如浮雕之感，有高有低。除了以上之处理方式之外，螺钿还可与其他材料混合嵌于器物之上，如唐代的嵌宝钿，便是螺钿与玛瑙、琥珀等物混合使用的案例。

　　犀皮又称"虎皮漆""桦木漆""菠萝漆"，对于犀皮的理解与诠释，因人而异，如宋人程大昌、明人李晔与明末方以智等，对犀皮的理解均各有所异，但无论是哪种诠释，均与实物难以相符（有的犯了穿凿附会的错误，有的则与剔犀混为一谈），故将之称为"虎皮漆""桦木漆""菠萝漆"等更为合理。

　　犀皮之历史较为悠久，从孙吴墓及宋墓中出土的犀皮制品中可知，此工艺在魏晋南北朝时已存在，至唐宋之时，该工艺已较为成熟且流行甚广，从唐宋的史料中可印证此说法的真实性，如唐袁郊、甘泽谣的《太平广记》中所提之"犀皮枕"，宋人吴自牧《梦粱录》中的"犀皮铺"与《西湖老人繁胜录》中所提的"犀皮动使"（动使意为家中所用的日常用具）。

　　犀皮有"堆花法"与"压花法"之别，"堆花者"即在漆底上以稠色漆堆起高低不平的地子，待其干后，在其上以不同的色漆髹涂多遍，然后再经磨显即可，《髹饰录解说》中所提之烟袋杆的做法，便是堆花法之案例（花纹的形态与"打捻"密不可分）。除此之外，犀皮还可通过"压花法"得之，该法首先需在底漆上髹涂色漆多遍，直至达到一定厚度，趁漆未干之时，再以"豆粒"或"石子"等物粘于其上，次日将所粘之物取下，并髹涂多遍色漆以填平凹坑，最后再经磨显即可。由于堆花中的"打捻"方式或压花中所用之物的形状有异，故所成之花纹形式截然不同，有片云、圆花与松鳞等之分（图4-83），花纹虽漫无规律，却有天然流动之势，精美异常，正如瓷器中的"绞胎"与"曜变"一般。

a 三国犀皮耳杯　　b、c 明朱面犀皮圆盒（《中国古代漆器》）　　d 清犀皮圆盒

图 4-83　犀皮图例

嵌百宝即在漆地上镶嵌百宝的做法，该法由周翥所创，故百宝嵌又称"周制"（图 4-84），正如《履园丛话》中所言的"周制之法，唯扬州有之，明末有周姓者，始创此法，故名周制，其法以金、银、宝石、珍珠、珊瑚、碧玉、翡翠、水晶、玛瑙、玳瑁、砗磲、青金、绿松、螺钿、象牙、蜜蜡、沉香为之，雕成山水、人物、树木、楼台、花卉、翎毛，嵌于檀梨、漆器之上"。在周翥之后，亦有百宝嵌名匠涌现，如清代卢葵生（清代扬州著名的漆工）便是其中一例，其在前人的基础上，又为百宝嵌增添了许多新鲜元素，如鸡血、黄田、湘妃竹、黄杨木、紫檀与银丝等。

a　　　b　　　　c　　　d　　　　　e　　　　　f

a、b 明百宝嵌花卉纹黑漆笔筒；c、d 明嵌百宝花鸟纹黑漆圆角柜；e、f 嵌百宝挂屏

图 4-84　嵌百宝图例

发展是进步的永恒表现，世间万物无一例外，那么填嵌随着朝代的更迭，出现了新品之作实属正常之事，如在漆器之上出现了嵌骨与嵌铜的工艺，便是髹漆工艺发展的见证之一。

中国艺术具有递承性，即便是创新也无绝对之说，均是建立在前人的基础之上，填嵌中的嵌铜与嵌骨亦不例外。以嵌铜为例，该工艺并非只存在于漆器领域，对该物料的应用，可追溯至春秋战国之时的青铜器，如嵌红铜狩猎纹青铜壶，便是案例之一。将之引入漆器领域，既是对先前之嵌铜技法的继承，又是对嵌螺钿、嵌金、嵌银与嵌金银等工艺的丰富与开拓。嵌骨与嵌铜并非单纯地将骨与铜嵌入漆地之上（图 4-85)，而需按照物象的形状来处理骨与铜之形状，如骨片、骨条等，不仅如此，为了丰富画面，还需采用其他工艺予以配合，如嵌骨中辅以

填漆工艺、嵌铜中辅以錾凿与刻划工艺等。

a、b 清嵌骨黑漆长方盒局部（北京故宫博物院） c、d 清嵌铜黑漆箱局部（北京故宫博物院）

图 4-85　嵌骨、嵌铜图例

（6）阳识

阳识即以漆或漆灰堆出花纹，且所堆之花纹无须以刀再加以雕琢，阳识即纹饰高于地子，呈挺出之势，正如《辍耕录》与《游宦纪闻》中所言的"汉以来或用阳识，其字凸"与"识是挺出者"。故可将阳识漆器划分为识文描金、堆漆、识文描漆与识文等类。

识文描金即将金屑、金粉或泥金附着于堆成的花纹之上（图4-86），根据所附着之物的不同，可分为屑金识文描金与泥金识文描金。另外，除了所附的物料不同之外，还可以不同的方式处理花纹之纹理，如金理、黑理与划理，故在屑金识文描金与泥金识文描金的基础上，又可将其细分为屑金金理识文描金、屑金划文识文描金、屑金黑理识文描金、泥金金理识文描金、泥金划理识文描金、泥金黑理识文描金等。

a　b　c　d　e

a、b 清乾隆时期"浑金"识文描金百韵册页盒；c、d 清花果纹洒金地识文描金三层套盒；
e 清识文描金蝴蝶盒

图 4-86　识文描金图例

堆漆亦是阳识门中的一员，即在漆地上堆塑花纹的做法，该法与后面所提之识文的做法有些许差别，堆漆的地子与所成之花纹的颜色不同，即《髹饰录》中所言的"文质异色"，而识文的文质需为同色（即地子与花纹的颜色一致）。既然堆漆的地子和纹饰之颜色可以有所区别，故无论是地子还是所成之花纹，均可出现多样化的倾向，地子可有色地（如朱地与黑地等）、金地与银地之别，所堆之花纹亦可有单色与复色之分。根据上述所言可知,堆漆的种类甚为丰富,如色地色漆堆漆、金地色漆堆漆、银地色漆堆漆、色地复色堆漆、金地复色堆漆与银地复色堆漆等。

识文描漆(图4-87)与识文描金相同,只是花纹从金色变为了彩色,该种描漆有干色和湿色两种做法:前者是将色料(带有颜色的粉末)附着于未干透的罩漆层上,即所谓的"色料擦抹";后者则是将色料混入漆内,用该混合物涂染所堆起之花纹,即所谓的"合漆写起"。除此之外,识文描漆对花纹之上纹理的处理方式亦有三种,即金理、黑理与划理,故将上述制作"描漆的方法"与"处理花纹纹理的方式"相结合,识文描漆还可细分为湿色金理识文描漆、湿色划理识文描漆、湿色黑理识文描漆、干色金理识文描漆、干色划理识文描漆、干色黑理识文描漆。

a、b 西汉云气纹识文描漆长方盒

a　　　　　　b

图4-87　识文描漆图例

识文是以漆灰为地,然后在其上堆起与漆地同色的"花纹图案"或"纹饰之边缘轮廓",其虽与堆漆极为类似,但是也有不同之处的存在。前者以漆灰做成花纹,而后者则以色漆堆成纹饰;前者之"地子"与"花纹"同色,而后者则不然,地子之色需有异于花纹图案,即《髹饰录》中所言的"堆漆以漆写起,识文以灰堆起,堆漆文质异色,识文花地同色"。识文中的纹饰图案可通过两种方式得到,即平起阴理与线起阳理,平起阴理是在堆起花纹时留出凹下去的纹理,而线起阳理与其正好相反,即在堆起纹饰时做成凸起的纹理,恰似雕刻中的阳线(图4-88)。该工艺在当今还尚存,如温州匠师口中的"欧塑"(温州在北宋时是我国重要的贸易港口,该地所产之漆器有全国第一之称),便是识文的别称。

(7)堆起

堆起与阳识类似,但前者需要雕琢所堆成之纹饰,而后者则无须雕琢,正如杨明所言"其文高低灰漆加雕琢"。为了营造更为多变的视觉效果,在花纹堆起后,需采用描金、描漆与描油等方式对其进行处理(图4-89)。另外,由于所堆之花纹类似浮雕,故以"隐起"代之(隐起有凸起与高起之意,故"堆起描金、描漆与描油",又可化名为"隐起描金、描漆与描油")。

a、b 北宋识文舍利盒（浙江省博物馆）　　　c、d 北宋识文经函（浙江省博物馆）

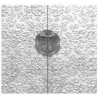

e、f 明罩金髹识文方盘　　　　　　　g、h 当代作品

图 4-88　识文图例

a、b 明皇试马图隐起描金挂屏

a　　　　　　b

图 4-89　堆起图例

　　隐起描金即用漆灰堆成所设计之花纹的形状，而后再对图案纹饰进行雕琢，最后再以金屑或金粉"洒"或"上"于纹饰之上，该过程被称为"隐起描金"。由于花纹之上所"描"之金可为金屑，亦可为金粉，故隐起描金可分为屑金隐起描金与泥金隐起描金。另外，除了对所堆之花纹进行雕刻与描金外，还需要对花纹之上的纹理进行处理，即在其上采取不同的勾画方式，如金理、黑理与划理等，故还可对隐起描金进行深度分化，即屑金金理隐起描金、屑金黑理隐起描金、屑金划理隐起描金、泥金金理隐起描金、泥金黑理隐起描金、泥金划理隐起描金。

　　隐起描漆与隐起描金相同，只是不用在花纹之上"洒金屑"或"上金粉"，而是以色漆代之，描漆的做法有"干设色"（类似于识文描漆中的"色粉擦抹"）与"湿设色"（类似于识文描漆中的"合漆写起"）之分，隐起描漆亦不例外，也有干湿设色之别，除了描绘花纹的做法不同之外，对于花纹之上纹理的处理方式亦有分别，包括金理、黑理与划理三种，故根据以上所述，隐起描漆可细分为干设色金理隐起描漆、干设色黑理隐起描漆、干设色划理隐起描漆、湿设色金理隐起描漆、湿设色黑理隐起描漆、湿设色划理隐起描漆。

隐起描油与前述两者相同，只是所描图案之物以"油"代之，由于油可调出白色及其他的鲜艳之色，故花纹效果较描漆丰富多彩，正如杨明所言的"五彩间色，无所不备"。

（8）雕镂

雕镂即在漆雕上剔刻花纹，使花纹呈现凹凸不平之状，正如杨明所言的"阴中有阳"，剔红、剔黄、剔绿、剔黑、剔彩、堆红、堆彩、剔犀与款彩等均属此类（图4-90）。

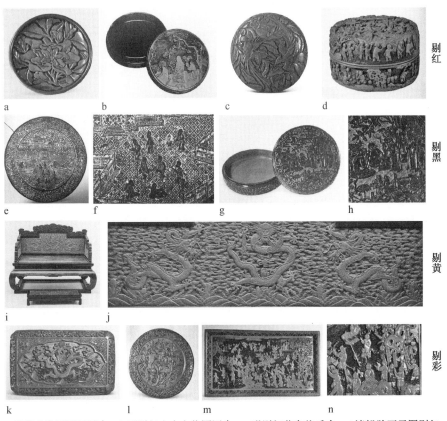

a 元张成朱面剔犀圆盒；b 元剔红山水人物图圆盒；c 明剔红花鸟纹香盒；d 清铅胎百子图剔红盒；e、f 宋婴戏图剔黑盘（日本文化厅）；g、h 明嘉靖时期五老图剔黑盒（北京故宫博物院）；i 清剔红宝座；j 剔黄细节；k 明万历时期剔彩双龙纹长方盒；l 明宣德时期林檎双鹂图剔彩捧盒；m、n 清乾隆时期剔彩百子睟盘

图4-90 漆雕图例

剔红为雕漆中的一种，即用笼罩漆调银朱，然后在漆骨上逐层涂刷，直到形成一定厚度为止，最后用刀雕刻出花纹的做法。漆层的厚度取决于涂抹的道数。高濂在《燕闲清赏笺》中言"漆朱三十六遍为足"，但在实际上，所刷之漆的层数远不止于此，有的多达五六十道，乃至上百道以上，可见这剔红之作是既费工又废料。历经唐、宋元与明清的历

练，剔红迎来了其发展的成熟期。唐代之剔红尚处于早期，故形式较后来者简单，即"唐制多印版刻平"。至宋元之时，剔红得到了较大的发展，以"藏锋清楚，隐起圆滑，纤细精致"为特点，元代之张成、杨茂的漆雕便是最好的证明。到了明初，即永乐与宣德时期，依然延续张成与杨茂之做法，但到了成化与嘉靖之时，其法有所改变，锦地由粗变细，且刻法由"藏锋圆润"转向"刀痕外露"。历经唐宋元明的发展，至清代，剔红又出现了新的高潮，即"重刻工而轻磨工"，故此时的剔红图案呈繁琐堆砌之感。剔红不一定只在木胎上完成，除此之外，还有金胎、银胎、瓷胎、铜胎、布胎、皮胎、竹胎与矾胎等之别。

剔黄与剔红的做法完全相同，只是漆料中的银朱以石黄代之，另外，由于剔黄的花纹与颜色可以有别，故又产生了纯黄剔黄、红地剔黄与红锦地剔黄等之分。剔绿、剔黑与剔黄一样，其工艺过程与剔红完全相同，只是所剔之漆的颜色不同而已，故剔绿与剔黑也可细分为纯绿剔绿、黄地剔绿、黄锦地剔绿、朱地剔绿、朱锦地剔绿、纯黑剔黑、朱地剔黑、朱锦地剔黑、黄地剔黑、黄锦地剔黑、绿地剔黑与绿锦地剔黑等。

剔彩是用不同颜色的漆分层涂抹于器物之上，为使不同色漆到达一定厚度，每层需涂若干道，而后再进行剔刻。由于在此过程中出现了不同种颜色之漆的共同参与，所以在所成之花纹图案中亦会出现不同漆层的颜色，因此得名"剔彩"。剔彩的做法有二，即重彩与堆色，前者指的是花纹多而地子少的形式，由于地子的面积小，无法在其上进行雕琢，故只能任其光素，即杨明所言的"重色者，繁文素地"。而堆色则与前者相反，其指的是花纹之间所露之地子的面积较大，足以在其上剔刻图案以为"锦地"，即杨明所言的"堆色者，疏文锦地为常具"。

堆红可看作是仿制剔红的一种做法，即用漆灰堆起至一定厚度，以效仿剔红逐层刷涂的效果，然后用刀在堆起的漆灰上进行雕刻，最后再通体刷涂朱漆，以模仿剔红的最终效果，也就是所谓的"刀刻堆红"，三螭纹堆红盒（1950年，多宝臣先生制）便是案例之一。除了上述之做法外，堆红还有两种制造方式，一是在木胎上直接雕刻花纹，然后上罩朱漆即可（该法类似殷商时期之"镰仓雕"），即所谓的"木胎堆红"；二是利用漆冻翻印花纹之法，即将漆冻子敷着在器物之上，而后用模子套印花纹图案，最后在其上罩附朱漆，即所谓的"脱印堆红"。堆红虽不如剔红考究，但其可成为"大众化"消费的理想替代品。

堆彩与堆红一样，均是为了模仿某种工艺而产生的，堆彩是仿制剔彩的一种手段，故又名"假雕彩"，其做法有二，一是利用漆灰堆起至一定厚度，待干后，再于其上进行雕刻，最后将各种色漆按需求罩于其上，即所谓的"刀刻堆彩"；二是利用漆冻子来完成堆彩之法，此法中的漆冻子可为纯色，亦可为彩色，该方式即所谓的"脱印堆彩"。

　　剔犀的历史可追溯至宋代[30]，从宋代银器之上的装饰可知（如变形云纹与香草纹等），剔犀与其关系甚大。其是将两种或两种以上之色漆于器物上有规律地逐层积累（如剔红之类一样，每层均需涂漆若干道，剔犀的厚度与上漆的道数成正比），直至达到一定厚度，然后再用刀剔刻出云钩、回纹、剑环、绦环与重圈等图案，剔犀所成之图案与剔红等不同（图4-91），其呈现的是"回转圆婉"之态，故又有"云雕"（北京匠师的叫法）与"屈轮"（日本的叫法）之称。剔犀由于在逐层积累漆层的过程中，落漆的顺序有先后之别，故又有黑面（最后一层漆为黑色）与朱面（最后一层漆为朱色）之分。除此之外，由于漆层的厚度不一，故又可产生"红间黑带"与"乌间朱线"等不同的视觉效果。

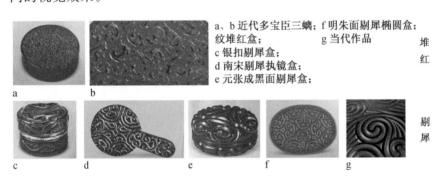

a、b 近代多宝臣三螭纹堆红盒；
c 银扣剔犀盒；
d 南宋剔犀执镜盒；
e 元张成黑面剔犀盒；
f 明朱面剔犀椭圆盒；
g 当代作品

堆红

剔犀

图4-91　堆红与剔犀图例

　　款彩又称"刻灰"与"大雕填"（图4-92），其是在胎骨之上敷涂漆灰以为地子（灰层应略厚且刚韧），而后在其上涂抹数遍黑漆或者其他色漆（由于款彩中的彩有"油彩"与"漆彩"之别，故其上所涂之物有黑漆与色漆之分），然后再以白描之手法在漆面上勾描纹饰图案，待上述步骤完成以后，以勾、刺、片、起、铲、剔、刮等法将纹饰轮廓内的漆灰剔去（保留花纹的轮廓），然后再将各种色漆或色油填入其内（即施粉、搭彩、固色之过程），使之成为一幅完整的彩色图画。另外，由于漆胎上所施之漆色不同，故又有单色漆地刻灰（如黑漆地刻灰）、彩地刻灰与金地刻灰等之别。刻灰之名并非从天而降，而是与器物之上所涂之物有关，由于所剔之物为漆灰，故为了形象起见，匠师们以"刻灰"唤之，这也体现了其与小雕填（或雕填）工艺的区别所在。款彩所刻的深度已至"灰层"，而填漆、戗划等工艺所剔纹饰之深度较前者浅，仅至"漆层"。至于"大雕填"之名，则是为了与"小雕填"相互区别而设（与填漆或者戗划有关的工艺，均属小雕填之范畴，如填漆、戗金细钩描漆、戗金细钩填漆等）。款彩正如麻布胎一般，至今仍存在，如在北京、山西与扬州等地的"刻灰""刻漆""雕填"等，便是款彩延续的证明。

a、b 清初松鹤纹款彩屏风　　　　c 清初花鸟纹款彩屏风　　　d 清山水纹款彩屏风局部

e、f 款彩西湖十景十二扇屏风　　　g、h 清晚期黑漆刻灰圆形攒盒　　i 刻灰凳

图 4-92　款彩图例

（9）戗划

戗划是在漆面上镂刻纤细的花纹，而后在花纹内填金、银或其他色漆，如在该门类中包括戗金、戗银与戗彩。若抛开其内的填充物不言，其可谓是较为原始的装饰工艺之一，从河姆渡文化遗址中的"猪纹黑陶钵"可窥探一般。随着时间的推移，人们又在其内填充异物，从而演变为之后的戗金、戗银与戗彩。

戗金即在漆地上以针或尖刻划纹饰图案（图 4-93），而后在其内填充金料。从湖北光化县西汉墓中出土的漆卮（其上的动物与流云纹饰均以金彩填之）可知，此工艺在西汉时期已有存在，其可谓是"针刻"（又称"锥画"）之法的继承与创新。随着时间的推移，戗金之法出现了细分，可分为传统的戗金之法、清钩戗金与竹刻式戗金等，传统的戗金之法正如上述所言之做法的延续，而清钩戗金则与传统之法不尽相同，该做法受"雕填"工艺的影响，是以"勾金"（勾金是雕填中常用纹饰之纹理及轮廓的处理方式）之法来处理纹饰的轮廓以及其上的纹理的；竹刻式戗金则是受竹刻之影响的产物，其以刀刻之法来追求书画笔墨的效果，由于用刀所成之纹饰有粗有细、有深有浅，故与传统的戗金依然有所差别，即填金之后的效果并不像传统的戗金般细致。

戗银与戗金的工艺一样，只是纹饰之内所粘之物为银箔，无论是戗金还是戗银，其胎体可为木，亦可为纯金或纯银，如以金银作胎，则无须填金或填银之工序，因为历经刻划之后，金银之色自会显露出来。

戗彩即将各种色彩填入所戗划的花纹之中（图 4-94），如所填之色

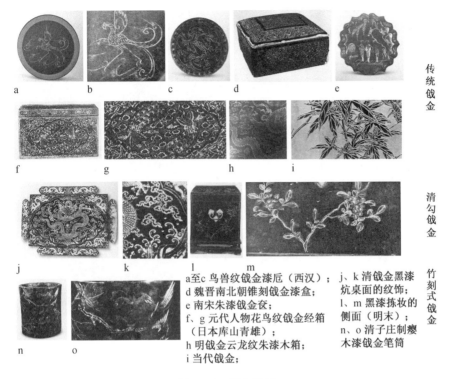

传统戗金

清勾戗金

竹刻式戗金

a至c 鸟兽纹戗金漆卮（西汉）；
d 魏晋南北朝锥刻戗金漆盒；
e 南宋朱漆戗金奁；
f、g 元代人物花鸟纹戗金经箱
　（日本库山青雄）；
h 明戗金云龙纹朱漆木箱；
i 当代戗金；

j、k 清戗金黑漆
　炕桌面的纹饰；
l、m 黑漆拣妆的
　侧面（明末）；
n、o 清子庄制瘿
　木漆戗金笔筒

图 4-93　戗金图例

为单一者，则可以此色来进行命名，如嵌红者，可将其命名为"戗红"，嵌绿者，可将其命名为"戗绿"。

a、b 允典四门柜（戗银）　　　　c、d 清中期黑漆戗彩麒麟凤凰纹皮盒（戗彩）

图 4-94　戗银与戗彩图例

（10）斒斓

斒斓即髹饰工艺的"综合之法"（图 4-95 至图 4-101），即以两种或两种以上之髹饰工艺构成花纹图案的做法，如描金加彩漆、描金加甸、描金加甸错彩漆、描金散金沙、描金错洒金加甸、金理钩描漆、描漆错甸、金理钩描漆加甸、金理钩描油、金双钩螺钿、填漆加甸、填漆加甸金银片、戗金细钩描漆、戗金细钩填漆（戗金细钩描漆与戗金细钩填漆又名"雕填"，由于其纹饰是由两种工艺所成，故将其归入斒斓门下）、雕漆错镂甸、彩油错金泥加甸金银片、百宝嵌等均属此类。从上述的分类可知，构成器物之纹饰的工艺可为两种，如描金加甸（其是以描金与前螺钿工艺形成图案纹饰的），亦可为两种以上，如描金加甸错彩漆（即描金、嵌螺钿与描漆工艺一起使用）。

a、b 戗金细钩填漆方角柜（明）　　c、d 清乾隆时期戗金细钩填漆捧盒

图 4-95　戗金细钩填漆图例

a至c 清戗金细钩描漆大柜局部（北京故宫博物院）

图 4-96　戗金细钩描漆图例

a至c 近代多宝臣制戗金细钩描漆间填漆盒（中国古代漆器）

图 4-97　戗金细钩描漆间填漆图例

a　　　　b　　　　c　　　　d　　　　e　　　　　　f

a、b 清初螺钿加金银片黑漆箱；c、d 清初螺钿加金银片黑漆碟；e、f 清山水花卉纹嵌螺钿加金银片黑漆几

图 4-98　螺钿加金银片图例

　　任何事物均需历经"需要改变"与"应该保留"的斗争，扁斓门类亦不例外，随着时间的前行，扁斓门不会一成不变，那么"新式组合工艺"的出现，已是顺理成章之事，如乾隆时期的剔红错镶玉便是案例之一。

a、b 清黑漆金理钩描漆盘（北京故宫博物院）c、d 清金理钩描油盒（北京故宫博物院）

图 4-99　金理钩描漆与描油图例

a、b 清乾隆时期剔红镶玉笔筒　　　c 至 e 紫地描金加甸错彩漆砚屏（清早期）

图 4-100　剔红镶玉与描金加甸错彩漆图例

a、b 黑漆洒螺钿描金云龙纹书格（明）

a　　　b

图 4-101　描金加甸图例

（11）复饰

复饰亦属髹饰工艺中的"综合之法"，其与斒斓类似，均需涉及两种及两种以上的髹饰工艺，但又有所区别，复饰是以一种或一种以上的髹饰工艺构成器物之"地子"，再以一种或一种以上的髹饰工艺构成花纹图案的过程，故在此门类中，子类别的名称均以"××地子＋某种髹饰工艺"为标准，如洒金地诸饰、细斑纹地诸饰、锦纹戗金地诸饰、罗文地诸饰、绮纹地诸饰等，均属复饰之门。该分类看似简单，但实则包罗甚广，如洒金地诸饰还可分为洒金理钩螺钿、洒金地描金螺钿、洒金地金理钩描漆加蚌、洒金地金理钩描漆、洒金地识文描金、洒金地识文描漆、洒金地嵌镶螺、洒金地雕彩错镶螺、洒金地隐起描金、洒金地隐起描漆与洒金地雕漆，其他类别亦是如此，均可与上述花纹的工艺形成组合关系（图 4-102）。

（12）纹间

纹间即填嵌类与戗划、款刻类做法的结合，戗金间犀皮、戗金间填漆、款彩间犀皮、嵌蚌间填漆、填漆间螺钿、填蚌间戗金、嵌金填螺

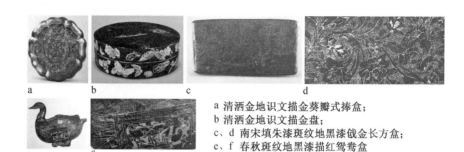

a 清洒金地识文描金葵瓣式捧盒；
b 清洒金地识文描金盘；
c、d 南宋填朱漆斑纹地黑漆戗金长方盒；
e、f 春秋斑纹地黑漆描红鸳鸯盒

图 4-102　斑纹地图例

钿、填漆间沙蚌等均属此类之中，从上述的分类可知，无论是哪种形式的纹间，均采取"阴中阴"与"阴刻文图，而陷众色"之做法，利用该技法所成之纹饰与漆地几乎相平。既然是两种工艺的配合使用，必然会产生主次之分，这纹间亦不例外，从名称中可知，"间"前面的工艺是构成花纹的主力，而其后面的工艺则位列从属之中。

髹饰作为中国艺术家具的装饰技法之一，是"有意味"之形式的基础，若无"工"之支撑，"美"恐难出现"差异化"的特征，故技法虽为制造过程，但其却是主观群体的思想与客观存在之间的桥梁与纽带，前者隶属"形而上"之层面，后者位列"形而下"之范畴，而技法作为此两者之间的连接者，自然身兼"形而中"的角色。

4）其他工艺

在中国艺术家具的装饰技法中，除了雕刻、镶嵌与髹饰外，还存在一些其他技法，为了拓展中国艺术家具的用材范畴，这些隶属"其他"门类的技法，须为主观群体所知。

（1）鎏金

鎏金工艺常见于青铜器之上，但银器之上也偶有出现，如在战国时期就有银器鎏金之实例的存在。首先用金箔与水银混合，然后将混合之物加热至液态，并呈金泥之状，而后将之涂附于金属器物之表面，历经烘烤之后，水银随之挥发，剩下之金便固着于器物表面，施此工艺后，器物表面金光灿烂，无比辉煌。

鎏金的形式有二，即通体鎏金与局部鎏金（图 4-103），前者又有"金涂"之称，后者即为"金花银器"。鎏金需要载体，在古时，其常以铜、银等金属为载体，但在当下，或许除了银、铜等外，还可以"木材"为之，若能将木材学中对于"生物质"的开发与利用引入中国当代艺术家具的工艺之中，可谓是跨界设计在"技法方面"的体现与彰显，无论是以"物理法"实现的木材/金箔复合物，还是以"化学法"成就的木材/金箔复合物，均可是鎏金工艺与时俱进的见证。

a 隋佛鎏金铜像（整体鎏金）；b 汉鎏金青铜尊（整体鎏金）；c 辽鹿纹金花银皮囊壶（局部鎏金）；d 战国龙凤纹金银花盘（局部鎏金）

图 4-103　鎏金图例

（2）掐丝

掐丝是金银器上的装饰工艺之一，战国时的匈奴人对其的运用较为熟练，而后传至中原及南方地带。

其是将金银箔片剪成细条，而后搓制成丝，最后将其按照预先设计好的图案纹饰焊接于器物之上，该工艺常与焊缀小金珠（其是金银丝加热之后，历经热熔之过程而聚合成的小颗粒）配合应用。

（3）錾刻

錾刻为中国的传统技艺（碑碣等之上），后将其引入金银器的装饰之中，即以凿子为器，在金银器的表面凿刻图案纹饰，所凿之纹饰是极为纤细的阴线（图 4-104）。

除了此种成纹工艺，还有一种来自西方之技法，即锤揲之法（用锤子之类的工具敲打，敲不仅可以成器，而且可以形成花纹图案），随着时间的推移，该法单独使用的情况逐渐减少，更多的是与錾刻并用，且成为衬托錾刻技法的辅助手段。

图 4-104　錾刻图例

（4）绞胎

绞胎为唐人所创造，其先以白、褐（或多色）陶土相间揉合，之后按需切片，且将其贴于器物表面，最后施釉烧造而成。绞胎之纹理犹如剔犀一般，变化百出，自由多样，但较为常见的纹理依然为木纹理（图4-105）。

（5）扣

用金属片包镶器物边缘，所用包镶之物可为金，也可为银或铜。扣器之概念始于战国之时，但流行之时，却已是汉代，在汉代漆器中，常

a、b 绞胎贴花香炉（唐代）　　　　　　　　c、d 绞胎罗汉床 （明代）

图 4-105　绞胎图例

见之，但当时所用之扣器多为银或者鎏金的铜，金较为少见。

　　另外，扣之工艺在玉器与瓷器中亦有存在，如采用"覆烧法"产出的陶瓷，由于口沿处因无釉而略显毛涩，故常以金属片包镶毛涩之边，此时之扣既可掩盖略有瑕疵之处，又可成为装饰的一种（图 4-106）。

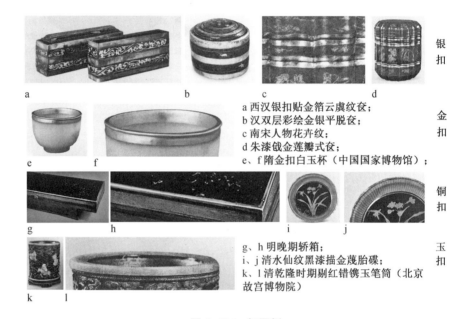

a 西汉银扣贴金箔云虎纹奁；
b 汉双层彩绘金银平脱奁；
c 南宋人物花卉纹；
d 朱漆戗金莲瓣式奁；
e、f 隋金扣白玉杯（中国国家博物馆）；
g、h 明晚期轿箱；
i、j 清水仙纹黑漆描金蔑胎碟；
k、l 清乾隆时期剔红错镶玉笔筒（北京故宫博物院）

银扣　金扣　铜扣　玉扣

图 4-106　扣图例

　　（6）夹纻法

　　该法为漆器中的一种造法，从出土的文物（如 1964 年长沙左家塘 3 号墓中出土的"黑漆杯"与"彩绘羽觞"、1956 年常德德山战国晚期墓中发现的"深褐色朱绘龙纹的漆奁"以及 1982 年江陵马山砖厂出土的盘等）中可知，其历史可追溯至战国中期。

　　无论是木胎还是铜胎，均较为笨重，故古人以麻布胎代之，即首先以木或泥为模，在其上涂以灰泥，而后裱糊麻布，按此做法，裱糊若干层，待完全干燥后，除去木模或泥模，完成上述工序之后，即可在麻布壳上进行髹漆，该工艺与青铜、陶瓷之翻模有些许类似之处。

　　该法被后世频繁应用（如魏晋以来，人们常以此法制作"行佛"，其原因是质轻，搬抬较为方便），不仅如此，还出现了不同的称谓，如汉代称之为"纻器"、唐宋称之为"夹纻"、元代称其为"脱活"、明代称其为"重布胎"、清代称之为"脱活"。

该法虽源于古代，但在现代依然未曾消失，如现在的福建地区常以此工艺来制作"夹纻人像"，该工艺既可视为"夹纻佛像"（夹纻佛像随着佛教的进入而流行，其不仅在中国较为受人追捧，在日本也颇具影响力，鉴真和尚将其带入日本后，称此种麻布胎的佛像为"干漆像"）的延续，亦可视为对其的创新，延续在于技法原理的递承，创新在于质量的提高（福建匠师以"绢"代替传统的"麻布"，该种蜕变可使所成之像不易变形）。

（7）刻丝

刻丝（图4-107），其虽在唐朝就已存在，但辉煌期却是在宋代，宋之刻丝可谓赫赫有名，其与绘画密不可分（宋代有意削弱军权，礼遇士子，广开科举等举措的实施，致使两宋时文人大批地涌现，文化的繁荣令士大夫对绘画逐渐产生兴趣，因此知画与赏画成为衡量士大夫修养之标志。

a 宋朱克柔款刻丝山茶图（辽宁省博物馆）；
b 元之刻丝牡丹图团扇面（辽宁省博物馆）；
c 元之刻丝大威德金刚曼荼罗（纽约大都会博物馆）

a　　　b　　　c

图4-107　刻丝图例

刻丝作为承载宋人审美取向的重要载体，自然难以与绘画脱离关系，正如磁州窑一般。刻丝以"通经断纬"为工艺特点，即首先需将本色经丝挣在织机上，用小梭将各色纬丝按照所设计之图案逐块织成花纹（注：纬丝无须贯穿幅面，因为在逐块织就花纹时，在其轮廓处均需回纬，在回纬之过程中，会出现小小的间隙，犹如刀刻之痕迹，"刻丝"因此而得名）。刻丝作为宋代名品之一，承载着宋代文化的跨界之美（绘画与工艺美学的结合），已然成为宋代文化的代表之一。

刻丝作为宋代的符号之一，吸引了不少的后来者，清之匠人虽欣赏刻丝，但并未完全效仿宋之形式，而是对其加以创新，如在形式（出现了双面透刻）、材料（使用合色线）、工艺（发展了刻绘、刻绣与刻绘绣等）以及品类（增添了三蓝刻丝与水墨刻丝）等方面均出现了突破之举。

（8）贴黄

贴黄又有"竹黄""翻黄""文竹"等之称（图4-108），贴黄类似薄木贴面之工艺，但要较之复杂百倍，首先需截取竹筒内壁的淡黄色表层，将之焘后再压，以求平整之效果，而后在翻转过来粘贴在木胎之上。贴饰完毕后，既可在其上进行镂刻，又可任其光素，以显质朴之气。贴黄工艺虽产生较晚，但流行的速度并不滞后，因贴黄工艺而闻名的地区甚多，如浙江嘉定、浙江黄岩、湖南邵阳、四川江安与福建上杭等地，均是清中期以来较为著名的"贴黄"之地。

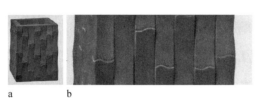

a、b 清贴黄仿攒竹方笔筒（北京故宫博物院）

图 4-108　贴黄图例

（9）金背

金背是铜镜中常见的装饰技法之一，即将整块金片嵌于镜背，除此之外，为了养益主题纹饰，金片上还需施以錾刻等技法予以辅助。

（10）银背

其亦是铜镜中常见的装饰技法，其与"金背"一样，需将整块银箔嵌于镜背之上，为了突出主题纹饰的醒目与耀眼，亦需在其上錾刻纤细的线条来表示图案的丰富性与层次感（图 4-109）。

a、b 唐银背鸾鸟瑞兽纹菱花镜（陕西历史博物馆）

图 4-109　银背图例

（11）焚失法

该法出现在商代，是制作青铜部件的一种方式，如绳状的壶提梁（图 4-110）。焚失法可谓是失蜡法的前身，只是消失的物件有所不同，前者消失的是成就模具的实体（如绳子），而后者消失的则是蜡模。

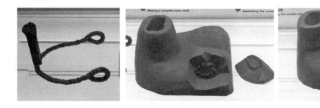

图 4-110　绳索焚失过程图例

（12）失蜡法

失蜡法为春秋战国时所创，该法可使青铜之上的雕刻纹饰显得更为玲珑剔透，如曾侯乙墓中出土的尊盘（图4-111）、河南淅川下寺楚墓中的铜禁等，均是失蜡法之案例。该法需历经两次翻模，首先以蜂蜡制成内膜，而后将泥浆敷抹于其上，以制成外范，待干燥后，还需历经高温焙烧之过程，蜡模在高温的作用下，由预先设置在外范上的空洞中排出，然后再将铜液注入其中，待其冷却后，剥去外范，即可得与蜡模完全一样的铸件。青铜也属于中国当代艺术家具之用材的范畴，其既可单独成件，构成中国当代艺术家具，亦可与其他材料配合使用，形成中国当代艺术家具，故将此经典方法踵事增华、推陈出新是延续中国文化与艺术的最直接表达。

a、b 战国曾侯乙墓中的尊盘(湖北省博物馆)

图4-111 失蜡法图例

（13）巧色

巧色又称"俏色"，是玉石碾琢的特殊手法，在玉石中，并非每块都是莹润无瑕的美玉，其中亦有夹带杂色者，如将之舍弃，未免有些可惜，所以能工巧匠变废为宝，利用这与生俱来的"杂色"进行艺术创造，使其变为美的一部分，如商晚期的"玉鳖"，便是杂玉变美玉的案例之一（图4-112）。

a、b 商晚期鱼鳖（中国社会科学院考古研究所）

图4-112 巧色图例

（14）夹层法

夹层法始于宋代，即以两片银片成就器身的方法（两片之间留有空隙）。用夹层法制成的器物可通过"较少的材料"获得"较厚重"的视觉效果（图4-113），在宋代，匠人们常用此法来模仿"商周"青铜器。通过上述可知，该法可成为"跨界"设计的技术支撑。

a、b 南宋鎏金乳钉纹银簋（镇江博物馆）

图 4-113 夹层法图例

（15）攒接

攒接是将短材在榫卯的作用下，组成各种不同图案的方法之一（图4-114），该法可谓是"用料为精"的彰显，所攒之图案包括曲尺纹、万字纹、盘长、龟背锦与拐子锦等。由于攒接技法中离不开"转角处"（既包括圆材，也包括方材）与"丁字形结构"，故"格肩榫"、用于连接圆材或方材的"闷榫"，是攒接之法中的常用榫卯。

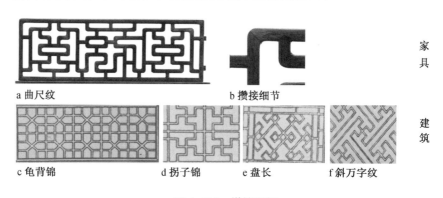

家具

a 曲尺纹　　　　　　　　　　　b 攒接细节

建筑

c 龟背锦　　　d 拐子锦　　　e 盘长　　　f 斜万字纹

图 4-114 攒接图例

（16）斗簇

斗簇是将零碎的木片或木块加以雕刻，然后以"栽榫"合成镂空的纹饰图案（图4-115），如四簇云纹便是最典型的斗簇纹饰之一。

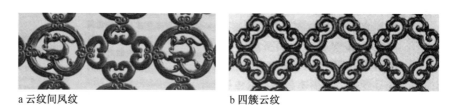

a 云纹间凤纹　　　　　　　　　b 四簇云纹

图 4-115 斗簇图例

（17）攒斗

"攒斗"比"攒接"更为复杂（图4-116），其中不仅涉及"攒接"的工艺，还包括"斗簇"的技法，故其中涉及的榫卯既有"闷榫"与

"格肩榫"，也有"栽榫"。

a至c 四簇云纹（明式家具研究）

图 4-116　攒斗图例

在中国，除了家具，还有很多优秀且影响非凡的工艺美术品，如青铜、玉、金银器、丝绸、陶瓷等。家具有主材与辅材之分，主材也好，辅材也罢，均涉及装饰与技法的参与。前者之技法以雕刻、镶嵌与髹饰为主，而后者（辅材）之技法，不仅只局限于上述三种，由于辅材的种类较多，可以是玉、石、陶瓷与金银，也可以是丝绸，故所选之辅材涉及的技法便不可轻易忽略。比起主材，辅材多为点缀之用，但绝不可小视其作用，也许点睛之处便在于此。文化欲想继续，艺术若想长久，回望传统，学习先人，乃在所难免之事，古人尚且如此，今人又何以拒之？故继承式之发展，是开辟新路的必然选择。

4.4　结语

本章内容的核心为中国艺术家具的"工艺观"，无论是结构的工艺，还是装饰的工艺，均无法脱离中国艺术家具的"工艺观"而独存，结构工艺中的"物质性"与"精神性"以及装饰工艺中的"六要"原则，均是"工艺观"渗透至细节的写照。

预想理解中国艺术家具的"工艺观"，必须明了其"工艺"与当下之"工艺"或"技术"的界限之所在。中国艺术家具的"工艺"与西方不同，包括两部分内容，即"制作过程"与"设计过程"，这是中国艺术家具的"工艺观"的精髓之所在，即在"技法"中表现"艺术"之美。在时代的前行中，任何事物均无法一成不变，中国艺术家具亦是如此，但此种变化，并非是"面目全非式"之"变"，而是在一种"不变的关系"维系下之"变"（"不变的关系"即"工"与"美"之间的关系），无论是非工业时代，还是工业时代，在这种"不变的关系"下的"工艺"绝不会等同于"技术"。

中国艺术家具的工艺包括两部分，即"内部工艺"与"外部工艺"，前者是中国艺术家具的成型工艺，即支撑结构的工艺，如榫卯、卷榡、碾琢、锤揲、铸造等，均属不同材质之"内部工艺"，这些虽为内部之工艺，但依然是中国艺术家具工艺观的践行者，即结构所具的"两面性"（"物质性"与"精神性"）；后者所言意指中国艺术家具的装饰工艺，其既包括装饰的"形式"，诸如"有纹"之饰与"无纹"之饰，又不排除装饰的"技法"，诸如雕刻、镶嵌、髹饰与其他工艺等，"形式"是"美"的内容，"技法"属"工"之范畴，故中国艺术家具的装饰亦是中国之"工艺观"的践行者。

综上可见，中国艺术家具的"工艺"，无论是在古时的"手工时代"，还是在当下的"工业时代"，既不是"物质资料的生产活动"，也不是以"普及"（普及以"同质化"为特征）为目标的"手工生产活动"，其是文化层面的"精神文明的创造活动"与以"引导"（引导以"差异化"为特征，但中国艺术家具中的"差异化"是"理性与感性""合规律性与合目的性"相统一的"差异"，即"共性"中有"个性"、"共相"中含"殊相"、"社会"中见"个人"）为己任的"手工艺"活动，可见中国艺术家具中的"工艺"隶属"综合体"，即"工"与"美"的统一体，结构工艺的"物质性"与"精神性"、装饰工艺中的"气、韵、思、文、技与具"，便是见证。

第 4 章参考文献

［1］敏泽. 中国美学思想史［M］. 济南：齐鲁书社，1987.

［2］爱德华·卢西-史密斯. 世界工艺史：手工艺人在社会中的作用［M］. 朱淳，译. 杭州：浙江美术学院出版社，1993.

［3］田自秉. 论工艺思维［M］. 北京：北京工艺美术出版社，1991.

［4］王世襄. 髹饰录解说［M］. 北京：生活·读书·新知三联书店，2013.

［5］王世襄. 中国古代漆器［M］. 北京：生活·读书·新知三联书店，2013.

［6］黄成，扬明，长北. 髹饰录图说［M］. 济南：山东画报出版社，2007.

［7］孙法鑫. 中国手工艺书：织染［M］. 郑州：大象出版社，2012.

［8］耿晓杰. 现代中国风格椅类家具的开发研究［D］. 北京：北京林业大学，1999.

［9］许柏明. 明式家具的设计透析与拓展［D］. 南京：南京林业大学，2000.

［10］邱志涛. 明式家具的科学性与价值观研究［D］. 南京：南京林业大学，2006.

［11］余肖红. 明清家具雕刻装饰图案现代应用的研究［D］. 北京：北京林业大学，2006.

［12］何燕丽. 中国传统家具装饰象征理论研究［D］. 北京：北京林业大

学，2007.

[13] 高玉国. 漆艺装饰：传统文化装饰元素在现代漆艺装饰中的应用 [D].
　　　 天津：天津工业大学，2015.

[14] 王巍横. 宋代素髹漆器对现代漆艺发展的影响 [D]. 哈尔滨：哈尔滨
　　　 工业大学，2015.

[15] 古斯塔夫·艾克. 中国花梨家具图考 [M]. 薛吟，译. 北京：地震出
　　　 版社，1991.

[16] 乔十光. 漆艺 [M]. 郑州：大象出版社，2004.

[17] 李一之. 髹饰录科技哲学艺术体系 [M]. 北京：九州出版社，2016.

[18] 杨文光. 国漆髹饰工艺学 [M]. 太原：山西人民出版社，2004.

[19] 沈福文. 中国漆艺美术史 [M]. 北京：人民美术出版社，1992.

[20] 何豪亮，陶世智. 漆艺髹饰学 [M]. 福州：福建美术出版社，1990.

[21] 夏兰. 汉代漆器纹样研究 [D]. 扬州：扬州大学，2010.

[22] 王性炎. 中国漆史话 [M]. 西安：陕西科学技术出版社，1981.

[23] 张晨. 中国传统漆艺文化艺术研究 [D]. 南京：南京林业大学，2007.

[24] 庞文雯. 四川研磨彩绘漆工艺的传承与发展研究 [D]. 四川：重庆师
　　　 范大学，2014.

[25] 李永贞. 清朝则例编纂研究 [M]. 上海：上海世界图书出版公
　　　 司，2012.

[26] 王世襄. 清代匠作则例（一）[M]. 郑州：大象出版社，2000.

[27] 朱家溍. 清雍正年的漆器制造考 [J]. 故宫博物院院刊，1987（1）：
　　　 52-59.

[28] 朱家溍. 清代造办处漆器制做考 [J]. 故宫博物院院刊，1989（3）：
　　　 3-14.

[29] 张天星. 探析犀皮中的工与美 [J]. 家具与室内装饰，2017（5）：
　　　 24-27.

[30] 孙溧. 山西绛县剔犀艺术特征及传承研究 [D]. 太原：太原理工大
　　　 学，2014.

第 4 章图表来源

图 4-1 至图 4-5 源自：企业.

图 4-6、图 4-7 源自：企业与《明式家具研究》.

图 4-8、图 4-9 源自：企业.

图 4-10 源自：《明式家具研究》与企业.

图 4-11、图 4-12 源自：企业.

图 4-13、图 4-14 源自：《明式家具研究》与企业.

图 4-15 至图 4-19 源自：企业.

图 4-20 源自：企业与《明式家具研究》.

图 4-21 源自：《明式家具研究》.

图 4-22 源自：企业.

图 4-23 源自：《明式家具研究》.

图 4-24 源自：企业.

图 4-25、图 4-26 源自：《明式家具研究》.

图 4-27、图 4-28 源自：企业与《明式家具研究》.

图 4-29 源自：企业.

图 4-30 源自：企业与《明式家具研究》.

图 4-31 源自：企业.

图 4-32 至图 4-34 源自：企业与《明式家具研究》.

图 4-35 源自：企业、《凿枘工巧图录》与博物馆.

图 4-36 源自：《中国工艺美学思想史》与《中国古代漆器》.

图 4-37 源自：企业与可乐马古典家具博物馆.

图 4-38 源自：《凿枘工巧图录》与传统家具修复匠师.

图 4-39 源自：企业与杂志图录.

图 4-40 源自：《凿枘工巧图录》与毕业展.

图 4-41 源自：杂志图录、《中国工艺美学思想史》与企业.

图 4-42 源于：杂志图录.

图 4-43、图 4-44 源自：博物馆.

图 4-45 源自：红妆博物馆.

图 4-46 源自：博物馆与拍卖图录.

图 4-47 源自：《中国工艺美学思想史》.

图 4-48 源自：《中国古代漆器》.

图 4-49 源自：作坊.

图 4-50 源自：《中国工艺美学思想史》与《髹饰录解说》.

图 4-51 源自：杂志图录与企业.

图 4-52 源自：《中国工艺美学思想史》.

图 4-53 源自：拍卖图录.

图 4-54 源自：企业.

图 4-55 源自：杂志图录、《中国古代漆器》与《中国工艺美学思想史》.

图 4-56 源自：《明清大漆髹饰家具鉴赏》.

图 4-57 源自：苏州企业.

图 4-58 源自：《宋代家具》.

图 4-59 源自：现代家具企业与传统家具企业.

图 4-60 源自：《凿枘工巧图录》.

图 4-61 源自：《中国工艺美学思想史》与博物馆.

图 4-62 源自：拍卖图录.

图 4-63 源自：博物馆自摄.

图 4-64 源自：《中国工艺美学思想史》与博物馆自摄.

图 4-65 源自：《髹饰录解说》与《凿枘工巧图录》.

图 4-66 源自：《中国古代漆器》、博物馆自摄与企业提供.

图 4-67 源自：《中国古代漆器》与传统家具修复匠师提供.

图 4-68 源自：企业与论文集.

图 4-69 源自：可乐马古典家具博物馆与传统家具修复匠师提供.

图 4-70 源自：《髹饰录解说》与博物馆自摄.

图 4-71 源自：博物馆自摄.

图 4-72 源自：《中国工艺美学思想史》《中国古代漆器》与博物馆自摄.

图 4-73 源自：传统家具修复匠师提供.

图 4-74 源自：《中国古代漆器》.

图 4-75 源自：博物馆自摄、《髹饰录解说》与企业提供.

图 4-76 源自：《中国古代漆器》.

图 4-77 源自：《凿枘工巧图录》与《髹饰录解说》.

图 4-78 源自：论文集.

图 4-79 源自：《中国工艺美术思想史》《中国古代漆器》与博物馆自摄.

图 4-80 源自：《髹饰录解说》《中国工艺美学思想史》与博物馆自摄.

图 4-81 源自：《髹饰录解说》.

图 4-82 源自：杂志图录.

图 4-83 源自：《中国工艺美学思想史》与《中国古代漆器》.

图 4-84 源自：杂志图录.

图 4-85 源自：《中国古代漆器》.

图 4-86 源自：《髹饰录解说》.

图 4-87 源自：论文集.

图 4-88 源自：《中国古代漆器》与企业.

图 4-89 源自：《髹饰录解说》.

图 4-90 源自：拍卖图录.

图 4-91 源自：《髹饰录解说》与《中国古代漆器》.

图 4-92 源自：《中国古代漆器》与杂志图录.

图 4-93 源自：《明清大漆髹饰家具鉴赏》与《中国古代漆器》.

图 4-94 源自：企业提供与《髹饰录解说》.

图 4-95 源自：杂志图录与《髹饰录解说》.

图 4-96 源自：《中国古代漆器》.

图 4-97 源自：《髹饰录解说》.

图 4-98 源自：《髹饰录解说》《中国古代漆器》与论文集.

图 4-99 源自：《髹饰录解说》与《中国古代漆器》.

图 4-100 源自：《髹饰录解说》与拍卖图录.

图 4-101 源自：《明清大漆髹饰家具鉴赏》.

图 4-102 源自：《髹饰录解说》《中国古代漆器》与《中国工艺美学思想史》.

图 4-103 源自：博物馆自摄与《中国工艺美学思想史》.

图 4-104 源自：杂志图录与《中国工艺美学思想史》.

图 4-105 源自：论文集与《凿枘工巧图录》.

图 4-106 源自：《中国工艺美学思想史》《髹饰录解说》《明清大漆髹饰家具鉴赏》.

图 4-107、图 4-108 源自：《中国工艺美学思想史》.

图 4-109、图 4-110 源自：博物馆拍摄.

图 4-111、图 4-112 源自：《中国工艺美学思想史》.

图 4-113 源自：论文集.

图 4-114 源自：《中国建筑图解词典》.

图 4-115、图 4-116 源自：《明式家具研究》.

表 4-1 源自：笔者绘制（表中图片源自《中国古代漆器》与企业）.

表 4-2 源自：笔者绘制（表中图片源自《中国工艺美学思想史》、企业与《凿枘工巧图录》）.

表 4-3 源自：笔者绘制（表中图片源自企业）.

表 4-4 源自：笔者绘制（表中图片源自《中国工艺美学思想史》与博物馆自摄）.

表 4-5 源自：笔者绘制（表中图片源自《髹饰录解说》、博物馆自摄与企业）.

表 4-6 源自：笔者绘制（表中图片源自《宋代家具》与企业）.

表 4-7 源自：笔者绘制（表中图片源自《中国工艺美学思想史》）.

表 4-8 源自：笔者绘制（表中图片源自《中国工艺美学思想史》与博物馆自摄）.

5 中国艺术家具的设计研究

中国艺术家具有中国古代艺术家具、中国近代艺术家具与中国当代艺术家具之别，在前述的内容中，笔者已经对中国艺术家具的界定、特征、分类、风格与工艺等进行了阐述。在物质层面，古代艺术家具与近代艺术家具已成为过去时，但在精神层面，前两者并未消失，也不应该消失，故欲想使得中国艺术家具与时俱进，对古之文化的递承与创新，实为合理之举。中国艺术家具是主观群体的思想文化与审美倾向的具象表达，故其设计既离不开主观群体的审美原则与方法论，又无法脱离客观存在而独存，前者是中国艺术家具有别于他国家具设计的灵魂所在，后者则是承载情感、观点与观念的平台。创新代表着"突破"，预示着"新生"，中国当代艺术家具作为工艺美学的递承者，其既需"传承"，还需"创新"，但"递承"不等于对中国古代经典的"无尽模仿"，"创新"亦不代表"全盘否定"，故明确中国当代艺术家具的方法论、创新思路与设计方法，实属合理之事。

5.1 中国艺术家具的审美原则

"审美"与"美"密不可分，美之出处有二，即"主观意识"与"客观存在"，审美作为主观群体对美的选择，自然也不应例外。审美离不开两者，即主观群体与客观存在，前者有"感性"的一面，亦有"理性"的一面[1-3]，"感性"是主观群体实现差异化的基础，即个性化、殊相化与个性化，而"理性"则是避免"感性"走向极端且确保秩序化的必要条件（即共性化、共相化与社会化）。中国艺术家具作为主观群体审美的载入之一，既不是"单一"的"感性"的表达，亦不是"片面"的"理性"的写照，而是两者结合的产物，故中国艺术家具中的"艺术"并非"形状奇特"之物，也非"无法使用"之品，亦非"绝对个性"之作，由此可知，中国艺术家具是"理性"与"感性"、"合规律性"与"合目的性"的统一；审美除了"感性""理性""规律性""目的性"等主观意识的参与，还需客观存在的承载，就本身而言，家具隶属形而下之范畴，但有了"理性"与"感性"的交织以及"合规律性"与"合目的性"的交融，中国艺术家具已然充满了"意味"，且此"意味"隶属"文化层面"之"意味"，而非主观群体在长期的实践中对"物理量"的一种"心理反应"（即与"形式美法则"中的"形式"截然不同，其"形式美"是主观群体对形、色、质等可视存在的一种情感反应）。

5.1.1 理性与感性的结合

理性与感性虽同为一种表达主观群体意识的途径，但两者在表现形式上却截然有别，前者是将内心的情感、观点与观念以"中"与"和"的途径融入整体之中，而后予以表达的一种方式；后者则与之有别，是主观群体自我情感的一种流露。感性作为主观群体之思想意识的第一阶段，具有多样性。任何事物均有矛盾的存在，思想意识亦不例外，感性与理性作为思想意识的两个方面，亦属矛盾的双方，但此种矛盾绝非"绝对对立式"矛盾，而是"可共存式"矛盾。

思想意识是"创造性活动"的重要参与者，感性与理性作为思想意识的范畴，自然决定着创造性活动的发展与方向。中国艺术家具设计作为其内容之一，自然既离不开认识的"初级阶段"，即"感性"认识，亦离不开认识的"升华阶段"，即理性认识，故感性与理性在中国艺术家具中的存在方式隶属"共存性"范畴。

在中国艺术家具中，其思想意识主要指"哲学思想"与"审美倾向"，其作为思想层面之理性与感性的表达，记录着主观群体在"统一"中的"多样"。之于哲学思想而言，其具有"时代性"或"统治性"，其表现在于"同时期"中"不同领域"作品的"共同倾向"，如书法、绘画、诗歌、文学与艺术（诸如青铜器、陶瓷器、木器、玉器、金银器、丝绸等，如汉之"谶纬神学"、魏晋南北朝之"玄学"、唐之融入"道家"与"佛家"的"儒学"、宋之以理学为主导的"新儒学"、元之"儒学"、明代之与"市民意识"相结合的哲学以及清之"由王返朱"的哲学思想等，均属具有时代性或统治性的哲学思想）。

除了哲学思想，思想意识还包括"审美取向"，"审美取向"多指具有"差异性"的思想意识，如帝王之审美、文人之审美、宗教人士之审美等。哲学思想虽具统治性，但由于不同主观群体的思想寄语有所别，故审美倾向却迥然有别，如文人阶层，无论是世袭贵族中的文人，还是由野入朝之文人，均有不同的思想寄语，有人心怀"平淡"，向往"超然世外"，有人心存"浪漫"，憧憬"解放"，也有人心充"感伤"，怀念"往昔"，还有人心生"反感"，渴望"批判"，可见，文人之感颇多，具有"多样性"，欲想在"统一"中彰显"个性"，直接表达会因无法融入时代而被忽略，唯有间接的表露，才是延续主观群体"个性"的有效之路，间接的表露即是在理性中彰显感性，而非抛弃理性的纯感性式表达。

综上可知，理性与感性的表达需合理融合，既不能一味地追求理性，亦不能一味地解放感性。过于偏重前者，则会出现"同质化"倾向，过于关注后者，亦会出现"过差异化"现象（"过差异化"指的是"随心所欲式"的创作，在家具设计中表现为"形状另类"与"无法使用"等），故在中国艺术家具的设计中，应注意理性与感性的相互交错（中国艺术家具中的理性与感性是建立在"文化层面"之上的"理性"与"感性"，而非只关注主观群体"生理"或"心理""需求"层面的"理性"与"感性"）。

5.1.2 合规律性与合目的性的统一

在中国艺术家具之中，审美原则除了"理性"与"感性"的相结合之外，还有"合规律性"与"合目的性"的统一存在，其包括两方面的诠释，即"宏观层面"之"合规律性"与"合目的性"的统一与"微观层面"之"合规律性"与"合目的性"的统一。

1）宏观层面

任何事物均有"宏观层面"与"微观层面"之别，"合规律性"与"合目的性"作为中国艺术家具的审美原则之一，亦不例外。之于宏观层面而言，"规律"有来自"客观存在"的规律，亦有出自"主观思想"的规律。同为"规律"，但前后两者却截然有别，前者需以一定量的"客观存在"为基础，在总结中寻找规律之所在，而后者则需以"心"与"物"之间的"联系"为基础，在推理与演绎中寻找美之规律。

对于中国艺术家具而言，其不仅包括古代艺术与近代艺术家具，还有当代艺术家具的存在。作为"工艺美学"与"工艺设计"的继承者与实践者，当代艺术家具需以"中国设计之理论"为指导进行设计，而非是借用"他国之设计体系"。欲想建立中国当代艺术家具的设计体系，了解往昔之设计，实为合理之举，但是对于中国古代艺术家具而言，除了明清家具之外，其他朝代的艺术家具所存极少，若以"法一"（即从"客观存在"中找寻规律）之路来找寻审美规律，堪比登天，那么在此种情况下，"法二"（即从"主观思想"中找寻规律）方为可行之举。但在中国艺术家具设计之中，从"客观存在"中寻找"设计规律"，并非其核心，由"主观意识"中寻找"设计思想"才是其真谛，故解决问题（因"客观存在"之存世量不足而出现的困境）只是"法二"的基本职能，其核心职能在于构建思想。

在宏观方面，除了规律性之外，还有"目的性"的存在，任何领域均有不同目的性的存在，中国艺术家具设计作为其中之一，亦不例外。中国艺术家具作为中国文化的承载者，无论是在"非工业时代"，还是在"工业时代"，其"审美原则"均无法抛开"文化层面"而独存，故美的"文化层面"的设计便是中国艺术家具的"目的性"所在，其与满足主观群体"生理"与"心理"层面的设计全然不同。前者（基于"文化层面"）是主观群体对"形而上"与"形而下"之间"关系"的一种思考，而非其对于"物理量"一种反应与感受（诸如不同"线形""色彩""肌理"所蕴含的情感，以色彩为例，白色给人以"明快""洁净""朴实""纯真"之感，黑色给人以"严肃""稳健""庄重""沉默"之感，红色给人以"热情""激昂""爱情""革命"之感，橙色给人以"温暖""活泼""欢乐""兴奋"之感，黄色给人以"快活""温暖""希望""智慧"之感，绿色给人以"和平""健康""宁静""生长"之感，蓝色给人以"优雅""深沉""诚实""凉爽"之感，紫色给人以"富贵""壮丽""神秘""抑郁"之感）[4]。

综上可知，在宏观层面，中国艺术家具的"合规律性"与"合目的性"与基于"客观存在"为基础的"规律性"和对"物理量"的心理"反应"与"感受"全然有别，其"规律性"是以"主观思想"为基础的"推理"与"演绎"，而其"目的性"则是基于"文化层面"的"思考"。

2）微观层面

除了"宏观"层面的合规律性与合目的性，还有"微观"层面的存在，在中国艺术家具的设计中，微观层面的表现分为两种，即"精神层面"与"物质层面"的"合规律性"与"合目的性"之统一。之于前者而言，其既有"合规律性"的一面，又无法将"合目的性"的一面抛之于脑后，规律性源于时代之"共性"，"共性"离不开主流的"哲学思想"与"文化倾向"，中国艺术家具作为思想与文化的承载者，必然无法脱离共性而单独发展，即需与所在时代之规律相吻合，古代与近代艺术家具如此，当代艺术家具亦如此，在古时，中国艺术家具的规律性体现在以"主流哲学"为导向的"风格"方面，在近代，中国艺术家具的规律性则体现在以"中西文化碰撞"为基础上的"对路"方面，而在当代，中国艺术家具的规律与前两者有所不同，其表现在于"设计的理论"，即中国当代艺术家具的设计需在"中国现代设计理论"（而非西方现代设计理论）的基础上进行"递承"与"创新"，综上可见，同为中国艺术家具，但精神层面的"规律性"却截然有别。中国艺术家具在精神层面，除了需要"合规律性"之外，还需"合目的性"的参与。规律体现在"共性"与"共相"方面，而"目的性"则与之相反，其体现在于"个性"与"殊相"方面，中国艺术家具之所以千差万别，原因就在于此。"个性"与"殊相"源于主观群体之"知"（"知"代表着主观群体对于不同领域之文化的认知能力，如哲学、书法、绘画、诗歌、文学以及艺术领域等，均属认知之范畴）以及"知"与"知"相交（即主观群体在不同领域的认知之间构建联系的一种能力，如在中国艺术家具的"型"与"文"中融入"书法"与"绘画"之精髓，在"技"中引入"其他艺术领域"之法等，均属构建"联系"之案例）而产生的"浪漫""空幻""忧伤""批判"之感，情感需要载体，中国艺术家具作为其中之一，自然成为表露上述这些情感的物质基础。综上可知，"个性"与"殊相"是凸显"差异化"之重要路径，但此处的"个性"与西方之"个性"有所不同，其需与"合规律性"相统一，而非随心所欲式的"个性"，故中国的艺术家具绝非是以"形状独特"来获取"异类"之感的家具形式。

任何事物都具两面性，微观层面的"合规律性"与"合目的性"亦不例外，除了"精神层面"的"合规律性"与"合目的性"之外，还有"物质层面"的"合规律性"与"合目的性"。之于前者而言，"合规律性"在于"尊重"，即选择可行之技法，在中国艺术家具之中，所用之材多种多样，无论是主材还是辅材，均需选用可行之技法，即为尊重之举；对于后者而言，其主要表现在主观群体的"技能"之上，"技法"与"技能"虽只有一字之别，但意思却存在差异，前者是实现不同"技艺"门类（诸如青铜、陶瓷、漆器、金银器、玉器、丝绸与硬木等）的"结构"与"装饰"的途径与方法，是一种具有"共性"的表现形式，即不同主观群体之"技能"的"共相"（不同在于所"知"的差异），而"技能"则与之不同，是具有"共性"之技法的"多样化"写照，故"技能"具有"个性"与"殊相"之特征，如"张成"与"杨茂"之漆雕、"江千里"之嵌螺钿、"凌阳公"之刺绣、"襄州"之"库路真"、沈涛之"仿真绣"、沈绍安之"脱胎漆器"、卢奎生之"嵌百宝"、三朱之"竹雕"、濮仲谦之"竹刻"、张希黄之"留青刻法"与吴之璠之"竹雕"等，均通过"技能"实现"个性"的案例。在中国艺术家具之中，个性与殊相并非是"绝对自由"的，其需兼顾"共性"与"共相"，故"技能"欲想"合"不同主观群体的"目的性"，必然要"合"（即尊重）具有"共性"与"共相"的"规律性"。

综合可知，无论是宏观层面的"合规律性"与"合目的性"，还是微观层面的"合规律性"与"合目的性"，均是中国艺术家具有别于纯艺术范畴的"艺术家具"的核心。

5.1.3 有意味的形式

家具设计的"形式"有两种，一为基于"意味层面"的"形式"，二为遵循"形式美法则"的"形式"。同为形式，两者之内涵却截然有别，对于前者而言，其是基于"文化层面"的一种形式，审美原则中的"意味"便是"文化"的体现；之于后者而言，其主要是基于视觉的一种心理反应，即主观群体在长期"认知过程"中的一种"情感表现"，如点、线、面、色彩与肌理等的情感，即为案例之诠释。综上可知，无论是基于"意味层面"的"形式"，还是遵循"形式美法则"的"形式"，均为主观意识之范畴，中国艺术家具作为"形而上"的载体，其"形式"自然属于"有意味的形式"，此种形式设计内容甚广，包括哲学、书法、绘画、文化，与不同领域的艺术密不可分。

1）形式与哲学

中国艺术家具的形式与西方有别，其与哲学思想息息相关，在中国，哲学思想与生活密切结合，中国艺术家具作为生活方式的反映者，自然无法脱离哲学思想的影响。

提及哲学，儒道两家不可不提，作为先秦理性精神之代表，两者具有承前启后之作用。儒学将原始文化以"实践理论"的方式予以重释（"实践理论"可谓是"心理学"与"伦理学"的结合[5-8]，将理性主义融入世间生活、伦常感情与政治生活之中），这便是与西方哲学的最大区别之处（孔子并未将宗教因素，即"情感""观念""仪式"引入神秘境地，其将三者消融在以"父子血缘"为基础的世间关系与现实生活中，故使得主观群体的情感不会导向异化了的神学与外在偶像的一边，荀子的《乐论》与亚里士多德的《诗学》便是体现差异的案例之一），中国艺术家具作为现实生活中之一员，必然离不开儒学的影响，如纹饰的内容（如体现秩序与伦理的历史典故）与形式的安排（如对称与均衡原则的应用）等；道家虽向往"出世"，但与倡导"入世"的儒家并非"对立"，而呈"互补"之势，即"无伪则性不能自美"与"天地有大美而不言"互补，若前者由于"功利之目的"造成了束缚，那么后者则是以"无为"来缓解束缚。

可见，儒家与道家作为中国哲学思想的"互补者"，并非是"物"

之代表，而是"事"之化身，前者是遁循"规律"与"秩序"的代表，后者则是凸显"内心"的写照，无论是何朝何代，均离不开两者的互补（既不能绝对遁循"规律"与"秩序"，亦不可不顾"兼济天下"而"独善其身"），"形式"欲想充满"意味"，"互补式"的哲学思想是其根本。

2）形式与书画

书画作为中国艺术之门类之一二，同样是中国艺术家具的形式获得"意味"的重要参与者。书法作为中国线之艺术的根源，自然影响着中国艺术家具的发展与走向，无论是"结构性之线"，还是"装饰性之线"，均无法与之脱离关系。对于"线"的理解，东西方之所以各持差异之见，原因便在于此（"线"均源于客观实践，但在历经"模拟"至"提炼"的过程中，中国为"线"注入了主观群体基于"文化层面"的思想意识，全然有别于主观群体基于"心理反应"层面的思想意识）。中国的书法之所以能为中国艺术家具的形式注入"意味"，在于其本身就是一种"有意味的形式"，无论是直线多而圆角少的金文（殷之金文），还是破圆而方、变连续而断绝的汉隶，抑或是再度演变的草、行与真等，均方圆适度、行云流水、骨力追风于有柔有刚中流露着"富有暗示"与"表现力量"的美，暗示在于主观思想的融入，力量在于运笔的轻重、疾涩、虚实、强弱、转折与顿挫。中国艺术家具作为文化的承载者之一，将书法（而非文字）之"韵"融入设计之中，方为达至"文化层面"的可行之路，如"曲"与"直"的处理（曲直需"适宜"）、"纵"与"横"的安排（纵横要"合度"）、"方"与"圆"搭配（方圆需"自如"）的以及"局部"与"整体"的和谐（布局要"完满"）等，均与书法有异曲同工之妙。

除了书法，中国艺术家具有"意味的形式"与"绘画"亦关系甚大，对于"人工所成"的"有纹之饰"而言，无法将绘画置之于外，绘画对于中国艺术家具的影响，在于两点，一为"技巧"的表现，二为"思想"的表达。前者是赋予形式渐至"意境"的基础，如以"莼菜描"与"铁线描"为例，前者线条有粗有细，飘逸灵动，后者却与前者截然不同，成就人物的线条并无粗细之别，故所成之像全无"吴带当风"之感，而是尽显"薄纱束身"（即"曹衣出水"式）之势。中国艺术家具作为"以刀代笔"之"绘画"的承载者，欲想流露出"意味"，绘画的"技巧"不可不知；之于后者而言，是流露情感，寄语倾向的核心，是赋予形式以"意味"的核心之所在，绘画不仅表现着所在时代的"主流""哲学思想"，还是流露着"自我"的"审美倾向"，如"无我之境"彰显与"有我之境"的表露，便是案例之一，前者以"主流之意识"为主，后者则是"自我之思想"占据主要席位（其并非是绝对意义下的

"自我思想"的彰显，而是依然需遵循"主流意识"，只是此时的主流意识不如"无我之境"明显），前者如宋代之山水，无论是北宋之山水，还是南宋之山水，均为主流思想意识（即"理学"）占主要之位的绘画形式，后者与前者大有不同，"自我审美"占主要地位，如元代之水墨，其以"有意无意，若淡若疏"之势描画着主观群体内心的"浪漫"之情。中国艺术家具作为身具"艺术性"之物，表露主观群体的"主流"与"自我"的情感，乃为关键之点，可见，绘画在表露情感方面的重要性。

3）形式与文学

文学包括诗、词、曲、小说与戏曲等，对于中国艺术家具而言，其影响在于两方面，一是"意境"方面，二是"内容"方面，无论是前者，还是后者，均与"意味"密不可分。之于前者而言，其是以"抽象"的形式实现"意味"的途径，如楚辞、唐诗与宋词的影响，并未出现"具体式"画面，而是以一种高度"概括式"的精神散发着影响，正如汉代艺术中的"云气纹"与宋代艺术家具中的"含蓄严谨"一般，均是以"概括式"的精神来递承文学内涵。

除了在"意境"方面的影响，还有"内容"方面的存在，文学作为主观群体表露"心"之"所感""所想""所思"的载体，既有"浪漫主义"倾向，也有"感伤之情"的存在，亦会有"批判之念"的写照。如"楚辞"对"形式"影响，除了"概括式"的影响之外，还有"内容"的左右，众所周知，楚辞的世界是缤纷多彩的，既有美人香草与百亩芝兰，亦有芰荷芙蓉与芳泽衣裳，还有巫咸夕降与流沙毒水，主观群体的无羁与狂放，尽显于此，任何文学形式，均有载体相伴，楚辞作为其一，亦不例外。以汉代之艺术家具的纹饰为例，其中的伏羲女娲、不死仙人、奇禽怪兽、赤兔金龟、狮虎猛龙、大象巨龟、猪头鱼尾等，均是"内容"方面在"形式"中表现的案例。除了楚辞，"小说"与"戏曲"亦会在"内容"方面影响"形式"，如"市民意识"较浓的明代，主观群体会借"小说"与"戏曲"的内容来表达自我的情感。

综上可见，文学作为主观群体寄语情感的载体，亦是为"形式"融入"意味"的不可或缺之物。

4）形式与其他艺术

除了哲学思想、书法、绘画与文学之外的其他艺术形式也影响着中国艺术家具"形式"的递承与创新，其他艺术诸如青铜、陶瓷、金银器、漆器、玉器与丝绸等，均属影响物之列。对于其他领域的艺术而言，其对于"形式"的影响在于"跨界"（包括"装饰"与"技法"的跨界）。

任何事物欲想在递承中创新，若与其他领域全无交集，仅靠自身的发展而达到"变种式"创新之目的，实为难事一桩，若与其他领域的艺术形式有所交集，那么情况则大为不同，对于中国艺术家具而言，其"形式"既包括"可见"形式，亦包括"隐形"形式，前者如"装饰"之类，后者如"技法"之列等，均属"形式"所含的范畴，对于装饰而言，借鉴其他领域的艺术形式，实为常见之举，如髹饰中的"绮纹刷丝""刻丝花""联珠纹"，剔红中的"云雷纹""斑纹地"，以及硬木中的"阳线"等，均与"丝绸""青铜""金银器""玉器"关系紧密。之于"技法"而言，其作为"变种式"创新的关键之所在，以"跨界"之法予以实现，实为必要之举，如"锥画""金银箔贴花""金银平脱""嵌金银""剔犀"等，亦与"青铜"与"金银器"无法划清界限，可见，无论是基于"装饰"的"形式"，还是基于"技法"的"形式"，欲想创新，"跨界"乃为现实之选。

综上可知，"跨界"即将其他领域的艺术形式为中国艺术家具所用，此法依然为"形式"融入"意味"。

5.1.4 小结

审美是主观群体对美的一种认识，中国艺术家具既不同于"纯艺术"领域中的家具形式，又与以"物质资料生产"为目的的家具形式差异明显，其是建立在"文化层面"之上的一种家具形式，故审美原则自然与众不同。

首先，美与主观群体的感官密不可分，既有未上升至理性阶段的"直觉性"审美，亦有升华至理性层面的"顿悟性"审美，前者也好，后者也罢，均是中国艺术家具中不可或缺的因素，前者是"灵感"的来源，后者则是赋予中国艺术家具"实用性"与"适用性"的关键所在，故在中国艺术家具的审美原则中，既不能抛弃前者，亦无法离开后者，应以"感性"与"理性"相结合之法成之。

其次，任何事物均具两面性，审美原则亦不例外，即"共性""社会性"的一面与"个性""个体"的一面。"共性"与"社会性"体现在与所在时代的哲学思想、诗歌、书法、绘画、文学与其他门类艺术的交集之上，而"个性"与"个体"则表现为主观群体的思想倾向的写照，中国艺术家具作为与生活方式息息相关之物，既不能只具"时代属性"而泯灭"差异化"的存在，也不能无视"统一"而尽情流露"自我"的情感。故在中国艺术家具之中，审美原则应以"合规律性"与"合目的性"的统一为宜，前者为"共性"与"社会性"之描述，后者则为"个性"与"个体"之写照。

最后，在前述的内容中，笔者已提及，中国艺术家具的审美是建立在"文化层面"的，故中国艺术家具设计的最终显示（即为"形式"）应是"有意味"的，其中的"意味"便是文化的参与，该"意味"与"格式塔心理学"下的"形式美法则"截然有别，其并非只是满足"心理"或者"生理"的一种"反射式"对称、均衡、比例、节奏、韵律以及多样与统一，而是与哲学思想、书法、绘画、诗歌、文学以及其他艺术形式呈"交叉"之势，故中国艺术家具的审美原则应以"有意味的形式"为指导。

综上可知，在"感性"与"理性"相结合、"合规律性"与"合目的性"相统一以及"有意味的形式"的美学原则的指导下，中国艺术家具与"纯艺术"范畴下的"艺术家具"全然相异。

5.2 中国艺术家具的创新设计研究

创新是一切发展的主题，中国艺术家具作为万物之一，亦不例外，其范畴不仅包括中国古代艺术家具与近代艺术家具，还有中国当代艺术家具的存在，中国当代艺术家具作为中国文化的延续，应植根于中国设计的理论，而非"在中国的设计理论"。由于工业化的发展，加之"工艺美学"更名为"艺术设计"，主观群体越发分不清生产资料的"生产活动"与精神文明的"创造活动"之间的界限与区别，对于家具设计而言，前者是为满足主观群体的"物质需求"（工业化初期之表现）与"同质化"的"精神需求"（随着工业化的发展，主观群体出现了"审美"需求），而后者则与之不同，其以满足主观群体的"文化需求"为目的（即"差异化"的"精神需求"），欲想实现此种形式的创新设计，探寻设计方法的方法（即方法论）、设计思路以及设计方法等，实为必要之举。

5.2.1 设计方法论

欲想寻找合理的设计方法，探寻"设计方法的方法"（即方法论）当为首要之事[9]。中国当代艺术家具既非"复古式"家具，亦非"中国风式"与"中国主义式"家具，故依然效仿或改良中国古代家具或依旧沿袭西方的设计方法论，恐难实现"本质上"的"中国设计"（即设计的"中国性"依然是"表面"的）。中国当代艺术家具作为基于"工艺美学"的家具设计，其与基于"技术美学"的家具设计不可同日而语[10-12]，前者之"美"来自主观群体的"思想意识"，而后者之"美"则出自"客观存在"之"规律性"的发现，可见，"美"之出处不尽相同，故在探寻"设计方法的方法"之时，绝不能将"唯物式"（即基于"客观存在"来寻找"规律"的方法）的方法论与中国当代艺术家具中以"知"（即基于"主观意识"来探寻"思想"的方法）为先的方法论画等号。

1）方法论之途径

方法论是寻找设计方法的方法，若无方法论的引导，所用设计方法便失去了正确的引导。寻找设计方法的方法大致有二，一是寻找"设计规律"，二是寻找"设计思想"[13-14]。

领域不同，所用方法论亦有差异。对于中国当代家具的设计而言，有"工艺设计"与"工业设计"之别，前者作为"工艺美学"的延续者，既需继承中国古代艺术家具古之精髓，还需以创新为己任，开启中国当代家具设计理论之先河；后者与前者不同，其隶属工业时代产物，随着时代的发展，工业设计已在"物质需求"层面实现了主观群体的需求，逐步进入关注主观群体的"精神需求"阶段，于是"技术美学"得到了工业设计的关注。

（1）寻求"设计规律"

对于寻找"设计规律"而言，其需以"客观存在"为基础，建立一个从"物"到"事"的过程，利用此需求设计的方法，多与"批量化""模数化""标准化"息息相关，故无论是物质资料的"生产活动"，还是"精神文明"的创造活动，均呈"大众化"的倾向，所以"设计规律"一经构建，产品将会出现"同质化"的趋势。无论是在古时还是当下，均有以此种"方法论"为指导的设计存在，因为"大众化"的"审美"是"文化普及"的关键之所在。在古时，虽未进入机械时代，但"标准化"与"批量化"的思想早已存在，如春秋战国时清晰细密的"蟠虺纹"的"模印制范"法（即在未干的陶范上用有雕刻的小花板反复压印连续图案的过程）、"燕几"的设计、"堆红"与"堆彩"法中的"单色漆冻"与"彩色漆冻"的应用（堆红与堆彩又名"假剔红"与"假剔彩"，为了缩短制作时间、降低成本以及加大产量，匠师们以"漆冻"代之，而后在其上翻印图案）、裁切钿片的"模凿"（为了规范同类型钿片的尺寸与形状）诞生以及犀皮中"打捻"所用之"薄竹片"（以"薄竹片"替代"手工起花"，可以缩短"起花"的时间）等，均为批量化与标准化提供了借鉴思路，故其可谓是"中国的工业设计"（非"在中国的工业设计"）之启蒙。随着时代的发展，"机械化"逐渐取代了"可替代性"的"手工劳动"（而非具有"不可替代性"的手工艺），于是"工业化"成为"批量化"与"标准化"的主力军,"中国的工业设计"与"在中国的工业设计"有所不同,其欲想成为真正的"中国当代家具设计"(而非"在中国的当代家具设计"),既不能抛弃传统,亦不能一味地效仿,需在"合度"与"适宜"中将中国的"工"与"美"完美呈现,即以不同时代的"客观存在"为基础,采用"物"到"事"(即将"物"置于"联系"中予以研究,故主观群体不仅需要研究"物"之本身,如材料、结构、色彩、装饰、尺寸与技法等,还需关注与"物"相关的"外因"影响,如所在时代的哲学思想与主观群体的审美取向等)之法来探寻"中国的工业设计"的"设计规律"。

(2)寻求"设计思想"

除了寻求"设计规律"的方法,还有探究"设计思想"的方法,此法与寻求"设计规律"截然不同,其隶属于"精神文明"的"创造性"活动,即寻求"设计思想"的方法与"工艺设计"或者"文化层面"的"工业设计"(在"工业设计"中存在两种设计形式,即"同质化"的设计形式与"差异化"的设计形式,前者以"批量化"与"标准化"之法来满足"大众化"的"物质需求"与"精神需求",后者则是建立在"文化层面"的"非批量化"与"非标准化"的设计形式,故仅以寻求"设计规律"为方法的方法论,恐难达至"文化层面",还需将寻求"设计思想"为方法的方法论融入其中,即寻求"设计规律"与寻求"设计思想"两法的共同参与)如影随形。方法论离不开"本体论"与"认识论",寻找"设计思想"的方法隶属方法论之列,自然亦需研究"本体论"与"认识论"。在本体论方面,"工艺设计"范畴内的方法论既需研究"源"之问题,又不能抛弃"变"与"不变",在"源"之方面,此方法论需深入研究"工艺"与"设计"之间的渊源,因为其不仅涉及"工艺设计"之源,还囊括了"四分法"的根式。在"变"与"不变"的方面,以寻找"设计思想"的方法不仅需要正视时代变迁、哲学思想转换、审美位移、生活方式演变等"变"与"动"的因素,还需重视不变的"关系方面"的问题。认识论作为"工艺设计"范畴内中国当代家具设计的方法论的内容之一,强调"知"之重要性,因为设计不只是筛选"美"的过程("筛选"是为了更好地符合"机械生产"),还是使"美"公平存在的平台,而"知"的能力,便是赋予"美"公平竞争的关键之所在。研究了本体论,探寻了认识论,方法论的得出已成必然之事,如"一"生"多"与"多"合"一"、"跨界"与"多元"以及"有根"等,均属得出设计的方法。

综上可知,对于不同领域与不同目的,所用之"方法论"也截然不同,有以寻求"设计规律"的方法,如"中国的工业设计"中以"批量化"与"标准化"为目的的"物质资料"的"生产活动"与"精神文明"的"创造活动",还有以寻求"设计思想"的方法,如"工艺设计"中的"中国艺术家具设计",便是例证,更有"两法相融"(即将"技术美学"与"工艺美学"先"融"后"简"之法,在"保持立场"的基础上,使得"技术美学"为"中国的工业设计"所用)的"方法论"的存在,即寻求"设计规律"与寻求"设计思想"并用,如基于"文化层面"的"中国的工业设计"的当代家具设计形式,可见,"不同领域"所用"方法论"不可以"统一"盖之。

2)中国当代艺术家具设计的"本体论"

对于中国当代艺术家具的"本体论"而言,其与"是什么"密不可分,欲想探究中国艺术家具的本体,也许一个明确的定义无法完成诠释目的,任何事物,均非产生于无缘无故,所以探究其"源",实为必要之举,除了"源之论",还需明了"动"与"静"之辨。对于前者而言,其所涉及之内容包括"美"之源与"工"之源;对于后者而言,其所涉及之问题既包括"继"与"承"之间的反思,还包括"变"与"不变"之间的交替。

(1)"源"之论

中国当代艺术家具作为中国艺术家具的继承者与开拓者,其精髓必然一脉相承,故"美"与"工"之间的关系问题自然是中国当代艺术家具的核心,所以"美"之"源"与"工"之"源"是中国当代艺术家具方法论中"源"之论的关键所在。

就"美"之源而言,其离不开"美"之"基础"或"出处"的问题,即源自"主观群体""思想"与"意识"的"美",还是源自"客观存在"之"美",对于前者而言,其是"精神文明"之"创造性活动"的关键(此种精神文明的创造性活动并非产生于"需求",此时的"需求"即为文化层面之"需求",而是诞生于正在成长的"奢侈"),在古时,此种"创造性活动"与"哲学"密不可分。对于中国当代艺术家具而言,既可以中国的"哲学"为"源"实现"精神文明"的"创造性活动",又可以"融合式"的哲学为"源"进行"精神文明"的"创造性活动",即采取为"我"所用之原则,将西方的哲学退去宗教色彩与神秘主义的面纱融入中国的哲学中,即与"现实生活"发生联系,而非将其作为绝对的"外化之物"。除了源自"主观意识"之美,还有源自"客观存在"之美,此种"美"以两种方式存在,一为"创造性"的存在方式,二为"生产性"的存在方式,第一种为"跨界式"的"创造",即将其他领域或者其他材料客观存在的"技法"或者"形式"(包括"形制"与"装饰")融入家具设计之中;第二种则是"批量化"与"标准化"概念的诠释，即具有"同质化"趋向（既包括以"物质需求"为基础的家具设计，又包括以"大众化"为基础的具有"精神需求"的家具设计）。可见，对于中国当代艺术家具而言，其美除了可来自"主观群体"的"思想"外，还可源于"客观存在"，但此中之"美"是"跨界式"，跨界并非是单纯意义上"物"与"物"之间"形式"与"技法"的互用，而需主观群体凭借自我之所"知"，将隶属于他物之技法、装饰与形制为"我"之所用，故此种出自"主观群体"的"美"亦需以"知"为前提。

在中国当代艺术家具设计的"源"之论中，除了"美"之源外，还有"工"之源的存在，"工"与"美"是中国当代艺术家具"工艺观"中的核心因素。"工"虽为"制作过程"，但其却是将主观群体的思想得以实现的关键之所在，故"工"作为"主观群体"的"意识"与"客观存在"之间的桥梁，其源头自然无法离开出自"主观群体"之"美"亦不能脱离出自"客观存在"之"美"而独存。前者之"美"作为"创造性"活动之先决条件，决定着中国当代艺术家具设计的方向，即"知"决定着"行"，后者之"美"作为"跨界"的"具象"参照，亦影响着中国当代艺术家具设计的发展，即"存在"影响着主观群体之所"知"。

综上可知，在中国当代艺术家具设计的"源"之论中，既包括"美"之源，又包括"工"之源。对于前者而言，其"美"是"创造性"的（既包括出自"主观群体"的"思想意识"的"创造性"活动，亦包括出自"客观存在"的以"跨界式"为法则的"创造性"活动），而非"生产性"的；对于后者而言，其作为"形而上"与"形而下"之间的纽带，其之"源"既与"主观群体"的"思想意识"密切相关，又与"客观存在"息息相关。

（2）"动"与"静"之辨

中国当代艺术家具是发展的，故其具有"动"之特性，中国当代艺术家具作为可见之物，是中国文化的承载者，文化具有"时间性"与"空间性"，无论是前者还是后者，均非"静止"之列，既然所载的"无形之物"身具"动"之特性，那么用以承载者"无形之物"的"有形之物"亦非"静"之列。但凡是物，包括"无形之物"与"有形之物"，均具两面性，即除了"动"之面，还有"静"之面的存在，文化中的"有根"者，即为"静"之特性的写照。在中国当代艺术家具之中，"动"表现于三点，即形而上、形而中与形而下，而"静"之描述则与"动"截然不同，其既非绝对的"主观意识"，亦非绝对的"客观存在"，而是两者之间的"关系"，无论是"主观群体"的"思想"与"审美"，还是出自"自然"或"人为"的"客观存在"，均会顺"时"而变，唯有两者的"连接关系"，方为"有根"设计中的"不变"之"物"。

①"动"之表现

但凡世间之物，无论是源于"主观群体"的"思想"或"审美"之"物"，还是源于"自然"或"人为"之"物"，均具"与时俱进"特性，新思想、新事物、新技法与新领域的出现（此处之"新"既包括"量变式"之"新"，即"改良"之"新"，又包括"质变式"之"新"，即"变种"之"新"），均为"物"呈现"动"与"变"之态的关键所在，中国当代艺术家具隶属其中之一，亦不会置身于外。对于居于"文化层面"的"艺术"之"物"而言，其自然不会将"形而上"与"形而下"加以分离，而需以"形而中"为桥梁与纽带来实现两者的"你中有我"与"我中有你"。

之于"形而上"而言，它是引导"物"之"所向"的关键所在（此种之"物"指的是"形而上"的"承载之物"），"形而上者谓之道"，可见"形而上"指的是"哲学"之类，自从春秋战国起，中国的哲学就形成了以"儒""道"为主的"互补式"哲学，虽为主流哲学，但其并非一成不变，而是随着时代的发展呈现"变动"之态。汉代之"谶纬神学"、唐代之"儒释道"相结合、宋之"理学"与明之"心学"等，均为"儒家""道家"或者"儒道两家"与"楚辞之浪漫主义""佛学""禅宗""市民文艺"相结合的产物，可见，这"形而上"绝非一成不变之"物"（即无形之物）。中国当代艺术家具隶属中国艺术家具之列，其自然需遵循这"动"之规则，"形而上"作为赋予中国当代艺术家具"差异化"（此处之"差异"意指不同之领域家具的"区别"）的根本，其之"动"是主观群体在"原有之意"的基础上融入"时代思想"与"审美倾向"之"动"，故此时的"形而上"已然出现了有别于"原有之意"的"应有之意"，即主观群体之"目的性"（此种"目的性"既包括具有"共性"与"共相"的"目的性"，如"儒家"到"新儒家"，还包括具有"个性"与"殊相"的"目的性"，如在具有"共性"与"共相"的"形而上"中融入"浪漫主义""空幻""感伤""批判"等情感因素，均为"合规律性"下的"合目的性"表现）的"形而上"。

之于"形而下"而言，其与"形而上"具有本质之别，"形而下者谓之器"，可见，这"形而下"隶属"客观存在"之列，即"有形之物"，虽然形而上与形而下在哲学家的眼中有着一条难以逾越的界限，但在工艺美学之中，"形而上"与"形而下"密不可分，前者作为引导后者的核心，起着"方向性"的作用，"形而上"并非一成不变，故"形而下"也非"静止"之"物"。对于客观存在而言，有"自然之物"与"人工之物"的区别，无论是前者还是后者，均包括"形制""材料"

"色彩""装饰""结构""尺寸""工具"等，无论是其中哪一种"形而下"的因素，均可成为"形而上"之类的载体，故"动"之特性亦是无法避免之事。中国当代艺术家具作为具有"形而上""思想"的"形而下"，其必然处于"动"之中。

中国当代艺术家具既非高高在上的"纯艺术"的存在，也非只为满足存在而存在的"纯物质"之产物，其是以自身为载体承载"主观群体"的"思想意识"的"客观存在"，即中国当代艺术家具中既包括"形而上"的存在，又囊括"形而下"的内容，故其是形而中的。通过上述内容可知，无论是"形而上"还是"形而下"，均处于"动"之态，"形而中"作为两者的桥梁，自然应呈"动"之势。"形而中"包括两种，即"直接"的"形而中"与"间接"的"形而中"，前者意指一些可视因素，如材料、形制、结构、色彩与工具等，而后者则与前者有所不同，其相对于前者较为"抽象"，即为使得主观群体的思想与客观存在相融的"方法"与"途径"，如技法（其是指实现不同"艺"之门类的"方法"与"途径"，与"技能"相比，其具有"共性"与"共相"的特点）与技能（其是指在"同一种"技法中，达到相互区别的"方法"与"途径"，与"技法"相比，其具有"个性"与"殊相"性），对于前者而言，其作为连接"心"与"物"的"直接式"形而中，会随"时"而"变"，此种之"时"，既有主观因素的参与，亦有客观因素的左右，前者如主观群体的思想意识、审美倾向与风俗等，而后者则诸如自然环境、地理位置与建筑形式等，均是牵动"直接式"形而中之"变"的因素所在；对于后者而言，其作为"心"与"物"发生联系的"间接式"形而中，亦与"直接式"形而中同样，均呈"非静"之状态，因为新思想、新材料与新工具的出现，均会促使"技法"与"技能"的更"新"，可见"形而中"作为"形而上"与"形而下"之间的连接之物，亦具"动"之特征。

②"静"之表现

任何事物均具两面之性，有"动"之一面，必有"静"之一面，对于中国当代艺术家具而言，其"静"之方面既非"形而上"与"形而下"，亦非"形而中"，而是使得中国艺术家具保持持续生命力的一种"关系"，此种关系便是中国艺术家具的"工艺观"。

世间之"物"均包含两种"关系"，即之于"内因"的"关系"与之于"外因"的"关系"，前者意指"自身的关系"，即"肯定"的方面与"否定"的方面，而后者则与前者迥然有异，其意指"主观群体"之"心"与"客观存在"之"物"的关系，同为"关系"，但目的不同，所属领域自然有所分别，以第一种"关系"为基础所得之"静"为"客观存在"的"本质"与"规律"下的"静"（即主观群体从"物"到"事"来寻找"客观存在"的"本质"与"规律"），而以第二种"关系"为基础所得之"静"则为"主观群体"在"合规律"下的需找"思想"的"静"（即主观群体从"知"到"行"来找寻设计"思想"的"静"，其与"第一种关系"的区别在于方法，"第一种关系"建立在"科学"的基础之上，无论是"理性式"科学，还是"实践式"科学，抑或是"创造性"科学，均可成为"第一种关系"的基础，而"第二种关系"则是以"主观"为主，但与西方的"主观"判然不一样，其并未导向柏拉图式的"灵感说"与"迷狂说"，也未倾向于亚里士多德的"心理学"式的"主观"，"第二种关系"则是"心"与"物"在"合规律下与合目的性统一"之基础下之"关系"）。

中国当代艺术家具隶属"文化层面"的"工艺设计"领域，故其"静"与"第二种关系"密不可分，在中国当代艺术家具之中，"第二种关系"表现为"美"与"工"之间的关系，虽然历经朝代的更替与时代的更迭，但"美"与"工"的关系却未曾发生过变化，即在"实践操作"中体现"主观群体"的思想与倾向，中国当代艺术家具作为"中国文化"的诠释者，无法将中国传统文化抛于脑后，欲想在万物皆"变"的当下保持中国文化的"特性"，那么上述处于"静"态的"关系"，便为关键点。

综上可知，"形而上""形而下""形而中"隶属中国当代艺术家具中"动"的因素，而对于"心"与"物"之间"关系"的看法则隶属"静"的方面，有"动"必有"静"，"动静"结合才是承载"文化"之"物"在"递承"中进行"创造性"发展的根本。

3）设计的认识论

认识与认识论（即知识）不同，前者是一种能力，而后者则是一种反思，具有认识能力，未必形成"论"的结果，从认识到认识论，实则是主观群体"知识"形成的过程，具有动态性，两者（认识与知识）虽只有一字之别，但不可混为一谈，知识需要通过与认识对象相互接触，并历经"反思"（认识论的过程），即"知也者，以其知过物而能貌之"。从认识到知识（即认识论）的过程中，主观群体所接触的认识对象（人和物）不尽相同，故所成知识也有所异，于是知识出现了类别之分。按照《墨经》中的一种分法，即按照知识的来源，可将其分为三类，即来自认识者的亲身经历、来自权威的传授与来自推论的知识。

对于中国当代艺术家具而言，其认识论的形成亦同上述所言，家具作为文化的载体，离不开"人"，也难以孤立于"物"之外，主观群体作为形成"认识论"之主体，其"认识方式"必然决定着"物"与

"物"之间的"区别"与"发展方向",尤其是在"不同文化"形式"互相交融"的当下,更需"主观群体"以正确的"认识论"来赋予"物"（意指中国当代艺术家具）的"特别性"（即区别于"其他领域"或"他国"设计的"特征"），中国当代艺术家具作为中国家具"文化层面"的表达者,既需认识到与"物"相关的区别,还需认识到与"人"相关的差异。由于中国当代艺术家具既不属于倾向于"物"之重要性的"形而下"之列,又不属于强调"心"之唯一性的"主观唯心"或"形而上"之范畴,其是以"物"承载"心"之所向的"形而中"之"物",故在中国当代艺术家具的"认识论"中,"人"（此处之"人"所指并非是"表象"之"人",而是其具有"本质性"的"思想"）与"物"不可割裂而谈。

通过上述论述可知,欲想了解中国当代艺术家具与"其他领域"（如"工业设计"与"艺术设计"领域）或者"他国"（意指"在中国的家具"）的家具有何区别,必须明确"物"之所成的"方式"（即"工"之形成过程）与"心"之所向的"归宿"（即"美"之形成过程），诸如生产活动与创作活动、手工劳动与手工艺、"技"之诠释、同质化与差异性、工艺观与技术观、"规律"之来源、美的"心理反应"与美的"文化表现"等,均属上述"区别"的关键之所在。

（1）生产活动与创造活动

同为活动,但物质的生产活动与创造性活动却截然有别,前者是主观群体存在的基础,后者则是主观群体在物质资料得到满足之后所进行的精神层面的活动。

① 关于生产活动

主观群体的"生产活动"是其与动物相互区别的关键所在,此种活动是人生存的基础,主观群体欲想生存,必然无法离开物质需求,诸如吃、穿、住、行等。物质的存在方式有两种,一为"直接形式",二为"间接形式"。前者来自自然,是无需经过人为之手的生产与再生产;后者则与前者迥然有别,其并非是自然界所处的"直接存在",而是人们利用自然之物满足自身所需的生产与再生产的过程。对于有别于动物的主观群体而言,利用工具在积极地改造自然维持生存（而非在消极被动中适应自然），即第二种物质资料的生产方式方为可行之举。

任何事物均有"与时俱进"性,"物质资料"的"生产活动"亦不例外,在不同的时代背景之下,其也呈现不同之势,如在以"手工"为主的"非工业时代"与以"机械"为主的"工业时代","物质资料"的"生产活动"的形式便截然有别。前者主要以通过"主观群体"的"劳动"为主,而进入"工业时代"之后,"机械"代替主观群体的"手工劳动"，故此时的"生产活动"则以"机械"为主。虽然时过境迁，形式有所变化，但"物质资料"的"生产活动"的"本质"并未动摇。首先，物质资料的生产活动的初衷并未改变，无论是手工时代，还是机械时代，均是以满足主观群体的"物质需求"为目的，只是"实现的方式"有所不同而已；其次，无论是"手工时代"的"物质生产活动"，还是"机械时代"的"物质生产活动"，均以"批量化"与"标准化"为核心，故不管是"主观群体自身"所参与的物质生产活动（意指以"手工劳动"为主的"非工业时代"），还是"主观群体间接"参与的物质生产活动（意指以"机械化"为主的"工业时代"），其物质生产劳动均以"重复性"与"可替代性"为共同特征；最后，由于所满足的对象是以"物质需求"为主的主观群体，故物质生产劳动所成之品具有高度的"同质化"倾向。

综上可知，物质资料的生产活动不仅以满足"物质需求"为主，还离不开"批量化"与"标准化"，故所出之品的"同质化"倾向极为明显。中国当代艺术家具作为以满足主观群体的"文化层面"为主的设计活动形式，自然与以"物质需求"为基础的物质生产活动无法同日而语，可见，中国当代艺术家具设计不属于本节所讨论的活动类型。

② 关于创造活动

主观群体的活动，除了物质资料的生产活动，还有精神文明的创造性活动，在上文中已经提及，生产活动是主观群体为了满足"物质层面"之"生存"而进行的生产与再生产活动，后者与前者有所区别，其是主观群体在物质基础得以满足之后而出现的一种涉及"精神层面"的活动。

对于"创造性"的活动而言，其存在两种形式[15-20]，即以"客观存在"为基础的"创造活动"与以"主观意识"为出发的"创造活动"，同为"创造活动"，两者却截然有别。前者的"创造活动"是对"已有"之"物"与"事"的"本质"与"规律"的"再造"，故基于此种形式的"创造活动"便无法回避"自然科学"的过度干预，即创造活动需以某种科学的标准、规则与公式来衡量"创造"的美与丑；后者与前者迥然有异，其创造活动的基础并非是与自然科学紧密相连的"客观存在"，而是"主观意识或思想"，但此种主观意识既不同于柏拉图式的"灵感说"与"迷狂说"，也不是普洛丁式的"放射说"，更不是中世纪"经院派"学者所捍卫的"理式"，其是基于"文化层面"的主观群体的情感表达与寄语，这种寄语不仅与"现实生活"密切相关，且与所在时代的"哲学思想""书法""绘画""文学""艺术"等相辅相成，故此种创造活动具有"理性"与"感性"共存、"合规律性"与"合目的性"同在之特征。

　　设计作为主观群体解决问题的（包括"物质层面"的问题与"精神层面"的问题）活动之一，除了包含"生产活动"之外，还有"创造活动"的存在，在上述的内容中，笔者已提及，创造活动有二，即以"客观存在"为主的创造活动（即从"物"到"事"的过程中，探索"客观存在"的背后之"理"）与以"主观思想"为主的创造活动（即从"知"到"行"的过程与关系中，找寻设计思想）。在设计中，之于第一种创造活动而言，其主要目的是弥补基于"物质层面"的"生产活动"所缺失的"心理需求"（此种基于"心理需求"的审美与"观念联想"关系较大）；之于第二种创造活动而言，其主要目的则是满足主观群体在"文化层面"的"需求"。可见，同为设计中的创造活动，由于主观群体的需求不同，所属的创造活动的类型亦有分别。

　　中国当代艺术家具作为设计的"创造活动"中的一员，其不仅是"工艺美学"的继承者，还是"工艺设计"的开拓者，中国当代艺术家具既不能抛弃传统，亦无法脱离当代，故其创造活动必然与"工业设计"范畴中的创造活动有所不同。若中国当代艺术家具以"第一种方式"作为创造活动的主要之法（即以"客观存在"作为创造活动的基础），那么会遗漏对"实物缺失"的中国古代艺术家具的递承与创新（如对于明代之前的中国艺术家具的探索与研究），可见，对于中国"工艺美学"继承者的"中国当代艺术家具"而言，单纯地以此种方式作为创造活动的主要方式，实为不妥之举。通过上述的论述，作为文化之引领者的中国当代艺术家具，采用"第二种方式"作为创造活动的主要之法（即以"主观群体"之"思想"为主），确为可行之径，此种方式的应用，不仅可拓展主观群体对于中国文化的递承，还可为主观群体在创新的路上积累必要的经验。笔者赞同以第二种方式作为中国当代艺术家具的主要创新之法，并不代表对"第一种创新活动"的否定与抛弃，其可作为"第二种创造活动"的辅助方式。

　　综上可知，同为精神层面的创造活动，由于目的之别，所对应的创造活动也不尽相同，若只为弥补"物质生产活动"所缺失的"心理需求"，那么以"第一种方式"作为"创造活动"的主要之法，可谓是对路之计，若为了满足部分主观群体对于"文化的需求"，那么以"第二种方式"或者"两种兼用"（若两者兼用，则需以"第二种创造活动"为主）为创造活动所用。

　　（2）同质化与差异性

　　通过上述之内容可知，主观群体的活动形式有二，即物质的生产活动与精神文明的创造活动，对于前者而言，其主要目的是为了满足人们的"物质需求"，故所依赖的活动形式具有较高的"重复性"与"可替代性"，因此该种生产活动所出之物具有"同质化"的倾向，可见，"物质生产活动"下的"同质化"是所在时代的主观群体依照"大众化""标准化""批量化"原则而出的产物。

文明与文化随着时间的前行而不断地得到沉积，单纯的物质资料生产活动已无法满足主观群体的"精神需求"（包括"心理需求"与"文化需求"），故精神文明的创造活动得到了主观群体的重视。由于经济背景、文化素养与审美倾向的差异，主观群体出现了不同的"精神需求"，即"大众化"的"精神需求"与"小众化"的精神需求，对于大众化的"精神需求"而言，其可谓是弥补物质生产活动缺失的一种活动形式，即在物质需求得以满足之后的一种"心理需求"，此种"心理需求"是"大众化"在审美方面的体现与表露，故此种以"大众化"为基础的精神文明的创造活动，亦具"同质化"的特征。"同质化"之物之所以具有"批量化"或"类批量化"（即一些具有"同质化"倾向的"定制"之物）的特征，关键在于"被反映原则"的参与，即利用"已存在"的客观对象所含的"本质"与"规律"来限定"正在成长"中的"客观存在"的诞生，如某些"原则"（诸如"同一性原则""变化有序原则"与"整一性原则"等）与一些"创造方法"（诸如"组合变换法""差异变换法""等量变化法"等）的采用，均为实现"同质化"之案例。

世间的任何存在均有两面性，既然有"同质化"的一面，就有"差异化"的一面（对于后者而言，其含两层意思，一为"表层"之差异化，二为"本质"之差异化）对于前者而言，其与"创造活动"中的"同质化"相伴而生，诸如一些创造方法的应用（如通过"组合变换""差异变换""等量变换"之法实现"形""色""质"的差异），均可实现"同质化"中的"差异性"；对于后者而言，其是本质性的差异，而此种差异是通过主观群体的"技能"或主观群体的"技能"与机械"技术"予以实现的，此种创造活动具有"引导性"，即成为"模仿"与"借鉴"的对象。

中国当代艺术家具设计作为创造活动中的一员，倡导在"技法"或"技能"中体现艺术之美，中国当代艺术家具设计隶属"工艺设计"之范畴，由于指导的"方法论"不同，其与"工业设计"便有所差异。前者作为中国当代文化的"引领者"，需要通过主观群体的"技能"来实现"本质性"之"差异化"（而非"表层"之"差异化"），从而为其他领域提供"可模仿"或"可借鉴"的具象之物（意指"已有"的"客观存在"或"客观对象"）与抽象之物（意指"已有"的"客观存在"内在的"本质"与"规律"）。

综上可知，"同质化"与"差异化"具有本质之别，若想得出适合工艺设计或中国当代艺术家具设计的方法论，探析两者的区别与联系，实为必要之举。

（3）工艺观与技术观

"工艺观"与"技术观"同为主观群体对改造"客观存在"之"技"的认识与看法，但由于时代的不同、文化的差异与领域的有别，主观群体对于"工艺"与"技术"的理解出现了不同的诠释。对于"工艺"而言，其包括两部分内容，即"工"与"艺"（即"美"），前者代表"制作过程"，后者代表"设计过程"，故其已然超越了"生产劳动"的层面（即以满足主观群体"物质需求"的"手工劳动"层面），而是"创造活动"下的产物，由于此种创造活动下的"美"是通过"手"来实现，故此中之"美"不仅可成就"共性"之美，亦可实现"个性"之美，可见，该"美"非"筛选"之美（其与以"机械"为中坚力量的"美"有所不同，由于机械的"非自由性"，所出之美具有"规则性"与"有限性"）；对于"技术"而言，其包括两部分内容的存在，一为基于"生产活动"的"技术"，二为基于"创造活动"的"技术"，前者之"技术"是主观群体基于"物质层面"对客观存在所进行的生产与再生产的"手段"与"途径"，后者之"技术"则是主观群体在"精神层面"对于"客观存在"所进行的生产与再生产之"手段"与"途径"。之于前者而言，由于其隶属"物质生产活动"的产物，故为了满足主观群体在"数量"上的需求，"批量化"与"标准化"乃为势在必行之举；之于后者而言，其虽已超越了"物质层面"，但由于"机械"的主力作用，"工"与"美"，即"生产过程"与"设计过程"出现了分离之势，故此时的"技术"不再是"工"与"美"的合体，而是"工"之代名词。

通过上述内容可知，"工艺"与"技术"绝非等同之物，故不可同日而语。前者也好，后者也罢，均为设计领域不可缺失的参与者，由于主观群体之文化程度与教育背景的不同，故其对于"工艺"与"技术"的理解亦有差异之势，此种基于主观群体对于"工艺"与"技术"的看法，即为"工艺观"或"技术观"。之于"工艺观"而言，其特别"之一"在于"工艺"的诠释，即无论是在以"手工"为主的"非机械时代"，还是以"机械"为主的"工业化时代"，其中的"工艺"均是"心"与"物"的交集（即在对于"物"的"制造过程"中体现主观群体之"心"），除了上述的特别之处，还有特别"之二"的存在，即"工艺观"中"美"的诠释，此种"美"不具"筛选性"，由于此种"创造活动"是"本质性"的创造性活动，而非"机械"范畴下遁循"已存"之"物"的"本质"与"规律"的创造性活动（即"同质化"的创造性活动），由此可见，"工艺观"既离不开主观群体之"手"，亦离不开"工"与"美"的合体（"工"为"制造过程"，即客观存在将主观群体的思想与审美融入其中的"成形过程"，此"形"意指"可见"之形，"美"为"设计过程"，即主观群体通过一定方式将美融入客观存在的"成形过程"，此"形"意指具"有意思"之形）；之于"技术观"而言，其与科学的进步、工业革命的爆发以及机械化的普及无法割裂开来，故"技术观"中的"技术"与"工艺观"中的"工艺"不可同日而语了。"技术观"与"工艺观"一样，亦有特别之处，特别之一在于概念的"细分化"，由于"机械"解放了主观群体之"手"，使得"工"与"美"呈现独立之势，故此种情况下的"技术"仅等同于"制造过程"。特别之二在于"技术观"所成之"美"的表现，由于机械无法如主观群体之"手"一般，其具有"有限性"，即需在"规则"（如"形式美法则"下的"同一性"原则、"有序变化"原则与"整一性"原则等）下反映主观群体的"思想"与"审美"，故基于此观的"美"，并非"自由"（此处之"自由"意指"共性"之美与"个性"之美，而非"纯艺术"领域下随心所欲的"美"）之美，而是需历经"筛选"的过程，以适应其赖以存在的"机械"。

中国当代艺术家具是中国文化的承载者，既需承载具有"共性"与"共相"的"文化"形式，又需描述具有"个性"与"殊相"的"文化"形式，故以"工艺观"（隶属"工艺设计"范畴内的中国当代艺术家具设计，需以"工艺观"为宗旨）或"两观相融"（此法需在"中国的工业设计"领域中予以实践，中国当代艺术家具并非"工艺设计"领域的专属，其亦可成为基于"文化层面"的"中国的工业设计"中的一员，故此种情况下的中国当代艺术家具设计，需"技术观"与"工艺观"的相互配合）来指导中国当代艺术家具的设计，实为可行且合理之举。

（4）"规律"之源的差别

规律即"同类"之"物"与"物"间的本质性联系或"异类"之"物"与"物"间的本质性联系，无论是"同类之物"间的联系，还是"异类"之"存在"间的联系（"异类存在"既包括"异类"之"客观存在"，还不排除"异界"之"思想意识"），均是"物"与"物"或"知"与"知"之间"共性"与"共相"的表现。对于前者之"规律"而言，其是基于"物"之存在来找寻"规律"的一种形式，任何"物"之存在，均非绝对独立的形式，其不仅与"主观群体"息息相关（如主观群体之"思想"与"审美"），且与"他物"亦无法割裂开来（"他物"意指具有"影响"与"引导"之"物"，如书法、绘画、文学与艺术等），故在此种情况下，欲想找寻"物"与"物"之间的"规律"，必然需历经从"物"到"事"的过程。

除了上述通过"同类"之"物"找寻"规律"的方式之外，还有通过"异类"之"存在"找寻"规律"的方式，此种方式与第一种（即通过"同类"之"物"找寻内在的"规律"与"联系"）找寻方式截然有别，其目的并非以找寻"已有之物"与"正在形成"中"物"的本质性联系为终点（即"规律"），而是以建立"已有"之"知"与"未知"或"正在形成"之"知"间的本质性联系为己任，可见，此种基于"异类"之"存在"找寻"规律"的方法需以"知"为起点。"异类"之"存在"有两种形式，即"异类"之"客观存在"与"异类"之"思想与审美"。之于前者而言，欲想在"异类"（意指不同领域中的"客观存在"）间找寻"物"与"他物"内的"共性"或"共相"（即本质性之联系），其"思想"便是关键点，同时代的"物"与"他物"之间，由于领域之别，各自所含之"事"亦呈千差万别之势，故借助从"物"到"事"的方式得出内聚之规律性，恐难成为可行之举，但处于同一时代的"主观意识"与"客观存在"却有所不同，无论是"同物"之间，还是"异物"之间，均具类似的"时代性"，故笔者认为以"知"为起点找寻"异物"间的本质性联系，确为合理行为；之于后者而言，其属于主观群体的"思想意识"范畴，以"知"为始来找寻"异类"的"思想与审美"的内在联系，实属必然之事，但须注意的是，此种以"知"为起点的找寻方式并非"唯心式"的找寻，需在结合"客观存在"中完成找寻过程（此处的"客观存在"与从"物"到"事"方式中的"客观存在"有所不同，前者在以"知"为主的找寻方式中处于"辅助性"地位，而后者在从"物"到"事"的找寻方式则处于"主要性"地位）。

中国当代艺术家具作为中国当代家具设计中的一员，既需顾及传统文化的传承与创新，又需紧跟时代，将当下文化合理表现，对于传统文化而言，其不仅局限于"明清家具"之范畴，也不仅局限于"家具"之领域，故以从"物"到"事"之法予以实现传统文化的传承与创新，恐难出现突破之举；对于当下文化而言，其隶属混合型的文化形式，既有中国文化的存在，亦有异国文明的参与，故欲想在"融文化"中凸显中国当代家具的特色（非"在中国的当代家具设计"），唯有采取以"知"为始或"两种方式相融"（即以"知"为始找寻本质联系之法与以"物"为始来得出本质联系之法的融合）的方式（由于"中国当代家具设计理论"的缺失，在"西方之现代设计理论"的指导下无法产出与其具有"本质之别"的中国当代家具设计，故在"客观之物"不存在或不成熟的情况下，便无法实现从"物"到"事"的找寻之法），方可实现中国当代家具文化的树立。

（5）美与"需求"

美是主观群体在满足了"物质需求"后的一种具有"精神性"的"需求"形式，此种"精神性""需求"的表现不止一种，包括以"生理"为基础的"需求"、以"心理"为基础的"需求"及以"文化"为基础的"需求"。

之于以"生理"为基础的"需求"而言，其是主观群体在"物质需求"得到满足后对于"美"的初步理解，此种诠释的本源依然离不开"本能"层面，如英国经验主义者博克所提的"社会生活"（其所认为的"社会生活"是"异性"之间的情欲以及主观群体与主观群体间的"社交要求"）、达尔文所言之"美"起源于"性的选择"以及弗洛伊德所说的"艺术"起源于"欲望的升华"等，均为从"生理学"角度诠释"美"的案例，通过上述的内容可知，基于"生理学"之"美"会将主观群体之"思想"与"审美"锁定于"本能"和"表象"的层面。

之于以"心理"为基础的"需求"而言，其是主观群体通过"感官"对于客观存在的一种反映，该种反映既包括侧重"观念"与"联想"式的"反映"，又不排除强调"情感"与"情绪"式的"反映"，前者是以"心理学"为基础的反映形式，而后者则是"生理"与"心理"并存的形式的反映。对于以前者（即"观念"与"联想"）为基础的"心理需求"而言，其是主观群体通过自身所具之"知"对于客观存在与"其他的存在"所建立的一种"联系"，此种"联系"既可是"具象"的（即主观群体由一种"存在"或"观念"通过不同的"联想形式"，诸如"复合联想""接近联想""类比联想"等与另外一种具体的"客观存在"建立"联系"的过程，如"竹"与"君子"），亦可为"抽象"的（即主观群体由一种"存在"或"观念"通过不同"联想方式"，如"复合联想""类比联想""接近联想"等与某种"哲学思想"或"观念"所建立的一种"联系"，诸如含蓄严谨的"客观存在"与"理学"、直线与稳重、尖顶与哥特、曲线与柔美、铁线描与曹衣出水、莼菜描与吴带当风等），选择何种方式作为"心理需求"的基础，与主观群体所具之"知"密切相连；对于以后者（即"情感"与"情绪"）为基础的"心理需求"，其是掺杂"生理学"的一种"心理需求"，即建立在"本能性"或"表象性"上的一种"联想"形式，故此种"心理需求"与"效率"密不可分，如主观群体的"感官"对于"色彩"的反映（即"舒适"或"不适"之感）。

除了上述两种基础的"心理需求"之外，还有以"文化"为基础的"需求"，其不同于以"生理学"为基础的"心理需求"，亦与以"心理学"为基础的"心理需求"有所分别，其既非主观群体对于美之"本能性"的反映，也非只依靠"观念联想"的方式达到对"美"的认识，作为主观群体的"精神需求"之一，文化需求具有以下四点特征：

① 主观与客观的相互配合

文化有"物质文化"与"主观文化"之别，前者也好，后者也罢，均需"主观"与"客观"的参与。之于"主观性"而言，其作为文化产生的主体，由于主观群体所处环境的不同，"主观性"出现了差异化的表现形式，即以"神为本"的"主观性"与以"人为本"的"主观性"，前者是与"唯心主义"和"宗教"密切相关的文化形式，而后者则是与主观群体的"心智"密切相连的文化形式（"心智"与"心理"不同，其并非是主观群体基于"情感"所产生的一种反映，而是主观群体对于"心之所向"的一种"理性化"的情感表露）。中国当代艺术家具作为"中国文化"下的产物，必然离不开"主观性"的引导，虽然在中国文化中，主观性也有"唯心"一面的存在，但在中国哲学的作用下（尤其是"儒学"），唯心的一面早已被"理性净化"且与"现实生活"紧密相连，故中国当代艺术家具设计中的"主观性"当属后者之列（即与"心智"密切相连的以"人为本"的文化形式）；之于"客观性"而言，其作为文化的实践基础，对"主观性"亦有影响，客观包括"已存之客观"与"正在形成之客观"，故在文化的形成过程中，主观群体无法抛开"过去"之"已存"、"当下"之"已存"与"正在形成之客观"而独自前行。

② 文化中的"继承"与"创新"

在上述的内容中可知，文化离不开主观，亦离不开客观，主观也好，客观也罢，均无法与"社会性"划清界限，社会有"过去"与"当下"之别，故主观群体既需顾忌"过去"之"社会"，亦不能脱离"当下"之"社会"，因此，在"当下""社会"中，既包括对"过去""社会"的总结，亦包括与过去"社会"全然有别的"突破"，可见，前者在文化中的表现是"继承"，而后者则是"创新"的化身。

之于继承而言，其指的是当下主观群体对"过去"的"文化存在"的沿用，可见，继承既涉及"过去"，亦无法离开"当下"，过去涉及文化的"出处"，而当下则包含主观群体对"文化"的"不同诠释"。前者代表文化之"源"，后者意为文化之"流"，"源"有"共性"之特征，故文化中的"继承性"亦具此性（即"共性"），"流"则与"源"有所不同，其虽为"源"之诠释，但绝非"静止之源"的复制品，而是不同主观群体在"差异性"的背景下（包括政治背景、文化背景与经济背景等）对"继承性"文化的"多样化"诠释。如毕达哥拉斯的"数与形之概念"、亚里士多德的"理性主义"、孔子的"儒学"、老子的"道家"

等，均在"动态"中出现了不同的理解与诠释。既然文化的"继承性"有"源"与"流"之说，那么主观群体在继承的过程中，必然会采取与自身之"知"相适应的方式予以实现对文化的"继承"。笔者将其总结为两点，一为"效仿式"的继承，二为"改良式"的继承，任何的"物"或"知"均有正反两种力量的存在，继承性作为其中之一，亦不例外，其内既有"肯定"的一面，亦有"否定"的一面，若主观群体将"肯定"的因素的比例提高，那么继承的方式则表现为"效仿式"，若主观群体在"否定"中（此处之"否定"，并非是"量变"引起"质变"的"否定"，而是基于"量变"范畴内的"否定"）完成"继承"之过程，那么此时之继承则为"改良式"的。

除了"继承"，文化中亦有"创新性"的存在，"创新"之于"继承"而言，其具有"本质性"的变化，创新是"存在"向着其"否定"方面发展的一种"动态性"变化，创新是文化发展与立足的重要之性。比起"继承性"，文化的"创新"更具时代特性之"共性"与地域之"个性"。对于前者而言（即时代特征之"共性"），其不仅是树立时代新标的关键途径，还是与"过去"之"存在"相互区别的重要方式；对于后者而言（即地域之"个性"），其是当下的主观群体抒发"心之所想"的必要通道。但是由于政治形势与文化背景的不同，主观群体对于"创新"的表达亦不尽相同。笔者将文化的创新性分为两种，一为"对立式"的创新，此种创新是主观群体之间较量的一种表现，如在"理性"与"感性"处于对立的背景之下，主观群体的"创新"具有明显的"排斥性"，创新作为主观群体之思想的承载者，欲想与对立方划清界限，所借以的"存在"（意指创新之"存在"）必然带有母本的影子，即保持对立之状态。但并非所有的创新都具"排斥性"，还有"合规律性"与"合目的性"相统一的"创新"的存在，即"融合式"创新，主观群体既不会过于彰显内心的"情感"与"情绪"来实现创新，亦不会以"妥协"之法来达到与众不同之目的，可见，此种"创新"是在"中"与"和"中完成。

中国当代艺术家具作为文化的承载者之一，其必然也离不开上述所言的"继承性"与"创新性"，其隶属于"工艺设计"之范畴，在"继承性"方面，其以"改良式"继承性为主，在"创新性"方面，应采取"融合式"创新方式，而非是"对立式"创新方式。

③ 规律与目的

在上文中已提及，文化如一般事物一样，均具对立面，"规律"与"目的"便是对立的体现，文化中的规律包括两者，即源于主观思想之规律与客观存在之规律，之于前者而言，其是主观群体所处时代思想的

"共性"，故具有统治性之特征。规律并非出自"单一领域"的思想表露，而是同时代"不同领域"思想的交集，如中世纪之神学思想与来世主义、文艺复兴的"人本思想"、新古典主义之"三一律"、英国经验主义之"感性主义"、汉代之"谶纬神学"、唐代之"儒释道"相结合、宋代之"理学"以及明之"心学"等，均可作为案例；之于后者而言，其是客观存在所具的"必然性"，即客观存在之内的一种具有"普遍性"的联系，亦可认为是"共性"的体现，由此可见，无论是前者，还是后者，均充满了"理性"的身影。

在文化中，除了"规律"的存在，还有"目的"的参与，前者的"规律"充满了"共性""普遍性""理性"，而后者则与之不同，其是主观群体坚持"人本主义"的重要途径，"人"虽为不同主观群体的总称，但由于外部因素与内心之"所想"的差异，便出现了区别于"同一"的"多样化"，即主观群体之"个性"与"殊相"，"个性"是"人本主义"之核心所在。既然"区别"需要"个性"与"殊相"，那么主观群体之"心"便不能处于忽略地位。由于主观群体所处文化背景的差异，"心"之表现也不尽相同，笔者将其总结为三点，即基于"生理学"式的表现形式、基于"心理学"式的表现形式以及基于"心智"方面的表现形式。之于"生理学"式的表现形式而言，其是主观群体在"创造活动"中的基本因素，即满足主观群体的"感官"对于"客观存在"的"功能性需求"（如在身处某种"特殊"环境中的"主观群体"对于"色彩"与"质地"的要求）；之于"心理学"式的表现形式而言，其是主观群体通过"想象"或"联想"方式对"客观存在"的一种心理"反映"与"感受"，此种"反映"或"感受"与主观群体之"所知"有关，但是此时之"所知"仅为主观群体实现"想象"与"联想"的工具，而非是其追求"文化"层面的桥梁；之于"心智"方面的表现形式而言，其与前两者均有不同，其并非隶属"功能性""需求"的范畴，亦非对客观存在的心理"反映"，"心智"方面的表现是主观群体在"综合因素"的作用下，以客观存在为"载体"来寄语自身之"情"的方式（其中的"综合因素"既包括"空间"之思想与艺术，亦包括"时间"之思想与艺术），综上可知，不同的"表现形式"所现的"个性"与"殊相"各有所异。

中国当代艺术家具与文化息息相关，故其离不开"规律"，亦离不开"目的"，我们是采取互相"排斥式"的方式，还是以"中庸"（此处之"中庸"意为"合规律性"与"合目的性"的统一）之式成为文化的承载者，答案显然是后者而非前者。在"合规律性"方面，中国当代艺术家具所"合"之"规律"是所在时代的哲学思想与审美倾向；在"合目的性"方面，中国当代艺术家具所"合"之"目的性"不是以"生理学"为基础的"目的性"，亦非以"心理学"为基础的"目的性"，而是建立在"心智"方面的"目的性"。

④ 形式与内容

任何"思想"与"审美"若想具有连续性，既需有"形式"的参与，又无法离开"内容"的支持，文化作为其中之一，亦不例外。之于"形式"而言，其是文化的"载体"，在上文中已提及，文化不是主观群体在"生理"上的一种冲动，也非主观群体在"心理"上的一种反映，而是主观群体的一种"表达"，此种表达不仅与"历史发展"关系密切，还与"社会性"无法分割，既然是"表达"，就需有"载体"予以配合（即"形式"）。主观群体用以承载其"表达"的形式有两种，一为"有形之式"，二为"无形之式"。对于第一种"形式"而言，其是通过"具体之物"（即具体的"客观存在"）或"具体之象"（即具体的"纹饰图像"）来承载主观群体的"表达"，如不同的材料、不同的形制、不同的结构与不同的图案等；对于第二种"形式"而言，其是主观群体通过"抽象"（即"无形之式"）来表达"内心"之"所想"的一种方式，如文学作品（如诗歌、戏剧与小说等）。

文化除了需要"形式"的承载之外，还需"内容"的参与，单纯的"形式"只能成为主观群体从"一物"联想至"另一物"的工具，只有满载"内容"的"形式"才是主观群体在"文化层面"上表达"心之所想"的"形式"，可见，此处之"内容"是主观群体的"心"之"所想"，即思想或审美。对于思想或者审美而言，既包括具有"共性"的思想或审美，又包括具有"个性"的思想或审美，前者代表同一时代下主观群体思想的"共同倾向"，后者则是主观群体之"个性审美"的表露，可见，作为思想与审美的载体的"形式"，也出现了不同的性格与特征，即表达"共性"的形式、表达"个性"的形式与"两者兼有"的表达"形式"（意指在兼顾"共性"，亦不舍"个性"的表达"形式"，即"有意思"的"形式"，其中的"有意思"便为"共性"与"个性"相融的"内容"）。

中国当代艺术家具作为文化的承载者，其自然属于"形式"之一，由于其是以材料、形制、结构与装饰等客观存在为载体，故中国当代艺术家具的"形式"隶属"有形之式"的范畴。"形式"需要"内容"的参与，中国当代艺术家具作为中国文化的继承与发展者，其"内容"既包括对"中国传统文化"的继承与创新，亦包括对"当下之文化"（即包括"异国文化"的现代文化）的诠释与融合，故在此种情况下，主观群体需以"类概念"的方式对风格进行区分，即主观群体在古今邂逅之时所出现的一种"共性"表达，但"共性"的表露并非中国当代艺术家具所追求的最终目标，还需"个性""内容"的显露，但此时的"个性"并非为"随心所欲"之"个性"，而是"理性"与"感性"相结合、"合规律性"与"合目的性"相统一之"个性"。

4）中国当代艺术家具的方法论

方法论是认识、评价、改造世界的方法，中国当代艺术家具发展隶属世界万事万物的一部分，也需有方法论的指引。由于主观群体所处文化背景不尽相同，故所出家具设计也需有别，中国当代艺术家具设计便是案例之一，其名虽为"艺术家具"设计，但与西方之"艺术家具"有着本质性的区别。其虽位于"当代家具"设计之列，但与"别国"的当代家具设计截然不同。其虽在"中国家具"设计之范畴，但却与"中国的工业设计"（而非"在中国的工业设计"）下的"中国家具"所追求之目的迥然有异。可见，中国当代艺术家具作为中国当代家具设计之一，既不同于以西方"现代设计理论"为指导的"现代家具设计"，亦有别于"工业设计"下的"中国当代家具"设计。

"不同"与"差异"是"存在"与"存在"之间相互区分的重要标志，"区分"有"表象"之"区分"与"本质"之"区分"的差别，前者的"区分"隶属于"表层"之分，其虽可使得"一种存在"与"另一种存在"略有分别，但依然是"同类"下的"区分"。若想使得"一种存在"与"另一种存在"突破"表象"实现"本质性"区分，建立合适的"方法论"实为必要之举。

（1）方法论与途径

由于主观群体对设计的"需求"不同，故所用之方法论也必有差异之处。寻求方法论之途径有二，即从"知"到"行"与从"物"到"事"再到"理"，前者作为"工艺设计"的产物，其象征着主观群体对"局限"的突破与对"文化"的拓展，后者作为"工业设计"的硕果，记录着主观群体在"客观存在"中找寻"规律"的重要性。

① 从"知"到"行"

此种从"知"到"行"的方式，不仅是探索"消失"之"客观存在"所承载文化的合理之举，还是不同领域之间实现"跨界"的必要行为。中国当代艺术家具作为中国文化的承载者，其所载文化不仅包括对古时的"继承"，还囊括对其的"创新"，无论是前者，还是后者，其所涉及的文化形式不仅局限于"实物尚存"的范畴之中，还包括"实物无存"的文化形式，故通过"同时代"其他领域的思想与审美来窥探"消失"的"客观存在"的精髓，实为"继承"与"创新"的必要之径，可见，对于"客观存在"无存于世的状况，则无法实现以"科学"之法来探析"事"（意指"联系与交集"，即"物"与"物"之间的"联系"、"物"与"人"之间的"联系"以及"物"与"其他"之间的"联系"，如"物"与"历史发展"之间的"联系"以及"物"与"社会"之间的"联系"等）后之"理"的目的。

作为中国当代艺术家具的方法论，此中的"知"包括三方面的内容，一为对"人"之"知"，二为对"物"之"知"，三为对"关系"之"知"。之于第一种"知"而言，其是明确"思想"与"审美"的关键之所在，"主观群体"的思想与审美并非一成不变之物，其随着时代的更迭而变，但在更新换代过程中，主观群体的思想与审美出现了两面性，即"继承"与"创新"。前者意指"当下""主观群体"对于"过去""主观群体"的思想与审美的"效仿"与"改良"，而后者则是"当下"主观群体建立有别于"过去"的思想与审美的突破之举，从中可知，"知"并非如西方哲人笔下"合式"（奥古斯都时期"贺拉斯"在其"诗艺"中从始至终所贯彻之观念）、"绝对标准"（罗马时代"郎吉努斯"的观点）、"理想范本"（法国启蒙运动者狄德罗所提论点）与"共同感知力"（德国启蒙运动时期"康德"之说），而是在"动"与"静"的交替中的"知"（"继承"即为以"静"为主，辅以"动"之"行为"，而"创新"则是以"动"为主，辅以"静"之"行为"）；对于第二种"知"而言，其是主观群体的"思想"与"审美"载体，此种"知"包括两方面，即"人为"之"物"的"知"与"天然"之"物"的"知"，前者作为"主观群体"参与下的产物，通过对其的剖析，不仅可揭示"人为"之"物"与"理性"相关的"本质"与"规律"，还可解读其所含的与"感性"相连的"心之所向"，之于"前者"（理性）而言，其并非西方的"理性主义派"所坚持的"永恒"，而是与主观群体的"生活方式"息息相关的"理"。之于"后者"（感性）而言，其也非"感性主义派"所倡导的"感性经验"，而是"理性"下的"感性"显现，可见，"物"之"知"亦为"知"中的重要部分；对于第三种"知"而言，其隶属"桥梁式"之"知"，此种"关系"的"知"是"人"之"知"与"物"之"知"的桥梁与纽带，其所涉及的内容有三，即"理性"与"感性"的统一、"合规律性"与"合目的性"的统一以及"形式"与"内容"的统一。之于前两者而言（即"理性"与"感性"的统一以及"合规律性"与"合目的性"的统一），其是调节"共性"与"个性"、"社会性"与"个体"、"共相"与"殊相"之间的杠杆；之于最后一者而言（即"形式"与"内容"的统一），其是主观群体的"思想"从抽象走向具象之"果"的必经之路，抽象的"思想"即为"内容"，具象之"果"则为"形式"，可见，在从"知"到"行"

为方式的"方法论"中,"形式"与"内容"不可孤立而谈。

既然本部分所谈论的"方法论"是以从"知"到"行"的方式为主,故不可忽略"行"之存在。"行"即"实践活动",此处之"实践"包括两部分内容,即与"知"相关的"实践"和与"物"相关的"实践"。对于前者而言,其隶属主观群体在"思想"方面的实践活动,通过上述内容可知,"知"具有"继承性"与"创新性",故与"知"相关的"实践活动"亦具上述之性(即"继承性"与"创新性"),"继承"也好,"创新"也罢,均非仅凭思想所能实现之事,亦需"载体"之配合,其中的"载体"即为"形式"之"物质性"(此处的"物质性"意为与"客观存在"相关的性质),可见,与"知"相关之"行"离不开"客观存在"的配合;对于后者而言,其隶属于"客观存在"相关的"实践活动",在从"知"到"行"的方法论中,"客观存在"的作用与在"物"—"事"—"理"的方法论中的"客观存在"截然不同,其通过寻求"主观群体"之"思想"的"共性"与"个性"以实现"文化层面"的"继承"与"创新",而第二种"客观存在"(即在"物"—"事"—"理"的方法论中的"客观存在")则是以寻找"物"之"共性"以实现"主观群体""生理层面"或"心理层面"的"需求"为目的,可见,同为"客观存在",在不同的方法论中,所充当的角色却全然有别,那么以此为基础的"实践活动"也必然呈现"相异"之态。

综上可知,无论是对"人"之知,还是对"物"之"知",抑或是对"关系"之"知",均需"行"之配合,可见,"行"对"知"具有影响作用。对于"行"而言,无论是与"知"相关之"行",还是与"物"相连之"行",亦离不开"知"之指引,可见"知"对"行"具有主导作用。

② 从"物"到"事"再到"理"

方法论除了以从"知"到"行"的方式建立之外,还存在从"物"到"事"再到"理"的方式,此种方法论是以具体"客观存在"为始,通过"相互关联"的现象(包括客观存在自身之间、客观存在与客观存在之间以及客观存在与主观群体之间等)以探寻事物发展的"必然性"(即"本质"与"规律"),由此可见,以"物"—"事"—"理"为方式的方法论是以"科学"为基础的一种方法论。

"物—事—理"式方法论与"知—行"式方法论不同,其包括三部分内容,即物、事与理。对于"物"而言,其既包括"人为"之"物",亦不排除"自然"之"物",前者也好,后者也罢,均与时代的"科学"密不可分。对于"事"而言,其意指的是一种"关系",即"物"与"物"之间的关系和"物"与"人"之间的关系,之于前者而言,需在

"同时代"之"物"与"同时代"之"物"间建立"联系"或寻找"规律"与"本质"。之于后者而言，"物"与"人"依然不能出现"跨时代"的状况，需在所在时代中探究"物"与"主观群体"之间的"联系"。对于"理"而言，其作为"物"与"事"背后的"规律"与"本质"，是"类似"于"物"间的"共性"与"共相"之显现。通过上述内容可知，"物—事—理"式的方法论具有"同步性""同质性""必然性"之特征。"同步性"意指从"物"到"事"再到"理"需同步平行进行，即发生于"同一时代"之下，此为"物—事—理"式方法论在"时间上"的显现；"同质性"作为"类似"于"物"间的"共性"表达，其可谓是"物—事—理"式方法论的"科学性"显现；"必然性"是"物—事—理"式方法论所追求的最终产物与结果，故其可认为是"物—事—理"式方法论的"目的性"显现。

任何事物均具两面性，"物—事—理"式方法论亦不例外，其具有"同步性"的一面，限制了主观群体对于"跨时代"之"理"的寻找与探究，故在对于"传统"的递承方面有所不利，因此，在此种情况下，文化无法实现"持续性"的一面。除了"同步性"之外，"物—事—理"式方法论还具有"同质性"与"必然性"的一面。之于前者而言，该性质虽与"自然科学"形影相随，但其也有局限的一面，对于当代家具设计而言，机械化是科学的产物，其虽然替代了以"生产活动"为目的的"手工劳动"，却也埋没了以"创造活动"为目标的"手工艺"，可见"共相"的凸出掩盖了"殊相"的显露。之于后者而言，其作为"物—事—理"式方法论所追求的目的，虽能通过"现存"或"已存"的"客观存在"揭示其发展的"规律"与"本质"，却无法实现在"无存于世"之"客观存在"（该处的"无存于世"的"客观存在"意指"非当下"之"客观存在"）中实现"一般"的愿望与目的（其中之"一般"即"本质"与"规律"），由此可见，"物—事—理"式方法论自身的局限之处。

（2）方法论与哲学

方法论离不开哲学因素，"物—事—理"式方法论如此，"知—行"式方法论亦是如此。就哲学本身而言，其属于形而上之列，但就其与之发生联系的艺术而言，哲学便需与现实生活紧密相连。哲学有中西之分，由于政治背景、文化氛围与经济环境的差异，中西哲学如中西艺术一般，有着截然不同的界限与区别。对于中国哲学而言，其并未在"物"与"心"间设立障碍使两者处于绝对分离之态势，而西方哲学则有所不同，其在"心"与"物"间加设屏障，致使出现了"唯心"与"唯物"之果。

① 方法论与西方哲学

对于设计而言，方法论是找寻设计方法的方法，欲想使得不同领域的方法论真正有别，那么便不可将哲学因素置身于外。哲学有中西之分，虽然无论是中国之哲学，还是西方之哲学，讨论的内容均以"心"与"物"为焦点，但由于所处氛围的截然有别，中西哲学出现了各自的特征。

之于"心"而言，其所涉及的是与"主观"相连之内容，即哲学研究以"主观"为基础，此处之"主观"包括两点，即"神"之"主观"与"人"之"主观"。对于前者而言，其是主观群体"有神论"倾向的表现。"有神论"即将本属于人之所想归功于神的论断，人之所想既包括"共性"，亦不排除"个性"，故"神之所想"也有"共性"与"个性"的特点，对于前者而言，其是"有神论"者在"理性主义"方面的倾向，即将"神"的安排视为"理"之所在，如新柏拉图学派之领袖普洛丁的"放射说"（其隶属于亚历山大里亚学派）以及中世纪的圣·奥古斯丁与圣·托马斯·阿奎将"美"视为"上帝"之属性的论断，均为"有神论"者在"共性"方面的案例；对于后者而言，其与前者恰好相反，即"有神论"者在"感性主义"方面的倾向，持此种观点的主观群体将"人"之"创造"所需的"灵感"归功于神，如柏拉图的"灵感说"与"迷狂说"（其认为诗人的文艺是"神灵"凭附到其身上，致使诗人处于"迷狂"状态，即"神灵"将"灵感"传递于诗人，才致使出现了"创造活动"），即为"有神论"者对于"神之所想"在"个性"方面的见证。除了"神"之"主观"外，还有"人"之"主观"的存在，其与中世纪之"禁欲主义"与"未来主义"截然有别，人之"主观"所体现的是"人本主义"迹象，在西方，"人本主义"与"人道精神"离不开资本主义的萌生与发展，故其基础难免带有"个人主义"思想，任何事物的发展均非独立而生，而是在"联系"中完成自我演变，以"人"之"主观"为基础的哲学亦不例外，由于"唯物主义"与"自然科学"的影响，"人"之"主观"也出现了细化之象，即以"客观存在"为基础的"主观"与以"主观意识"为基础的"主观"。对于前者而言，其倾向于采用"科学之法"来表达"人之所需"，此种主观可视为是毕达哥拉斯之"数与形"理念与主观群体"心理"互为结合的产物，即以"数学计算"与"测量之法"来满足主观群体在"心理方面"的需求，可见，在"人"之"主观"中，以"物"为倾向的哲学偏重于"理性主义"的一侧，如米开朗琪罗与达·芬奇对于"比例"的看法（采用数学公式、数学计算与测量的方法来寻求最美的线形与美的形态），即为例证一二。之于后者而言，其与以"物"为基础的人之"主观"有所不同，其是主观思想或意识占主体的哲学形式，该种形式借用"联想""假设""概念""理念"等来凸显主观群体的"心理反应"，如休谟的"同情说"（"同情说"也可被称为"同情的想象"，其是以主观群体之经验为桥梁将"外在之物"与"自身"发生联系的一种学说）、里普斯一派的"移情说"（其可视为"同情说"的变种）、维柯之"想象性的类概念"（此处的"概念"是维柯借"个性"或"形象思维"实现"共性"或"普遍性"的工具）、康德的"经验性标准"与"审美的规范意象"（均需建立在"共同感知力"与"主观普遍可传达性"的"假设"之上）、席勒之"从一般中找特殊"之说［其与歌德的"在特殊中见一般"的论断恰好相反，歌德主张从"客观现实"出发，而席勒则坚持从"一般"（即"概念"）出发］、黑格尔之"绝对精神""冲突论""悲剧论"（均是建立在"普遍力量"或"一般世界情况"，即"理念"的基础之上）等，均是主观意识占主导地位的哲学例证。

除了"心"之外，西方哲学还有以"物"或"客观存在"为对象的哲学形式的存在。作为以"物"为主的哲学，其为后世之论提供了两条可借鉴之路，一为就"物"之"本体"而生的"现象式"原则，二为就"物"与"外在"（包括"主观群体""他物""环境"等）之"联系"而生的"本质性"原则。对于前者而言，由于"主观群体"未将"物"作为"社会"中之"物"加以探析，故所生之哲学具有片面性，虽然尚未达到完善之态，但依然具有借鉴与发展的价值，如毕达哥拉斯之"数与和谐"之原则以及赫拉克利特之"对立的斗争"以及德谟克利特的"认识论"与"原子论"等，均被其他研究者赋予"应有之意"（"应有之意"是"后来"的研究者以"批判式继承"的方式对所借鉴之论的"原有之意"的发展，如以"数学公式""数学计算""测量之法"来寻求美之所在的原理即为毕达哥拉斯之"数形"原则由"原有之意"发展为"应有之意"的案例）。对于后者而言，其哲学基础已从"物自体"拓展至其与"外在"的联系，包括"物"与"物"、"物"与"人"以及"物"与"环境"之间所建之联系，故此种形式的哲学多以显示"规律"与"本质"为特征，无论是"规律"还是"本质"，其均是一种"必然性"的表现，即"普遍性""一般力量""共性"，如亚里士多德的"按照事物应有的样子"之说（"应有的样子"即客观事物的"本质"与"规律"）、贺拉斯的"定型"、狄德罗的"理性范本"（狄德罗是一个坚定的唯物主义者和无神论者，其"理想范本"即为"本质"或"规律"的"典型化"）以及歌德的"在特殊中显现一般"之说（歌德在"特殊中见一般"中找寻"规律"与"本质"之法与通过统计全类事物求其"平均数"之法的"概念"不同，狄德罗坚持从"个别的具体"出发，是因为其认为以"概念式"之法求得的"规律"具有不明确性,"不明确性"在于此种形式的"规律"是"偶然性"与"必然性"混合后的"平均",故狄德罗放弃了从"概念"出发找寻"普遍",而坚持在"个别的具体"中见"一般")等,均为案例。通过上述内容可见,以"物"为基础的哲学,无论是前者(即以"物"之"本体"而生的"现象式"原则),还是后者(即以"物"与"外在"之"联系"而生的"本质性"原则),均有"理性主义"身影,即以"公式""标准""法则""规范化"为特征。任何事物均具不完善之处,此种建立"物"与"外在"之间联系的哲学形式亦是如此,过于重视"物"与"外在"之间的"联系",势必会忽略"物自体"与"外在"之间的"非联系性",即"特殊""个性""偶然性"。

方法论作为设计相互区分的核心之所在,其与哲学密不可分,如在"主观性"方面,设计作为与现实生活息息相关的形式,其必不能建立在"神"的"主观"之上,而需以人之"主观"为重,既然是人之"主观",必然离不开"主观群体"之"生理"和"心理"的参与("生理"或"心理"是"人本主义"的重要显现);在"客观性"方面,设计作为"客观存在"中的一种,其亦无法脱离以"物"为基础的哲学的影响与带动,如"整一性""同一性"以及"有秩序的变化"的"原则"以及"组合变换""差异变换""等量变换"等"设计方法",均与以"物"(既包括"物自体",又不排除"物"与"他物"、"物"与"环境"以及"物"与"人")为出发找寻"规律""本质""必然性"之见证。

② 方法论与中国哲学

除了西方哲学参与的方法论之外,还有诞生于中国哲学下的方法论存在。中国哲学以"儒""道"两家为主,对于中国哲学而言,无论何朝何代,哪门哪派,均离不开两者的渗透与影响。"儒""道"两家看似对立,实则为"互补"之角色,"互补"之处彰显于"理性"与"感性"、"社会"与"个人"、"共性"与"个性"以及"合规律"与"合目的"之间,"主观群体"生活于社会中,势必非孤立之势,其不仅与"客观存在"(包括"过去"之"客观存在"与"当时"之"客观存在")关系密切,且与"主观群体"(此处之"主观群体"主要指其"思想"与"意识",包括"过去"之"主观群体"的思想与意识与"当下"之"主观群体"的思想与意识)无法分割,故欲想妥善处理与自身"相关"或"无关"的因素,势必需将"理性主义"融入现实生活,使得"矛盾双方"相互依存且呈现出"恰到好处"之态,而后再走向"同一",此种消融矛盾之法便是"儒家"的"中庸"之道,故"儒家"在"心"与"物"的关系方面呈现"理性""社会性""共性""合规律性"的特征。

"主观群体"除了是"社会"的"主观群体"之外，还是"自我"的"主观群体"，故除了"理性""社会性""共性""合规律性"的一面外，还有"感性""个体""个性""合目的性"特点的存在，即主观群体内心"突破束缚"与"解放思想"的寄语和期盼。主观群体作为"个体"而言，其无论是身处盛世，还是立足乱世，均存在有别于"所在时代""共性"的思想与审美，那么在此种状况下，便需具有"浪漫主义"色彩的"道家"的参与。

　　综上可见，儒家作为"调和矛盾""规范关系"的哲学之说，其涉及内容离不开"理性""共性""社会性""合规律性"；而道家则与之相反，其是主观群体显露"内心"之"所想"的关键，故其为体现"差异"的"本质"之所在，但此种"差异"并非"随心所欲"，而需在"中和"之道下流露"自我"之"寄语"，由此可知，两者既"对立"又"互补"，"对立"在于"矛盾"的"冲突"，"互补"在于"矛盾"的"消融"。

　　"中国设计"需要"中国式"的方法论，"中国式"的"方法论"与"中国哲学"唇齿相依，中国的哲学为当代设计的方法论提供了二点可行之借鉴，一为对"矛盾冲突"的处理，二为对"静"与"不变"的"继承"，三为对"动"与"变"的表现。之于"矛盾冲突"的处理而言，中国哲学采用的是"融"（意为"中"与"和"）之态度，无论是具有"共性"与"社会性"的时代的"主流思想"，还是基于"个性"与"个体"的"非主流思想"，均是在"恰到好处"中完成"矛盾"与"冲突"的同一，中国设计的"方法论"作为中国哲学在"具体领域"的"具体表现"，借鉴此种"矛盾"与"冲突"的处理方法，实为实现"区别"的重要开始；之于"继承"而言，中国哲学的继承方式是建立在"现实生活"的基础之上，而非是"感性式"的"排斥"与"反对"，更非基于"形式"或"概念"的"理性式"的"坚持"与"统一"，其是主观群体在"现实生活"中对"理性"与"感性"以及"合规律性"与"合目的性"的"结合"与"兼顾"，中国设计的方法论作为"根"之"源"，将上述"继承方式"为其所用，当为合理且可行之举；之于"变"而言，其所涉及之内容为"创新"，中国哲学作为各具体领域的思想之始，时代在变，空间亦非静止，故哲学也需前行，即主观群体基于所在时代的"需求"的创造有别于"过去"的哲学思想，即"创新"式的哲学思想，但此处之"创新"并非"绝对自由"式的"创新"，而是融入"过去"哲学思想的"所在时代"的哲学思想，即将不同主观群体的"原有之意"在时代的"需求"中变为"应有之意"，中国设计的方法论作为中国当代设计的方向标，需符合"当下"时代的"需求"，故创新尤为重要，但此过程中，需注意"过去"与"当下"思想间的关系，可见，中国哲学的"创新方式"可为其提供借鉴之法。

通过上述的内容可知，中国哲学与中国设计的方法论无法割裂，中国式的"哲学"决定着中国设计的"方法论"的走向。对于中国哲学而言，其无法脱离现实生活而独存，在儒学的参与之下（儒学将情感、观念与礼仪在"理性化"，即"中"与"和"的作用下转化为父子关系，正是这种具有"理性式""普遍性"关系的存在，才使其他哲学与其相融之时，并未不顾现实生活而独行），无论是"原有之意"的哲学（意指未经继承与创新的哲学，如孔子之儒学与老子之道学等），还是"应有之意"的哲学（意指历经递承与创新的哲学，即在"原有之意"的基础上，"其他主观群体"将"一种"或"几种"哲学思想加以融合以适应"所在时代"之"需求"的方式），均非为脱离时代精神之产物。那么中国设计的方法论作为哲学在"具体领域"的"具体显现"，其亦需与主观群体所在之时代密切相连，既不能因为忠于"继承"，而忽略所在时代之精神，亦不能过于追求"破"与"立"，而将本国之"根"弃之于不顾，因此，中国设计的"方法论"与中国的"哲学"相辅相成。

（3）方法论的提出——知行学

"本体论"与"认识论"的不同，决定了"方法论"的差异，中国当代艺术家具作为"中国文化"的继承者，自然有别于以"他国文化"为载体的家具形式。方法论是寻找设计思想的思想，故其应属"知"之范畴，"知"既包括对于"本体论"之"知"，如"源"和"静"与"动"之间的区别，又包括对于"认识论"之"知"，如"生产活动"与"创造活动"、"同质化"与"差异化"、"规律"之源以及"美"与"需求"等方面的相互区别。任何事物均需在相互依存中发展，"知"亦不例外，单纯的"知"会走向"唯心"（包括"主观唯心"与"客观唯心"）之路，故其需"实践活动"的配合，此处的"实践活动"意指"主观实践"与"客观实践"两方面，前者是"主观群体"结合"过去"之"历史"与"当下"之"社会"在思想方面的"继承"与"创新"，后者则是主观群体在思想意识的指导下对"客观存在自身"及其"客观存在"与"客观存在"之间的"共相"和"殊相"间的探析与研究，无论是主观之"实践活动"，还是"客观"之"实践活动"，均可以"行"代之。综上可知，"知"与"行"是中国当代艺术家具的"方法论"的关键所在。

① 何为"知"

"知"属主观群体之主观行为，包括对"人"之"知"、对"物"之"知"以及对"人"与"物"间之"关系"的"知"。

对"人"之"知"而言，其涉及两方面内容，即"自我"之"知"与"他人"之"知"。对于前者而言，其是"此主观群体"与"彼主观群体"互生差异的关键之所在，正如"工艺"之于"工艺设计"与"工业设计"的区别一般，所"知"建立在"工艺美学"基础上的"主观群体"，其定倾向于"工艺设计"之范畴，而所"知"构筑在"技术美学"基础上的"主观群体"，其便倾向于"工业设计"之阵营；对于后者而言，其当下之"主观群体"对"过去"之"主观群体"或"同时代"之"主观群体"的思想借鉴（此处的"借鉴"意为"继承"，但并非是"全盘否定式"的继承，也非"全部接受式"的继承，而是根据所在时代之需求所践行的"批判式"的递承），"他人"之"知"与"自我"之"知"全然不同，"自我"之"知"包含所在时代的特点（包括"共性"之特点，亦包括"个性"之特点），而"他人之知"相对于"自我之知"而言，则属于"过去"之主观群体对于其所在时代之"共性"与"个性"的表达与诠释，故无法全部效仿，只能借鉴，使过去之"主观群体"的"原有之意"演变为所在时代的"应有之意"。

对"物"之"知"而言，其是主观群体选择载体寄语自我之思想的关键所在，人有人性，物有物性，若对"物之性"不甚了解，主观群体的思想便无法寻得适宜载体，"物性"包括两点，即"物自体"之性质以及"关系物"之性质。对于前者而言，其意为"个体"之"物"，对于中国当代艺术家具而言，个体之"物"即为不同形式的材料，如青铜、陶瓷、玉石、竹藤、金银、木材、金属、复合材料等等，作为单体而言，任何一种均有可能成为家具之主材或辅材，故对其性质的合理把握，实为必要之举，以众所周知的"木材"为例，无论是"光素"者，还是施以"髹饰"者，均需了解其"木性"，如木材之纹理、微纤丝的角度、抗拉强度、抗压强度、化学组成以及抽提物等，均属影响以"木"为主的中国艺术家具的"结构"与"装饰"的"木性"之范畴；对于后者而言，其与"物自体"尚存区别，"关系物"指的是与"物自体"共同构成"整体"（意指中国艺术家具）之"物"，由于中国艺术家具属于"物自体"与"关系物"共同构建的整体，知晓"关系物"之"性质"，有益于两者之矛盾的中与和。作为"物自体"的"关系物"，可为"一种"，亦可为"多种"，可为"结构"之物，亦可为"装饰"之物，无论是何种情况，均需主观群体了解其性质。通过上述内容可知，对"物"之"知"并非是主观群体"被动"的适应过程，其作为"主观群体"思想的"显现者"，主观群体对"物"之"知"应具有"主动性"（主观群体的"主动性"表现在"选择"与"改造"之上）。

除了对前两者的"知"外，还存在第三种"知"，即对"人"与

"物""关系"的"知"，此种"知"既非脱离"物"的"人"之"知"，也非脱离"人"的"物"之"知"，其是使得两者发生联系的"知"，该种"物"与"人""关系"的"知"涉及两方面内容，即"人的物化"与"物的人化"。对于前者而言，其是"客观之物"在"主观群体"的参与下，通过一定的"手段"或"方式"，使得"客观之物"实现"被改造"的过程，即"客观之物"从"自然状态"蜕变为"人为状态"，此种"状态"的转变即为"人"走向"物化"之表现。对于中国当代艺术家具而言，该"过程"即为"工"之过程，即"主观群体"利用自身所掌握的"技法"或"技能"与"客观之物"建立"关系"的形式。对于后者而言，其与前者略有不同，"物的人化"是"主观群体"将思想或审美融入"客观之物"的情感显现，即以"客观之物"为载体，来表现"主观群体"之"寄语"的途径，其隶属精神文明的"创造活动"，对于中国当代艺术家具而言，该种"物之人化"的过程即为工艺观中的"美"，其是"主观群体"通过对"客观之物"的实践操作来实现情感寄语的过程。通过上述对于"人"与"物"间"关系"的论证可知，该种"关系"实为中国当代艺术家具中的"工艺观"，即"人之物化"的"工"之"过程"与"物之人化"的"美"之过程的合二为一，由此可见，无论是"人之物化"之说，还是"物之人化"之言，均非独立的过程，即在"人之物化"的过程中离不开"美"的渗透，而在"物之人化"的进程中亦离不开"工"的配合。

综上可知，"知"所涉及内容不仅限于"人""物"或"人"与"物"间"关系"的论证，还囊括其与"他人"（包括"过去之人"与"当下之人"）、"他物"（包括"过去"的"消失之物"、"过去"的"存在之物"与"当下之物"）与"他关系"（包括"过去"之"人"与"物"间的"关系"、"过去"之"物"与"物"间的"关系"、"过去"之"人"与"人"间的"关系"、"过去"与"当下"之"人"与"物"间的"关系"、"过去"与"当下"之"物"与"物"间的"关系"、"过去"与"当下"之"人"与"人"间的"关系"、"当下"之"人"与"物"间的"关系"、"当下"之"人"与"人"间的"关系"以及"当下"之"物"与"物"间的"关系"）的联系。

②何为"行"

"行"作为"知"后之"活动"，其依然包括两方面的内容，即基于"心"之"活动"与基于"物"之"活动"。对于前者而言，其与"知"有所区别，基于"心"之"活动"是"知"之"筛选"的"过程"，即选择最"适宜"的"思想"与"载体"，以流露"主观群体"的"寄语"与"情感"。该种基于"心"之"活动"的"行"，涉及以下几方面内容，一为"主观群体"之"思想"需具"理性"与"合规律性"的一面；二为"主观群体"之思想亦需含"感性"与"合目的性"的内容；三为"客观之物"需具"内容性"；四为"主观之思"需有"形式感"。之于"第一方面"而言，其是主观群体基于"心"之"活动"的基础，"主观群体"作为时代中的"主观群体"，其必无法脱离时代之现实，故需顾忌时代精神的"共性"与"社会性"之处。除此之外，"所在时代"之"主观群体"并非处于"联系"之外的"主观群体"，其和"过去"之"主观群体"与"同时代"之"主观群体"均有所"联系"，故如何在扬弃中"保持联系"（意为"继承"）与"变种联系"（意为"创新"），均需主观群体"理性"与"合规律性"的参与；之于"第二方面"而言，其是主观群体流露"个性"与"自我所想"的关键之所在，虽有"理性"与"合规律性"的参与，但并不代表"理性"不可传递"感性"，在上述的内容中已提及，"主观群体"是身处"联系"中的"主观群体"，故除了时代精神外，其还有与"时代"之"共性"不同的审美，此种"感性"的表露是丰富具有"共性"之时代精神的必要途径，故需倡导之；之于"第三方面"而言，其是赋予"客观之物"以"意思"的关键之所在，"客观之物"作为"主观群体"寄语思想的载体，若无"所思"之融入，"客观之物"终究为"客观之物"，即为仅具"形式"的躯壳，故"内容"的融入极为重要；之于"第四方面"而言，其是"思想"找到"载体"的必经之路，"思想"与"客观之物"不同，其存在并非"具象"之态（即以"抽象"之形式存在），故若无合适的载体承载，其恐无落脚之处，可见，"形式"的重要性所在。

除了基于"心"之"活动"外，还有基于"物"之"活动"的存在，对于"物"而言，其所涉及的内容即主观群体的"实践活动"，此种实践活动并非"生理式"的"人"对"物"的"活动"，也非"心理式"之"人"对"物"的"活动"，而是"主观群体"基于"文化层面"的"实践活动"，既然该种基于"物"之"活动"离不开文化，那么其便具有文化之"所具"。首先，文化具有"共性"与"社会性"，故"实践活动"作为"主观群体"于"客观存在"之上实现"心之所想"的桥梁与纽带，亦具此性，因为每个时代具有代表每个时代的精神之所在，文化作为所在时代之主观群体的思想表达与倾向，必然具有"共性"与"社会性"的一面，否则无法形成具有"概括性"的时代精神，"实践活动"作为使主观群体之思想倾向"具象化"的中枢，亦必然具有"共性"与"社会性"的一面。其次，文化具有"个性"与"个体化"的表达，任何事物均具两面性，有"共性"与"社会性"的一面，就必然有"个性"与"个体化"的一面，文化亦不例外，"实践活动"作为具有

"个性"之"主观群体"将其"所思"得以"显现"的中介，势必身赋"多样"性，该种具有"本质"之"差异化"的"多样"是通过主观群体所擅"技能"予以实现（"技能"是不同"主观群体"在对同一"技法"的不同诠释，如同为"剔红"，同是对宋元的"藏锋清楚，隐起圆滑，纤细精致"之制的延续，但张成与杨茂却对其做出了差异化的诠释）。最后，文化具有"继承性"与"创新性"，继承代表与"过去"的联系，创新象征与"当下"的关系，故作为与文化密不可分的实践活动，亦无法割裂与"过去"和"所在时代"之"联系"。对于基于"物"的"实践活动"而言，无论是"继承"之"活动"，还是"创新"之"活动"，均离不开主观群体与客观实践，欲想使得两者发生关系（包括"递承"与"创新"），必须历经"人之物化"与"物之人化"的阶段，但无论是前者还是后者，均无法直接发生联系，定需桥梁之连接。对于中国当代艺术家具而言，此处之桥梁便是"技法"或"技能"，其是将主观群体之思想与审美融入客观之物的关键步骤，既然文化思想具有"继承"与"创新"之性，那么作为将"抽象之思想"转化为"具体之存在"的"技"，必然具有上述之性质，其既可使"过去"之"技"得以延续，又可令"所在时代"之"技"实现突破与变种。

通过上述内容可知，"行"不仅只限于基于"物"的"活动"形式，还包括基于"心"的"活动"形式，可见，"行"中不可无"知"。

③ 知行学之概述

"知行学"作为中国当代艺术家具的方法论，既不同于以"客观存在"或"物"为主的"现实主义"（可理解为"客观唯心主义"与"唯物主义"），亦与以"主观意识"或"心"为主的"理想主义"（即"唯心主义"）区别甚大，存在区别不代表绝对的割裂，"知"作为中国设计的方法论之始，既离不开"心"的引导，亦离不开"物"的承载。

"知行学"与"心"密不可分，此处之"心"是主观群体对于"过去"主观群体之"思想"与"所在时代"主观群体之"思想"的反思，反思并非是当下主观群体对于"过去"主观群体之"知"的全盘否定，也非当下主观群体对"过去"主观群体之"知"的照搬照抄，而是"当下"主观群体根据"所在时代"之现实生活所作出的"选择性"之"知"，同时代的主观群体虽有"共性"的表现，但也有"个性"展现，故不同的主观群体出现了继承与创新的不同倾向。"知"无法从天而降，无论是"过去"主观群体之"知"，还是"当下"主观群体之"知"，均诞生于"心物相随"，即物是心之所想的具体显现，而心则是物得以"活化"的关键。另外，"知"是一个综合体，其既包括"过去"之主观群体的"所想"，又包括"当下"之"其他主观群体"的"所想"，还包括"自身"之"所想",故此处之"知"具有承上启下性。除此之外,此种方法论中的"知"是"理性"与"感性"、"共性"与"个性"、"合规律性"与"合目的性"共存的"知",主观群体具有两面性,作为"社会"中的"主观群体",其之所"知"须符合社会性,即"理性""共性"与"合规律性",作为"个体"的"主观群体",其之所"知"须体现"殊相"之所在,即"感性""个性""合目的性"。

除了"心","知行学"与"物"亦无法分割,对于中国当代艺术家具而言,"物"是显现主观群体之"知"的载体,不可缺少,其与"知行学"的关系如下:首先,"物"承载着"前人"之"知",通过过去之"客观存在"可感知"前人"的"思想意识"与"审美倾向",无论是后者还是前者,均能使"所在时代"之"主观群体"延续中国设计与中国审美的特色;其次,"物"还可作为推理已"消失之物"背后之"知"的"跨界辅助",由于各种因素的存在,"物"作为"客观存在",定会有"尚存"与"消失"之别,对于"尚存"之"物"而言,推晓其背后之"知"也许是容易之举,但是对于"消失"之"物"而言,后世之主观群体欲想推知其中之"知",实非易事,故对于此种情况而言,便需与"消失之物"同时代之"他物"的"辅助",即"跨界之物"的参与,对于中国艺术家具而言,其需具有"引导性",故不能仅局限于对"尚存之物"的研究与推理,因此依旧需要与"消失之物"(此处之"物"意指"实物无存"的"古代艺术家具")同时代之"他物"的辅助,如绘画、书法、青铜器、丝绸、陶瓷、金银器、玉器与漆器等等;最后,"物"是体现"当下"之"主观群体"表露自身之"知"的载体,"物"不仅有"尚存之物"与"消失之物"之别,还有"工业之物"与"工艺之物"之分,对于"工业之物"而言,其代表的是"大众倾向"之"知",具有"普及性",而对于"工艺之物"而言,其表露的则是"小众倾向"之"知",具有"引导性",可见,"物"以"载体"的形式描画着不同主观群体的"知"之"所想"。

综上可知,知行学作为中国当代艺术家具的方法论,既无法离开"心"之引导,又无法脱离"物"之承载,不仅如此,"心"是"物"参与的"心",而"物"亦是"心"融入之"物",故"知行学"是结合"历史发展"与"现实生活"具有"辩证性"的"寻求方法的方法",因此,其与西方式的"唯物"或"唯心"不可同日而语。

5.2.2 设计思路

对于中国当代艺术家具而言,方法论是有别于其他设计的关键所在，通过上述内容可知，"知"是主观群体于"行"中之"知"，而"行"则是主观群体于"知"中之"行"，"知"中有"物"，"行"中有"心"，由此可见，"心"与"物"需形影相随，"心"代表主观群体的"思想"与"审美"（此处之"思想"既包括以"尚存之物"为媒介得来的"知"，又不排除主观群体以"跨界之物"为桥梁对"消失之物"进行推演之"知"），"物"代表"客观存在"，其作为"心"之载体，必然需与主观群体之"心"所向一致，中国艺术家具作为"物"而言，其承载着主观群体的"心"之所想，故其具有形而上之身影。中国当代艺术家具作为"心"之载体，又具有形而下之特征，故其是通过主观群体"创造性"的"劳动"（意指主观群体之"技"），在形而下的实践过程中体现主观群体之思想与审美，可见此种设计既离不开"心"，即"形而上"，又离不开"物"，即"形而下"，此种形式的设计便是中国当代艺术家具的设计思路，即走"形而中"之路。

1）形而中之概述

"形而中"是中国当代艺术家具中"形而上"与"形而下"之间的桥梁，其包括两方面表现，其一为将主观群体的思想或审美"物质化"的媒介，其二为主观群体的"思想"与"客观存在"之间的"关系"。

对于其一而言，此种"物质化"的过程即为主观群体将无形思想通过媒介转化为可见之物的过程，对于中国当代艺术家具而言，此种媒介即为主观群体所擅长之"技"。"技"有三种，一为"技艺"，其与"门类"密不可分，即不同门类实践操作的总称。对于"艺"而言，其种类不止一种，孔子所提之"六艺"（礼、乐、射、御、书、数）便是最好的例证，故中国当代艺术家具中的"技艺"也绝非一种，家具有主材与辅材之分，主材种类多样，辅材亦是如此，故所涉及的"技艺"，定不可以一种材料之"技"概之。

形而中还包括第二种表现，即主观群体之"心"与客观存在之"物"间的"关系"，此种"关系"是中国艺术家具中不变的因素，正是此种因素的存在，才使中国当代艺术家具有别于其他领域的家具形式，此种"关系"既包括"精神层面"，又包括"物质层面"，但随着时间的推移、空间的转换，无论是主观群体的"精神层面"，还是客观存在的"物质层面"，均不会以"静止"应"万变"，那么前者也变，后者也非静止之物，如何来传承中国工艺美学之精髓呢？笔者认为无论精神如何演变、物质如何更替，两者之间的"关系"是不变的，此种不变的"关系"即为中国当代艺术家具凸显个性、与"他领域"之设计相互区别的本质所在。

综上可知，"形而中"其实是中国当代艺术家具的中介之物，不仅包括流露主观群体之心的实践操作，还囊括处于"变"中之"不变"的"关系"，前者为主观群体的"手工艺""手工艺精神"或者"匠心"之体现，后者则为主观群体对于中国审美的观点与看法（中国审美的精髓便是上述内容中的"关系"）。

2）形而中与"技"

"技"作为主观群体思想与客观存在相互连接的桥梁，可谓是"形而中"得以"具象化""工艺设计"的关键之所在，在中国当代艺术家具中，其"技"与西方之"技"不可同日而语。对于"技"之本身而言，中国当代艺术家具隶属之范畴，其自然与隶属"工业设计"范畴之"技"无法以等号画之，前者之"技"是基于"手工艺"或者"手工艺精神"的"技"，故其有别于以"物质资料生产"或以满足"大众"的"心理反应"（两者之"技"均具"同质化"之倾向）为目的之"技"。上述的两者同为"技"，但截然有别，笔者认为其原因在于"媒介"的差异，前者之"技"的媒介与人之"手"密不可分，而后者之"媒介"却全需"机械"的配合与参与，人体之"手"具有"自由性"，故可使主观群体在兼顾"理性""合规律性""共性"的基础之上，尽显"感性""合目的性""个性"之美，而机械则与上述有所不同，其所处之美具有"规范化"与"有限性"，故无论是主观群体的"理性"表现，还是其"感性"的显现，均需符合机械的"有限性"与"规则性"特征，由此可见，媒介不同，所联之"技"的性质差别甚大，以"手"为直接媒介者，其"技"具有"差异化"特征，而以"机械"为直接媒介者，其"技"则呈现"同质化"之倾向。

对于"技"而言，其除了作为"自体"而存在外，还身处"关系"之中，此种"关系"有"静"与"动"之分，对于"静"而言，其具有"动态"的因素并且是在"动"之过程中保持"根"之所在的关键。对于中国当代艺术家具而言，主观群体的"思想""审美""客观存在"属于"动"之因素，而"根"则为"静"之所在，此中之"静"既非源于单独的"精神层面"（即主观群体之"心"），也非源于单纯的"物质层面"（即客观存在之"物"），其是两者"关系"的显现，而"技"正是该种"关系"得以"形象化"的关键，可见"技"与"静"之"关系"唇齿相依。对于"动"而言，其依然离不开"技"之显现，在上述的内容中，笔者已提及，"动"包括"心"之"动"与"物"之"动"，之于前者而言，其与"技"密不可分，若无"技"之配合，主观群体之"所想"便无法"形象化"。主观群体之"心"不仅与"过去"有关，与"所在时代"亦有关联，故欲想显现主观群体具有"差异"的"心"，便需载体以承之，但若无桥梁之助，恐为空谈之举，在此时，"技"即为

"桥梁"之角色，由此可见，"技"与"心"息息相关。对于后者而言，其与"技"依然无法分离，若从与"技"之关系的角度分，"客观之物"包括两种，即"已载技"之"物"与"未载技"之"物"。之于前者而言，其意指"已经"与"技"发生联系的"客观物"，如"过去"的"主观群体"的"技"与"同时代"的"他人"之"技"等，均属此类。而后者与前者有别，其意指"将要"与"技"发生联系的"客观物"，属于此类的"客观之物"，必须借助"技"之力来流露主观群体的"心之所想"，可见，无论是何种情况下之"物"，均离不开"技"之相助。

综上可知，"技"与万物一样，均有"自体"与"社会存在"之分。前者作为"独立"之"技"，描画着与"其他领域"之"技"的"区别"，后者作为"关系"之"技"，诉说着与"其他领域"之"技"的"联系"。但无论是以何种形式存在之"技"，均是"心"与"物"间的媒介与桥梁，即"形而中"的化身之一。

3）形而中与"工艺观"

在上述的内容中，笔者论述了"形而中"内具有"物质性"的因素，除了"物质性"因素以外，"形而中"还包括一种"思想层面"的因素，但此种思想并非是脱离"客观存在"之"物"的"绝对精神"，而是使"形而上"与"形而下"发生"联系"的一种"思想"，对于中国艺术家具而言，此种"联系"即为"工艺观"。中国当代艺术家具隶属于中国艺术家具之范畴，其"形而中"自然离不开"工艺观"。

中国当代艺术家具的"工艺观"涉及三方面内容，即"工""美"及"两者间"之"关系"。"工"即"制作过程"，"美"即"设计过程"，两者之间的"关系"即为"工"与"美"发生"联系"的桥梁。那么对于形而中而言，与其紧密相连的并非"工"，也非"美"，而是"工"与"美"之间的"关系"，即"工艺观"中的第三方面。

对于"工"与"美"之间的"关系"而言，其涉及两方面内容，即"有形"之"基础"与"无形"之"关系"。对于前者而言，其是主观群体所凭借的某种"方式"或"手段"，该种"方式"或"手段"不仅可以实现"工"之过程，更能使"美"得以"具体化"。可见，此种"方式"与"手段"便为"有形"之基础的表达与诠释。之于中国艺术家具而言，该种有形之"基础"即为"技"。对于后者而言，其是一种"无形"的关系，此种"关系"与"技"截然有别，其并非是某种"具体"的"手段"或"方式"，而是一种既离不开"工"与"美"，亦无法排除"技"之因素的一种"关系"，故此时之"技"已然超越了其作为"自体"之范畴的"技"。通过以上论述可知，该种"关系"是赋予中国艺术家具之"根"的关键，因此其当为中国艺术家具"工艺观"的本质内容。

综上可知，作为中国艺术家具之列的中国当代艺术家具设计，其不同于为了满足"物质资料生产"而进行的设计活动，也与为了满足"大众""生理需求"与"心理需求"而生之"创造性活动"有所异，更与为了"艺术而艺术"的"纯艺术"截然有别。其是主观群体基于"文化层面"上的一种设计活动，故以"形而中"作为中国当代艺术家具的设计思路，当为合理且可行之举。

5.2.3 设计原则

中国当代艺术家具作为中国现代设计之一，必然与西方的现代设计有别，其需在"知行学"的指导下，走"形而中"之发展道路，以践行中国的"工艺观"。

1）以"知行学"为指导

知行学作为中国当代艺术家具的思想指导，倡导知行合一之核心，虽然知在前、行在后，但并非是两者地位之别的代表，知需要行的配合，行需要知的指导。对于中国当代艺术家具而言，知行学中的"知"与"行"实则是完成继承与创新的关键所在，通过"先有之知"（即通过经验或权威传授的"知"）为思想指导，并将其表现为最终结果（即行之过程），是继承的表现（知＋行之结果），而通过"自有之知"（来自自我的推理演绎）为思想指导，并将其表现结果化（即行之过程），则是对于创新的诠释（知＋行之结果），综上可知，无论是继承还是创新，均是知行合一之结果。

继承是绝对的，创新是相对的，在后继风格中出现先前风格的重复，实属正常现象。如在考古风较为盛行的宋代，出现了模仿前朝器物的现象（如用瓷器仿制青铜器与玉器等），这种模仿便是继承的表现之一（对先人尚存于世之物的研究——知，并将其转化为实物的过程——行）。对于中国当代艺术家具而言，也有类似之状况的出现，如四分法中的新古典风格，其既是对古时之"工"的探索与研究（通过探究古人存世实体或相关艺术作品——知，并将其转化为高仿或改良品的过程——行），也是对古人之"美"的体会与理解，这亦是继承的表现。继承固然重要，但不能过度，需与创新相辅相成，中国文化之所以未出现断点，原因便在于此。对于中国当代艺术家具而言，新中式与"新东方"便是创新之结果的表现（将自有之知，即顿悟——知，转化为实体之过程——行），继承也好，创新也罢，均是知行合一在当代的表现。

2）践行中国的"工艺观"

在前面的章节，笔者已经对中国的工艺观作出了阐述，中国当代艺术家具作为中国现代设计之一，理应无条件地将之再次发扬光大，以保持工艺美学的连续性。

中国的工艺观中既包括制作过程（工），也包括设计过程（美），所以其不仅是精神内涵（美）的具体化的过程，亦是制作过程（工）精神化的体现，对于前者，不难对其进行理解，如将当时的哲学思想注入其中，便是精神内化具体化的表现，但是对于后者，却稍有困惑。

无论是手工艺时代，还是工业时代，中国家具均离不开"工具"的配合完成（笔者所提之工具，有别于工业时代的机械），所以工艺观中既包括家具的"艺术史"，也包括家具的"工具史"，这便是中国工艺观的特别之处，从新石器时代的自然崇拜（哲学之萌芽），到后来阴阳学的出现，再到儒与道成为不同阶段的主流，而后达到儒释道相融之局面，将其注入中国家具之中，便是精神内涵（抽象）转化为实体（具象）的例证之一。

而对于工具而言，它是承载文化的实体之一，即通过具体之物展现抽象文化。随着时代的发展（以"打制"为主的旧石器时代—以"磨制"为主的新石器时代—青铜器时代—铁器时代—机械时代），工具的种类和分工日渐精细，故中国的工艺观，亦是一部工具史（图5-1）。

3）走"形而中"之发展道路

在中国当代艺术家具的设计中，欲想走形而中之发展道路，不仅需要了解古人的哲学思想，更要研究古代艺术家具的制作过程，前者涉及审美，后者涉及技法，但是由于西方现代设计理论的影响，高校与现代设计行业对"形而中"（即连接技法与设计的桥梁）的认识还尚不清晰（其工艺观与西方的类似，即将工艺范围缩小，使之等同于技术），所以这就是笔者提出"形而中"之发展道路的直接原因。

教育是主观群体接受认识的主要方式之一。随着1998年教育部将"工艺美术"之名替换为"艺术设计"，设计与技法之间便有种"沧海茫茫挂帆去，天涯从此各西东"之感，艺术设计将传统之手工艺的概念剔除在外，在现代设计与传统设计之间制造了不可逾越的鸿沟。中国当代设计不是诠释西方现代设计内涵的工具，更不是拓展其外延的手段，为了重视中国家具设计之精髓，使中国"工艺观"深入人心，形而中之发展道路是必经的，无捷径可走。

教育作为知识的来源地之一，固然重要，但未经实践检验的知识，似乎有些理性化，踏出校门，成为设计师，便是检验理论的开始，但是

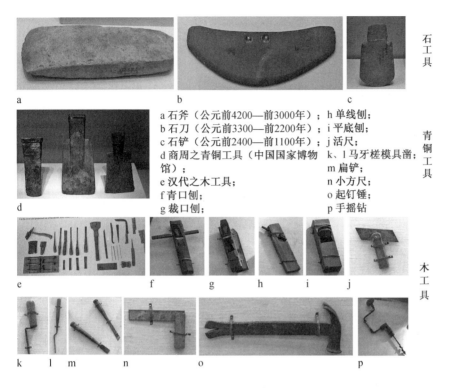

石工具

a石斧（公元前4200—前3000年）； h单线刨；
b石刀（公元前3300—前2200年）； i平底刨；
c石铲（公元前2400—前1100年）； j活尺；
d商周之青铜工具（中国国家博物 k、l马牙槎模具凿；
馆）；   m扁铲；
e汉代之木工具；   n小方尺；
f青口刨；   o起钉锤；
g裁口刨；   p手摇钻

青铜工具

木工具

图5-1　工具图例

这些设计师一次次地实践，是在检验谁家的理论呢？是西方现代设计理论，而非中国设计理论，这便是同为"新中式"风格，为何一个止步于"中国风"之阶段［中国风一词出现于18世纪的法国，却与英国、荷兰等国密不可分。在法国出现中国风之前，英国掠取载满中国器物（以瓷器为主）的葡萄牙商船。荷兰17世纪之前的宗教画中出现的中国青花瓷以及荷兰东印度公司的中介作用，均为中国风的萌发播下了潜在的种子，故笔者认为中国风是用来形容西方对中国设计的诠释与理解，如中国器物的造型与装饰等］，而另一个却是践行"中国的工艺设计"的探索之作？本质性的原因就在于中西设计原则的不同。以瓦格纳（丹麦设计大师）与顾永琦（中国工艺美术大师）为例，前者所设计之中国椅（不仅获得龙宁设计奖，还被美国《室内设计》杂志誉为"世界上最美的椅子"）属"中国风"之系列，后者设计（如天地系类），却与之不同，隶属于"工艺设计"之范畴，同为对中国风设计的诠释，表现形式却截然不同，这亦是中西设计文化的不同之处。总之，欲想使得中国的现代设计不再与西方的现代设计共用同一理论模式，"形而中"之发展道路是必经的，无捷径可走。

5.2.4 设计方法

中国当代艺术家具的设计方法是践行其方法论的产物，其设计不仅仅是停留在思想层面（形而上），也不会止步于实物层面（形而下），中国当代艺术家具是形而上与形而下的综合体，即形而中，故在此基础上，笔者将其设计方法分为加减乘除法、有根·多元法与多材·跨界法。

1）加减乘除法

对于中国当代艺术家具而言，其加减乘除包括三方面的内容，一为"物"与"物"之间的加减乘除（"物"可视为一种"客观存在"），二为"心"与"心"之间的加减乘除，三为"实现方式"与"手段"之间的加减乘除。对于第一种加减乘除而言，其中之"物"不仅包括"家具本身"，亦包括"家具以外"的"其他领域"之物；对于第二种加减乘除而言，其是文化思想与审美倾向上的一种"分"与"合"、"简"与"融"，如中国文化与他国文化、地域文化与主流文化间的邂逅与碰撞，即为此类加减乘除所属之范畴；对于第三种加减乘除而言，其之所指为"技法"，技法作为寄"心"予"物"的实现方式，其既包括"本门"之"技法"的加减乘除，亦囊括"其他门"之"技法"的"融合"与"提炼"，而后为中国当代艺术家具所用。

通过上述之论可知，第一种加减乘除之法是基于"有形"之"存在"的一种设计方法，如形制、结构与装饰等，均是"家具本身"与"家具以外"之"其他领域"的组成之"物"，故可视为"有形"之范畴，对其进行的"分"（意指"减"与"除"）与"合"（意指"加"与"乘"）处理，即为"有形存在"之"加减乘除"的案例所在。而第二种与第三种则和第一种迥然有异，无论是文化与审美的加减乘除，还是作为"心"与"物"间纽带的"实现方式"与"手段"，均视为"无形""存在"的一种加减乘除法。

（1）"有形存在"的加减乘除

在中国当代艺术家具之中，"物"与"物"的加减乘除包括两方面，即以"家具本身"为对象之"物"与以"其他领域"（家具领域之外）为对象之"物"，对于前者而言，其既包括"形"与"形"之间的加减乘除，又不排除"结构"间的加减乘除，还包括"装饰"间的加减乘除。

①"形"与"形"间之加减乘除

之于"形"与"形"之间的加减乘除而言，其既包括以"单体"为单位之"形"的加减乘除（图5-2），还包括以"组"为单位之"形"

的加减乘除。作为以"单体"为单位之"形"的加减乘除，其既可通过"比例"变化的方式予以实现加减乘除，还可通过与"他物"（此处之"他物"既包括"家具范畴内"之形的相互借鉴，还包括"家具范畴外"，诸如建筑、乐器等之形的相互融合）嫁接之法来实现加减乘除。

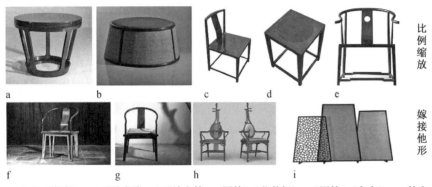

比例缩放

嫁接他形

a、b 几（春在）；c 天地之凳；d 天地之椅；e 圈椅1（艺尊轩）；f 圈椅2（春在）；g 赞直圈椅（春在）；h 椅子（杰申）；i 屏风（宣明典居）

图 5-2　单体形加减乘除的图例

除了以"单体"之"形"的加减乘除之外，还有以"组"为单位之"形"的加减乘除，该种设计方法需单体间具有"共相"因素，此"共相"体现在以下两个方面，一为基于"比例"所生之"共相"，二为基于某一"客观存在"而生之"共相"。对于前者而言，其以"单体"为基础，将单体之器具进行比例上的缩与放，那么母版之单体与缩放后之新器物的组合，即为系列化之加减乘除，也可将其视为"同质化"的加减乘除；对于后者而言，其与前者截然有别，其"共相"需借助一定的"可视"之物加以彰显，如装饰的一致与结构的类似等，与前者相比，其虽以"共性"为基础，但此时的"共性"是"差异化"下的"共性"，因此此种系列化可视为"差异化"之加减乘除。

②"结构"间之加减乘除

对于中国当代艺术家具而言，结构意指家具间的连接，即榫卯，中国家具的榫卯变化多端，无论是结构之需，还是装饰之用，均离不开榫与卯的参与。对于榫卯的加减乘除而言，其包括以下两种，一为"自体"之榫卯的加减乘除，二为"混合式"榫卯的加减乘除，无论是前者还是后者，均离不开榫头、卯眼与肩部的变化，三者看似独立，但实为整体之作。

对于"自体"之榫卯的加减乘除而言，其可通过榫头、肩部与卯眼的变化予以实现加减乘除之法，如齐头碰与大进小出、大格肩与小格肩、飘肩与虚肩以及齐肩双榫等，便是此种做法的案例。除了"自体"

的加减乘除外，还有"混合式"之榫卯的加减乘除，即将两种或两种以上的榫卯加以糅合而生的榫卯形式，此种方式的加减乘除较"自体式"榫卯的加减乘除复杂，如格肩榫与齐肩膀、格肩榫与大进小出式的混合等，均属此范畴内之案例。

"自体式"连接（图5-3）也好，"混合式"连接（图5-4）也罢，榫卯作为中国当代艺术家具的重要结构之一，其合理与否，会影响中国当代艺术家具在"工""美"以及"工美"间关系的表达。对于"工"而言，榫卯是以"木"为主的中国当代艺术家具的理想结构之一，其连接是否科学合理，结构是否严丝合缝，均会影响中国当代艺术家具之"工"的过程，在中国当代艺术家具之中，"工"之过程是"美"与"工美"间"关系"的基础与关键，故其重要性不言自知；对于"美"而言，榫卯结构亦是关键之存在，其虽处家具之内部，但连接之地亦可于外部见之，故接缝处的严密程度，自会对"美"有所影响；之于"工美"间的"关系"而言，榫卯结构之重要性更是显而易见，"工"与"美"间关系的最终"显现"是"气"与"韵"的表露与传达，结构作为中国当代艺术家具的"关节"部位，其优劣，必然会影响"工美"间"关系"的"显现"。

a 大进小出   b、c 齐肩双榫

图5-3   "自体式"加减乘除图例

a 格肩与齐肩膀之混合；

b 格肩与大进小出之混合

图5-4   "混合式"加减乘除图例

通过上述之言可见，榫卯作为中国当代艺术家具的重要结构，不仅与中国当代艺术家具之"工"的过程密不可分，亦与中国当代艺术家具之"美"的表露息息相关，还与中国当代艺术家具"工美"间的"关系"唇齿相合，故欲想实现真正的"中国的家具"设计（而非"在中国的家具"设计），榫卯结构不可不知。

③"装饰"间之加减乘除

对于中国当代艺术家具而言，其装饰不仅包括"无纹"之饰，亦包括"有纹"之饰。对于前者而言，其属"素面"装饰中的一种，"素面"固然可颂，但若处理不当，会走向"呆板"之极端，故为了防止此种情况的出现，需借助一些"他力"予以调节，如线脚的融入、材质的多样化、结构的微调与形制的稍变等，前述这些因素不仅可缓解"无生气"之"失"与"病"，还是"加减乘除法"的关键之所在。在线脚的应用方面，无论是线脚中的"线"，还是线脚中的"面"，均可为"无纹"之饰增添"多变"之感（图5-5、图5-6）。

图5-5 线脚中之"面"的加减乘除图例

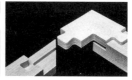

图5-6 榫卯"接痕"处之变图例

线脚中的"线"有"阴阳"（即"阴线"与"阳线"）之别，若能通过对其加乘与减除，定会为"素"增添几分生动之姿。线脚除了"线"之外，还有"面"的存在，若在"平面"与"混面"中进行加减乘除，亦会为"素"添加"灵动"之色，如通过对"非对称式"与"对称式"冰盘沿的加减乘除之法，便是案例之一；在材质的多样化方面，其亦属调节"过素"（即"素"之"病"与"失"，即为了追求素而素后所生的一种呆板之感）之因的队列，通过不同材质之间"贴""嵌""镶""包"等，定会缓解"过素"之病，如木与木、木与金、木与玉、木与瓷、木与软包、木与竹以及木与皮革、木与金属等的结合，均属在"贴""嵌""镶""包"中实现加减乘除之法的例子；在结构的微调方面，其亦是缓冲"过素"的良药之一，如通过改变榫卯"接痕处"之"形"来达到缓冲之目的，即为微调之例。在微调的过程中，定会牵动榫卯之肩部、榫头与卯眼的改变，此种波动便需加减乘除之法的参与；在形制的稍变方面，以"素"为饰的家具，可通过自身的造型与其他器物的造型的加减乘除来达到注入灵气的目的。

通过上述之论可知，"无纹"之饰的加减乘除需借助线脚、材质、结构与形制完成，在加减乘除法中，除了"无纹"之饰的存在，还有

"有纹"之饰的参与。纹饰作为中国当代艺术家具的装饰之一，不仅有"本领域"之纹，还有"其他领域"之饰，但无论是前者还是后者，纹饰的变化均离不开具象与抽象、写实与写意之范畴，那么此时的加减乘除，便是将原有之纹饰进行 N 次加工的途径与方法（其中的 N 代表二次或二次以上），其中的"加工"即为主观群体对纹饰在加减乘除法的作用下进行"二次"或"二次以上"的具象与抽象、写实与写意的过程。

综上可知，无论是家具中的"无纹"之饰，还是"有纹"之饰，均可践行加减乘除之法。

（2）"无形存在"之加减乘除

"无形"与"有形"不同，其指的是看不见但却又存在的事实，如主观群体的"心之所想"与实现"心之所想"的"方式"与"手段"。时代在进步，文化具有时代性，故其无法一成不变，所以"新"思想与"旧"文化之间的冲突便为加减乘除提供了契机，文化既已进步，那么，将之变为现实的"手段"与"方式"定会出现革新，但此处的革新，并非是以他国之技"取而代之式"的革新，而是在新旧相融中，使外来之技消融于本国之技中的做法，其中的"新旧相融"与"消融外来"之"技"的过程便需加减乘除的参与。

①"文化"与"审美"的加减乘除

对于中国当代艺术家具而言，其与古代艺术家具与近代艺术家具不可同日而语，由于此种中国艺术家具身处现代，现代文化的参与无法回避，在西方文化与西方审美熏染下的今天，中国文化与西方文化出现了冲突，中国当代艺术家具作为当下之产物，邂近冲突乃为必然之势。为了将"冲突"与"对立"转化为"和谐"与"互补"，加减乘除法是必然参与者。

对于文化与审美而言，其冲突主要通过以下两个方面予以显现，一为"理论"方面，二为"制作方式"方面，无论是前者还是后者，若想实现转化与消融，均需加减乘除之法的协助。对于前者而言，其是中国当代艺术家具诞生的核心点，中国当代艺术家具隶属"工艺设计"领域，其所依据的设计理论与技术美学旗下之设计理念差别尚大，故有必要在加减乘除的作用之下，将西方现代设计理论消融在基于工艺美学思想的体系中，如"知行学"的提出，便是消融的佳例之一。"知行学"作为中国当代艺术家具的方法论，其所探寻的是一种集"共相"与"殊相"于一体的"思想"，而非专注于"普遍性"与"一般性"的"规律"，对于"共相"而言，其与"普遍性"与"一般性"同义，故主观群体完全可将从"物"到"事"再到"理"的寻求"规律"的方法论在

"加减乘除"中实现转化与互补。

除了"理论"方面的加减乘除，还有"制作方式"的加减乘除的存在，其可分为两大类，一为以"手工"为主的"制作方式"，二为以"机械"为主的"生产方式"，两者虽为制作生产过程，但最终之果却截然有别，以前者为主的制作方式，可使主观群体在"同种工艺"中显示"差别"，而以后者为主的生产方式则会使主观群体的"不同设想"走向"同质化"，虽然后者出现了同质化倾向，但在中国当代艺术家具的所成过程中并非绝无可取之处，如可将机械所成之品的"规范性"与"标准性"融入中国当代艺术家具的设计之中，使之取代手工艺中的"重复性"劳动，此种"融入"与"取代"亦可视为加减乘除之法在"制作过程"与"生产过程"中的践行。

综上可知，在中国当代艺术家具中，文化与审美的加减乘除不仅可彰显于"理论"之中，亦可流露于"实践"之中，前者之表现在于中国设计理论对西方现代设计理论的消融与转化，后者之表现则在于"所得"之方式（即"制作方式"与"生产方式"）的互补与兼容。

② 实现"方式"与"手段"的加减乘除

在家具设计之中，实现"方式"与"手段"是主观群体之"心"与客观存在之"物"相融之桥梁，意指"技"，其加减乘除可从两大方面予以阐述，一为基于不同"实践方式"之"技"的加减乘除（实践方式包括以"手工"为主的"实践方式"和以"机械"为主的"实践方式"），二为基于同种"实践方式"之"技"的加减乘除。对于前者而言，其既涉及以"手工艺"或"手工艺精神"为主的"制作方式"，又包括以"机械化"为主的"生产方式"。中国当代艺术家具作为中国文化与时俱进的产物，虽不以"机械制造"为主，但并不代表将其孤立于"制作"之外，故此种情况的加减乘除需在两种不同的"制作"与"生产"方式的相遇中实现，如在中国当代艺术家具的制作过程中，可先借"机械"实现"粗加工"以替代"创造性劳动"中"一般性"的"生产劳动过程"，而后以"手工制作"之方式完成"创造性劳动"，此种"一般性"的"生产劳动"与"创造性劳动"并存的"实现方式"，即为"技"在基于"劳动方式"（包括"一般性"的"物质资料生产"与"精神文明的创造性劳动"）方面的加减乘除。

除了基于"实践方式"的加减乘除之外，"技"之加减乘除还存在于更为细化的领域之中，即同一种"实践方式"（如基于"创造性活动"为主的"实践方式"）内的加乘与减除。由于中国当代艺术家具是基于"文化层面"上的一种"手工艺"或具有"手工艺精神"的家具形式，故其"实现方式"与"手段"自然与以"机械"为主要生产方式的"手段"与"方式"有异。在中国当代艺术家具之中，"技"有"技艺""技法""技能"之别，故在彼此有别中，加减乘除亦出现了差异化之路，即"同门"之"技"的加减乘除与"不同门类"（即"跨门类"）之"技"的加减乘除。

对于"同门"而言，其加减乘除不仅可实现"结构"之"变"，亦可成就装饰之"新"，如髹饰中的"褊斓""复饰""纹间"以及雕刻中"综合雕"等，均属同门之"技"的加减乘除；对于"不同门类"而言，其"技"的加减乘除可通过两种途径予以实现，一为将"他门类"之"技"融入家具设计的加减乘除（即将其他门类之技以借鉴的形式，如金银箔贴花与错金银、刷迹中的"刻丝花"与丝绸中的"刻丝"等），二为通过"主材"与"辅材"（此处之"辅材"指的是"异材"，即与"主材"用料相异的材料）的"并用"而实现的加减乘除之法。之于前者而言，其属于一种"跨界式"的"实现方式"与"实现手段"，此种"方式"与"手段"不仅需要将"不同门类"之"技"加以"融"与"合"，还需在凸显主题中进行"简"与"分"，如将青铜铸造之理念融入家具设计中以提升"整体之感"、将"分截壳色"之法注入蛋壳嵌中以增添"设色"之意以及将"预应力技术"转嫁于家具领域以实现"无缝"之梦等，均为"不同门类"之"技"在相互"消融"中加减乘除的案例（即在递承中"变种"的过程）；之于后者而言，其属于两种或多种"技"并存的一种加减乘除之法，既然是"并存"，必需"加"与"乘"之法的参与，如通过"镶""嵌""贴"之实现"方式"与"手段"而成的装饰，即为加与乘之表现。"加"与"乘"代表"融"，为了确保"融"是一种"和谐互补"式的"并存"（而非是"彼此对立"的一种"并存"），那么便需"减"与"除"之协调。

综上可知，"技"作为实现"心之所想"的"方式"与"手段"，既可在"同门类"中实现加减乘除，亦可在"跨门类"中成就加减乘除。

2）有根·多元法

有根·多元法既提倡继承传统，又赞同吸收外来的新鲜文化元素，以点缀本土之设计，有根是中国当代艺术家具得以立足世界的基础，多元则是促使其不断创新的动力。

（1）何为有根·多元

根，是内心割舍不掉的牵挂；根，是回首过往抹不去的回忆；根，是阔步前进时的依赖。万事万物皆有"根"，中国当代艺术家具作为其中之一，亦不例外。当人们意识到西方审美永远植根于西方之时，相关从业者开始探寻自己的"根"，在寻根的过程中，可谓是仁者见仁、智者见智，有的钟爱繁复之色，有的青睐纯素之美，无论是前者，还是后者，均描画着中国文化与时俱进的轨迹，也记录着设计者对中国艺术的反思。中国当代艺术家具之根，既包括思想层面的，亦包括物质层面的，如何将我们的信仰融入家具设计之中（儒家、道家、新道家、理学、心学、事理学、知行学等），是有根设计需要研究的课题之一；对于物质层面，其是有根设计的具象表现，小到家具自身之根（结构、材质、装饰与技法等），大到其他领域（非家具本身，如绘画、书法、诗歌、建筑等），均可列入有根设计的研究范畴之中。

有根并不等于拒绝外来文化，我们应采用多种视角来审视当代艺术家具之美，即多元法的应用，如将西方的建筑与家具的装饰元素与技术、现代艺术的表现方式以及西方的现代材料等，均属多元法之范畴。

综上可知，有根·多元法即以"中国设计"为根本，采用"多视角"方式进行家具设计的过程，故有根·多元法，是集传承与创新于一体的综合设计方法之一。

（2）有根·多元与继承

没有继承，便无法实现更好的创新，如不对传统进行彻底的研究，那么中国当代艺术家具势必导向西方阵营，笔者以"整木家装"为例，以阐述继承的重要性。"整木家装"是目前较为热门的家具室内一体化的装修模式，目前对整木家装的理解与实践，是将西方建筑移入室内，如山墙、罗马柱等，但是在践行的过程，并不顺利，西方建筑以"石"为主，整木家具以"木"为主，在这形式（从室外到室内）转化期间，木材不仅出现了开裂与变形等现象，室内所需之异形构件在制作与安装中，亦出现了不同程度的问题。其实，整木家装并非所谓的"新鲜概念"，早在中国开始真正的建筑之时，变已存在，无论是梁、枋、椽、檩、柱，还是门与窗，抑或是斗拱、雀替与室内之隔断，均是木之杰作，不仅如此，室内之异形构件也大有存在，如月梁、花罩、飞罩等，均属室内的异形构件，如果回望古人之辉煌，整木家装也许会避免很多"祖先已解决"之问题。

中国现代家具发展至今，亦如整木家装一般，已出现了颇多的问题，如硬木热（眼中只有硬木）、明清热（专注于明清风格的复制）以及西方技术热（披着中式外衣的西方家具）等，均是当前所遇之现状。中国当代艺术家具作为中国家具的一员，需将古代与近代艺术家具之精华发扬光大。继承包括精神方面的，亦包括实践方面的，前者是抽象的继承，后者是具象的再现，如中国当代艺术家具所提之"知行学"便是对新儒学的继承与发展，这"知行学"即为精神层面之继承；而内部结构（榫卯）、装饰（纹饰、线脚）、技法（镶嵌、雕刻、髹漆与其他工艺等）与材料（青铜、玉器、陶石、竹藤、瓷器、丝绸、木材以及现代材料）等方面的继承则属具象层面的继承。

总之，有根·多元离不开继承，继承是中国当代艺术家具区别于西方现代家具的重要性所在，故继承很重要。

（3）有根·多元与创新

有继承，势必伴随创新，一味地继承等于保守，笔者提倡创新，但该创新是传承式的创新，无论是新古典与新海派，还是新中式与新东方，均是传承式创新的佳例，纵观历史，创新之举，频频有之，但绝非脱离"承上"（对前朝工艺的发展）之范畴，如青铜器之"焚失法"（商代晚期）与"失蜡法"（春秋战国），漆器中之"针刻"（即锥画，出现于西汉初期）与"戗金"（出现于西汉中期），麻布胎（战国中晚期）与纻器（汉代）、夹纻（唐宋）、脱活（元代）、重布胎（明代）与脱胎（清代），错金银、金银箔贴花、金银平脱与嵌金银丝、陶瓷中之点染与褐彩、丝绸中的绞缬（唐代）与扎染（当今）等，这些工艺均属创新之举，但并非"从零开始"的创新，而是继承式创新，即"有根式创新"。

中国当代艺术家具的设计与材料、形制（造型）、结构（榫卯）、装饰（纹饰与线脚）与技法（雕刻、镶嵌、髹漆与其他技法）四部分内容密不可分（图5-7），材料、形制与装饰属"外"，而结构与技法属"内"，这内外均可成为创新的对象。材质是时代进步的标志，将现代材料融入当代艺术家具设计之中（如不锈钢、碳钢、亚克力板等），亦是合理之事。

材质

形制

结构

装饰

图5-7　材质、形制、结构与装饰图例

形制是中国当代艺术家具的外表，随着时代的进步，形制也在与时俱进。箱体与框架作为中国艺术家具的主要结构（外部，即形制），是从"中国建筑之角度"对家具在形制方面作出的总结，但对于将"其他器物之形"融入艺术家具设计之中的情况（如青铜器、玉器中的琮与璧、陶瓷、自然之物等），则有些不妥，所以除了箱体和框架之外，还有"其他类形制"的存在，无论是箱体与框架，还是其他类，均是生活方式演变的结果，演变即为创新的外在表现。

结构是中国当代艺术家具有别于西方现代家具的本质区别之一，对于同样以明清家具为参照物的中国与西方的设计而言，重要的区别为内部之结构，即榫卯，如瓦格纳之"中国椅"（其不仅被授予龙宁设计奖，还被美国《室内设计》杂志誉为"世界上最美的椅子"），其虽为中国风系列，但始终是"披着中国外衣的西方家具"，笔者并未体会到"形神兼备"之感。再如库卡波罗的"中国几"（以中国古代艺术家具之桌为参照物）与"躺椅"（以南宋刘松年之四季山水图中的椅子为参照），其依然是西方之作，难以将中国之韵注入其中。由于中国当代艺术家具的形制出现了创新，那么榫卯结构也有所更新，这更新便是创新之举。

装饰也是体现传达中国文化与主管群体的思想寄托，中国纹饰种类着实不少，如动物纹饰、植物纹饰、人物纹饰、虚拟世界之纹饰、几何纹饰、文字纹饰、组合纹饰、宗教纹饰等等，对于如此之多的纹饰，中国当代艺术家具可将其继续进行演变，也可利用现代艺术的方法加以表达，如光影雕之纹饰，无论是前者还是后者，均是创新的证明。

技法与结构一般，是中国与西方相互区分的本质所在（以雕刻为例，西方善用"面"，而中国善用"线"，在海派纹饰"果子花"中，感受颇深），中国当代艺术家具除了可利用镶嵌、雕刻与髹漆三种基本技法之外，还可在现代科技的协助下，将前述的"其他技法"（鎏金、镀锡、錾刻、扣、麻布胎、绞胎、刻丝与痕都工等）融入设计之中，该法亦属"创新"之作。

有根·多元法的创新不仅需要回望传统，也需远眺西方，将异国文化与艺术融入本土设计之中，亦是拓展创新之路的途径。在中国的古时，古人常将外来的装饰与技法融入本土设计之中，如金银器中的掐丝（经西亚人传播，而后被战国的匈奴人所利用）、锤揲（西方成纹的主要技术之一，中国以"錾刻"为主）、唐代之"纬棉"的出现（纬棉是西方"纬线起花"的技术，与中国的"经线起花"有所区别，其便于图案的换色与形象的表达，对于喜欢"华丽绚烂之色"的唐代而言，该技术无疑是件好事）、宋代的刻丝（通经断纬是刻丝的工艺特点，而通经断纬应源于古埃及）以及玉器中的"痕都斯坦"风（痕都斯坦位于今天的印度北部与巴基斯坦的部分地区）等，均是外来文化在中国艺术品之上留下的痕迹。

中国当代艺术家具作为现代之作，亦不能过于保守，也应以开放的心态接受外来文化，但是要保持"适当"的原则，切勿因借鉴过度，而成为他国之作。在当代艺术家具中，借鉴西方最为明显的，莫过于造型方面，如钢管悬臂椅，由于钢管悬臂椅之外形连贯、一致，给人以整齐划一之感，该种形式吸引了颇多的企业。

平仄系列（宜明典居设计）中的部分产品（图5-8a、图5-8b），便出现了钢管悬臂之感，这"钢管悬臂"之势，亦属于创新之列，不仅如此，此乃有根·多元的范例之一，该设计并未动摇中国设计之本，也未将西方拒之于外。除了借鉴形制，技术方面也有所引入，如硬木弯曲之法的实施（图5-8c）。早在19世纪，索耐特便用此法制作家具，但是硬木的密度较大，远比索耐特之曲木弯曲技术难，故该弯曲技术无法直接复制，而需改进，从引进到改进，即为创新之实践，亦是有根·多元的典范。

a 摇椅（宜明典居设计）；
b 沙发（宜明典居设计）；
c 坐具（丰硕紫檀）

图5-8 材质、形制、结构与装饰图例

总之，有根·多元法不仅有继承的成分，还有创新的举动，作为正在践行其法的中国当代艺术家具，应时常回望传统，以研读古人之精髓为"今人所用"（化古为新），还应远眺西方，以了解他国之佳品而"为我所用"（洋为中用）。

3）多材·跨界法

多材·跨界是拓展中国当代艺术家具设计之路的必然，不同材料之间的相互配合，不同工艺之间的相互借鉴，均是多材·跨界在当代艺术家具设计中的表现。

（1）何为多材·跨界

对于家具而言，随着时代的进步，可用之材会愈来愈多，在众多的材质中，并非每种材质的性格和质地都呈现相同状态，所以，不同材质之间还是存在明显的界限，中国当代艺术家具欲想将不同材质融入设计之中，必然涉及多材·跨界之法。

多材包括同材与异材，将两种以上之"同材"或"异材"融入当代艺术家具设计之中的做法，称之为"多材"，中国艺术家具以木为主，故"同材"多指两种以上之木材的应用，如嵌黄杨、贴黄等；对于"异材"而言，"多材"则指的是家具主材中融入一种以上的异材，如青铜、玉石、陶瓷、金银、丝绸、象牙、螺钿等等。然而，跨界则与"多材"有微小之差别，其指的是异材或不同范畴之物（如建筑、音乐、书法、绘画等）的相互借鉴与嫁接，如形制、工艺（装饰与技法）或思想。

综上可知，多材·跨界是通过异材或异物之间的结合，以达到拓展思维之目的。

（2）多材·跨界与装饰

中国当代艺术家具的装饰（设计过程）隶属于工艺（设计过程＋制作过程）之范畴，对于其跨界，既包括形制，亦包括纹饰，前者可将建筑、书法、绘画与自然之物等内容融入中国当代艺术家具的设计中，以建筑为例，可借鉴之物颇多，如斗拱、顶部造型与门窗设置等。斗拱作为中国建筑较具特色部分，在唐宋之前与之后的表现形式有异，在唐宋之前，斗拱较为硕大，而唐宋之后，斗拱一改之前的式样，变为娇小玲珑之状。这两种形式在家具中，均出现过借鉴的痕迹，中国当代艺术家具对于前者的借鉴，表现为一腿三牙之式，而对于后者的借鉴，则表现为明清建筑之上的斗拱（图5-9a、图5-9b）类似。

书画亦是中国艺术的自豪，以工笔画为例，工笔为写实的一种表现形式，无论是人物之发丝，还是动物之翎羽，在工笔之下，皆栩栩如生，中国当代艺术家具，将其引入家具设计之内，在不同于绢与宣纸等载体的木材上，进行创作，以刀（丝翎铁笔）代笔，将工笔画这栩栩如生之态呈现于世人面前，这便是"丝翎檀雕"（图5-9c、图5-9d），正如宋之刻丝一般，将书画之妙通过"通经断纬"之法，在丝绸上予以表现，同为书画，但附着于不同的载体之上，其艺术呈现必然不同于原版。

中国的哲学讲究人与自然的和谐，那么自然之物，如山、水、石、玉、竹、藤、树根等物，理所当然是中国当代艺术家具乐于效仿之物，如利用木材模仿竹藤之态，用木雕模拟"山子"之形与以部分构件效仿大山之美等，均是中国当代艺术家具拓展其形制变化的途径之一（图5-9e 至图5-9g），即多元·跨界法之一。

a、b 斗拱　　　　c、d 书画　　　　e 至 g 自然形

图 5-9　图例展示

对于纹饰而言，中国当代艺术家具亦可实现多材·跨界法，对于不是以"髹饰工艺"成之的当代艺术家具而言，将建筑、青铜器、彩陶、瓷器、漆器、玉器、丝绸等上的纹饰图案通过雕刻与镶嵌等工艺融入当代艺术家具的设计之中来实现多材·跨界之法。而对于以"髹饰"工艺成之的中国当代艺术家具，可利用髹饰之法将其他领域的典型纹饰予以表达，如利用"犀皮之法"可将瓷器与丝绸之上的典型纹饰融入当代艺术家具的设计之中。以瓷器为例，可将一些特色瓷器，如钧窑（以"天蓝月白色如晚霞"为特点）、"油滴"（结晶斑呈小圆点状之建窑被称为"油滴"）、"曜变"（油滴中圆点较大者视为"曜变"，该种形式的建窑被日本奉为"国宝"）、"兔毫"（结晶斑呈银色之细长式的建窑）、"玳瑁斑"（其是吉州窑的典型纹饰）与"磁州窑"（以"白地黑花"最为典型）等融入设计之中，亦可谓跨界之法在髹饰领域内的体现。

总之，多材·跨界是拓展设计思路、开创设计新风的必要途径，单向发展到达一定阶段之后，必然会显露瓶颈，故我们应采取"双向并行"之制，既不丢弃古时之经典，亦不回避当下之时尚。

（3）多材·跨界与技法

技法的跨界主要是指不同材质之间制作方法的相互借鉴，跨界的借鉴，是中国文化得以延续的秘诀之一，每种艺术的发展均会遇到瓶颈，如在遇到之时，懂得回望传统，学习古人，那么瓶颈期自然会安然度过。

中国当代艺术家具作为延续中国文化与艺术的载体，无论是回望古人，还是远眺西方，均可达到多材·跨界之境地，如将古法加以研究，以现代科学和技术作为中介，从而达到创新式传承的目的。笔者以嵌金银丝为例，金银丝作为传统工艺之一，在现代已少有见到，但是不等于没有，目前已有家具企业将其融入中国当代艺术家具的设计之中（由于嵌金银丝的依附性过强，故一直被应用于诸如盒、匣、砚、屏等小型产品之上，所以在中国当代艺术家具之上运用此工艺，实属创新之举）。嵌金银丝虽为传统工艺，但其并非明清匠师的"绝对原创"之作，其也是有历史的。嵌金银丝并非凭空产生，那么其源头在哪里呢？这就需要"跨界之法"为大家揭开谜底。说起嵌金银丝，就不能不提错金银之工艺，错金银乃为青铜器之上的装饰技法之一，在青铜器走过其鼎盛期之后，该法并未消失，而是被借鉴到漆器之领域，名为"金银箔贴花"（汉代）。时至唐代，金银箔贴花又重新回到了青铜器之上（铜镜），在其中可以察觉到错金银之身影，但又与之不同，因为该法已将漆器的部分工艺融入其中，使之发展为"金银平脱漆器"之法。随着时间的进步，金银平脱又被硬木所借鉴，即"嵌金银丝"（从明代至今，该法依然被采用）。错金银—金银箔贴花—金银平脱—嵌金银丝，不仅包含了传承，亦显露了创新之举，预达到这"传承中有创新，创新中有传承"之境界，多材·跨界之法实为必要之举措。

对于技术的跨界，远不止嵌金银丝一种，几乎所用工艺发展到一定程度，或新生之材问世之时，均会出现跨界之行为。如麻布胎的问世，为减轻胎体之重量，匠师们依照青铜与陶瓷等的制作之法，创造了既带有创新之举，又不失传承之因素的纻器（汉代）、夹纻（唐宋）、脱活（元）、重布胎（明）、脱胎（清代）等新型工艺，这些均是跨界的杰作。

除了上述"古为今用"的跨界之法外，还尚有"古今结合"式跨界的存在，如"预应力技术"的诞生与木材镀金技术的开发研制等，均属后者之范畴。对于前者，其将建筑原理引入家具行业，该项技术不仅解决了木材因为水引起的湿差应力反应，而且实现了木材之间的"无缝"拼接；对于后者而言（木材之上镀金），其虽在传统行业内还未出现，但我们可借鉴以"生物质"为基础开发新材料的现代技术，来实现木材与金箔的结合。无论成就结合的"物理之法"，还是实现聚合的"化学之法"，均属多材·跨界之举。

总之，中国当代艺术家具作为中国家具的一员，在技法方面，理应践行这多材·跨界之法，其不仅是拓展文化"多样性"的途径之一，亦是走出新奇之路的必要手段。

4）综合法

综合法即上述三种设计方法的混用，即加减乘除法、有根·多元法与多材·跨界法的混合或者交叉，可以两两混用（加减乘除与有根·多元、加减乘除与多材·跨界、有根·多元与多材·跨界），也可三者一起混合并用，这"三者混用"之法较"两两混用"复杂，既包括三者的平行混用，即加减乘除、有根·多元与多材·跨界的混合，也包括交叉组合，即以一种方法或者一种方法中的子部分为单位，进行组合，前者以加减乘除法为例（以一种方法为单位），采用交叉组合法，可形成加减乘除与有根、加减乘除与多元、加减乘除与多材、加减乘除与跨界。后者以有根·多元为例，可将其拆分为有根与多元（即一种设计方法的子部分为单位），再与其他方法进行混用，如有根·加减乘除、有根·多材、有根·跨界、多元·加减乘除、多元·多材与多元·跨界。

综合之法是设计中最为常用的设计方法，正如雕刻中的"综合雕"，髹饰中的"斒斓""复饰""纹间"一般，均需两种或两种以上纹饰（或技法）的配合，方可达到预期效果，该设计方法既可视为上述三种设计方法的补充，又可视为上述三种方法的拓展。

5.3 结语

知行学作为中国当代艺术家具的方法论，是区别中西方现代家具设计的重要标志，中国当代艺术家具作为主观群体与客观事物之间的桥梁，既不偏重于主观群体之思想的表达（形而上），亦不过分关注器物之本身（形而下），而是走形而中之发展道路，从而拉近了形而上与形而下之间的距离。设计方法是"反思思想之产物"（即方法论）的结果，故加减乘除法、有根·多元法与多材·跨界法是践行知行学的必然选择。

第 5 章参考文献

［1］黑格尔. 美学［M］. 北京：商务印书馆，1980.

［2］胡经之. 中国现代美学丛编：1919—1949［M］. 北京：北京大学出版社，1987.

［3］李泽厚，刘纲纪. 中国美学史［M］. 北京：中国社会科学出版社，1984.

［4］孔寿山. 技术美学概论［M］. 上海：上海科学技术出版社，1992.

［5］李泽厚. 李泽厚哲学美学文选［M］. 长沙：湖南人民出版社，1985.

［6］冯友兰. 中国哲学史新编：第三册［M］. 北京：人民出版社，1985.

［7］方立天. 中国古代哲学问题发展史［M］. 北京：中华书局，1990.

［8］张立文. 和合哲学论［M］. 北京：人民出版社，2004.

［9］柳冠中. 事理学论纲［M］. 长沙：中南大学出版社，2006.

［10］李约瑟，中国科学技术翻译小组，译. 中国科学技术史第二卷［M］. 北京：科学出版社，1975.

［11］闻人军. 考工记译注［M］. 上海：上海古籍出版社，1993.

［12］桂宇晖. 包豪斯与中国设计艺术的关系研究［M］. 武汉：华中师范大学出版社，2009.

［13］张天星. 中国当代艺术家具的方法论［J］. 家具与室内装饰，2014（6）：22-23.

［14］张天星，吴智慧，孙浩. 中国髹饰工艺传承与发展的理论体系构建研究（上）［J］. 家具与室内装饰，2018（2）：82-85.

［15］刘长林. 中国系统思维：文化基因探视（修订本）［M］. 北京：社会科学文献出版社，2008.

［16］滕守尧. 审美心理描述［M］. 北京：中国社会科学出版社，1985.

［17］朱光潜. 文艺心理学［M］. 上海：复旦大学出版社，2005.

[18] 朱志荣. 中国审美理论 [M]. 北京：北京大学出版社，2005.

[19] 张世英. 天人之际：中西哲学的困惑与选择 [M]. 北京：人民出版社，1995.

[20] 宋志明. 中国传统哲学通论 [M]. 3 版. 北京：中国人民大学出版社，2013.

第 5 章图片来源

图 5-1 源自：博物馆拍摄与企业提供.

图 5-2 至图 5-5 源自：企业提供.

图 5-6 源自：百度图库.

图 5-7 源自：企业提供与自摄.

图 5-8、图 5-9 源自：企业提供.

6 中国艺术家具内含的启示性内容

中国艺术家具是一类具有文化延续性家具的总称。从中国古代艺术家具到中国近代艺术家具，再到中国当代艺术家具，历经时间的洗礼与空间的转移。中国艺术家具内含两种因素，即可变因素与不变因素，前者与不同时代人们的需求息息相关，后者与中国造物精神唇齿相依。中国艺术家具作为中国文化的载体，其内含诸多方面的启示性内容，本章将选择较为重要的几个内容进行论述说明。

6.1 设计的实践活动方式与创造性

设计的目的是致用利人，在以物质资料生产为主的阶段，设计的目的是满足人们在使用人造物时的"功能需求"。随着"实必常饱、衣必常暖与居必常安"阶段的升级，人们步入"求丽、求华与求乐"的阶段，此时，设计所需解决的问题也随之升级，从满足功能升级为符合审美。中国艺术家具作为设计中的一种，其必涉及设计实践活动方式的归属，对于家具而言，其设计的实践活动方式包括手工劳动与手工艺两种，中国艺术家具是文化传承的载体，其实践活动方式隶属手工艺，手工艺与手工劳动具有本质性的区别，前者与创造性息息相关。

6.1.1 中国艺术家具中的创造性研究

对于中国艺术家具而言，本章从两方面探究其创造性，即创造性的条件与创造性的结果。

在创造性的条件方面，其包括物质性因素与精神性因素，物质性因素与工具有关，精神性因素与思想有关。第一，在工具方面，其需具有灵活性。工具的灵活性是中国艺术家具内含创造性的关键性的物质因素，工具包含"效率型工具"与"创造型工具"两种。"效率型工具"是手工制作与机械生产的关键性物质因素；"创造型工具"是以手工艺为主的实践活动方式的关键性物质因素。"效率型工具"的特点是以"求量"为目的，是其基于某种设计规律满足大众需求的一种生产形式，求量的结果是产品同质化的出现与恶化。"创造型工具"的特点是实现"质别"（即一件家具产品与另外一件家具产品的本质之别），其是基于某种思想满足小众需求的一种实现方式，实现"质别"的优势在于缓解同质化现象的恶化与延续设计的生命周期。通过简析可知，工具的类型不同，其性质截然相反，仅有"创造型工具"是具有创造性的条件，"效率型工具"不具备创造性的条件。第二，在思想方面，其应具有引导性。思想与文化相辅相成，文化包括"引导性的文化"与"普及性的文化"，前者是具有引导性思想的产物，后者则是具有普及性思想的产物。"引导性思想"是具有启发性的思想，其特点在于对人们"定型式思维"的打破；"普及性思想"是针对大众认知所言的，其特点是借助"量"的积累，推动某种风格的形成。通过分析可知，在两种不同角色的思想中，引导性的思想具有创造性。

在创造性的结果方面，其具有以下表现：第一，实现设计结果"本质性"的创新。"新"有两种，一种为"现象式"的新，一种为"本质性"的新，前者的特点为此种形式的新是基于同一规律所产生的新，其是"效率型制作"或"效率型生产"的原理所在。后者的"新"与前者的"新"截然相殊，"本质性"的新是"创新"，而"现象式"的新是"改良"。"本质性"的新具有不为工具所限制的特点，对于家具设计而言，工具是实现思想与审美取向的物质基础，若对现有工具产生依赖，则无法实现本质性的创新，若脱离对现有工具的依赖，则可达到本质性创新的目的。通过分析可知，创新的结果与改良的结果不同，前者可实现"本质性"的新，后者只能达到"现象式"的新。第二，打破设计现象的同质化。对于家具设计而言，同质化是设计结果的一种现象化呈现，其成因与三种因素有关，即大众化对"量"的需求、工具的限制以及定型式设计规律的指导，三者共同作用，致使设计结果逐渐走向同质化。欲想对此种不良现象进行缓解，可采取两种措施，一种是打破工具的限制性，另一种是设计规律从"定型式"转型为"类型式"，对于前者的措施，需以工具的灵活为条件，对于后者的措施，则需借助具有启发性的思想为转型的桥梁。通过分析可知，具备缓解设计同质化现象的措施均与创新息息相关，由此可见，打破设计结果的同质化是创新的结果之一。

综上可知，在创新的条件方面，工具的灵活与思想的引导性是必要条件；创新的结果是针对设计结果与设计现象而言的，在设计结果方面，其可实现设计结果"本质性"的新；在设计现象方面，其可达到

"打破"设计现象"同质化"的结果。

6.1.2 手工艺中创造性因素的研究

手工艺作为实践活动方式之一，其与手工劳动、机械生产具有本质区别，手工艺不属于"效率型"的实践活动方式，其是一种创造性型的实践活动方式，其创造性体现在以下三点：

第一，手工艺内含的思想因素。在前述的内容中，笔者提及思想有"引导型"与"普及型"两种，手工艺中所含的思想隶属前者，即"引导型"的思想，此种思想的参与，是手工艺具有创造性的关键因素。对于中国艺术家具而言，手工艺的创造性与匠人的认知相辅相成，匠有三级，即工匠、艺匠与哲匠。工匠的特点在于精通手工劳动，其制作形式可为机械所代替；艺匠的特点是善于跨界，具有将其他艺术形式借鉴并转化为本领域所用的能力，艺匠所设计的实践活动方式隶属手工艺，其制作无法为机械所代替；哲匠与前两者均有区别，其可将手工艺升华为理论层面，即令不同门类的手工艺具有统一的思想，对手工艺内统一思想的挖掘，是中国造物理念与传承的关键。通过上述的分析可知，工匠、艺匠与哲匠的区别在于对手工艺认知的差异性，工匠将手工艺与手工劳动等同，艺匠侧重基于实践层面对手工艺进行门类的拓展，而哲匠则从综合角度对手工艺进行理论的挖掘。认知是创造性的关键，工匠的认识无法实现手工艺的创造性，艺匠与哲匠的认知有助于手工艺创造性的凸显，由此可见，认知是手工艺具有创造性的关键，其创造性的体现在于具有引导型的思想。

第二，手工艺内涵的物质性因素。在中国艺术家具中，与创造性相关的物质性因素主要意指工具，在"创造性条件"一节的内容中，笔者已提及工具的种类，站在实践活动方式之角度，可将工具分为"效率型"工具与"非效率型"工具两种。前者是手工劳动与机械生产实践活动方式的物质基础，特点为标准、统一与有限；后者是手工艺实践活动方式的物质基础，特点与前者具有本质之别，灵活、多样与无限是其特性。中国艺术家具作为一种创造性思想的产物，其所涉及工具隶属后者，即"非效率型"工具，该种工具在中国艺术家具的成型中具有不以"标准"论之的特点。标准化是"效率型"工具的要素之一，但"非效率型"工具与之相反，其需得心应手，即随意灵活。两种性质不同的工具在家具成型中，其所实现的目的具有本质性的差异，通过"效率型"工具所成的家具制品或产品具有两种特点，即在现象上的"类似"与在本质上的"相同"；借助"非效率型"工具所成的中国艺术家具亦具有两种特质，即在现象上的"多样"与在本质上的"不同"。通过上述分析可知，作为手工艺中物质性因素的工具，其有无创造性取决于工具的性质，相较于"标准论"的"效率型"工具，得心应手的"非效率型"工具更具创造性。

第三，手工艺中的实现途径与方式。在中国艺术家具中，手工艺的实现途径与方式意指"技"。"技"有三种，即技艺、技法与技能。技艺是实现途径与方式的门类，有主要门类与子门类之别；技法是相同门类与不同门类之技艺的实现途径与方式；技能与匠人的认知息息相关，技能有别，匠级随之发生变化。作为手工艺中的"技"，其创造性与以下因素有关：第一，"技"中的"技能"，该因素是手工艺实现方式与途径具有创造性的关键。根据认知程度的不同，技能分为三种，即"工匠式"技能、"艺匠式"技能以及"哲匠式"技能，后两者（"艺匠式"技能与"哲匠式"技能）是手工艺具有创造性的主要来源。第二，"技"中的"技法"因素，该因素是手工艺实现途径与方式具有创造性的助力因素。技法与工具无法割裂，工具的性质对手工艺的创造性具有直接的影响作用，在中国艺术家具的技法中，"非效率型"工具是创造性的关键性辅助因素。

综上可知，在中国艺术家具中，手工艺的创造性因素离不开三点，即具有引导性的思想、得心应手的工具以及手工艺的实现途径与方式。在具有引导性的思想方面，其是艺匠与哲匠共同作用的结果；在工具方面，其具有"两不"原则，即不以"标准论"与不走"效率型"；在实现途径与方式方面，其创造性与技艺、技法与技能相辅相成，技能是主要因素，技法是助力因素，技艺是创造结果的综合呈现。

6.2 创造性与文化角色

创造性与追风性具有本质之别，前者具有引领性，后者具有普及性，引领的目的在于同质型文化的打破，普及的目的在于具有时代特色型文化的传播，由此可知，文化具有类型性，且不同类型的文化，具有不同的角色。

6.2.1 文化角色的类型

文化角色的路线有二，即基于心理层面的文化角色与基于反思层面或者启发层面的文化角色。在基于心理层面的文化角色方面，其特点为借助"形式轮廓"等可见因素的一种"追风性"现象；基于反思或启发层面的文化角色，其特点是凭借认知实现的一种"引导性"现象。文化角色的线路不同，其所实现的手段与目的亦有区别，在实现的手段方面，基于心理层面的文化以"量化"为手段，基于反思或启发层面的文化以"创造"为手段；在目的方面，基于心理层面的文化以"普及"为目的，基于反思或启发层面的文化以"引领"为目的。

基于对上述文化角色的路线进行分析可知，文化角色包含两种，即"普及型"文化与"引领型"文化，对于中国艺术家具而言，其是以手工艺实践活动方式为主的家具，其内含文化的角色必定有别于以手工劳动或机械化实践活动方式为主的家具。

6.2.2　中国艺术家具中文化的角色研究

中国艺术家具是手工艺的产物，手工艺是一种具有创造性的实践活动，其与手工劳动与机械化具有本质的区别。当人们的需求从对物质的满足升级为对心理与精神的反映与追求时，与之日常为伴的家具角色也出现了转型，从单纯的使用功能延伸至文化的载体，以"量化"为主的家具反映着大众心理，以创新为主的家具承载着小众的精神追求。大众心理也好，小众的精神追求也罢，均隶属文化层面，对于家具设计而言，需求影响定位，定位左右文化的方向。

中国艺术家具与隶属"工业设计"范畴的家具形式不同，相较于后者，其内含的需求与定位具有特殊性，在需求方面，其主要表现为主观群体对"美"的需求，美有三个层面，即基于"生理层面"的美。基于"心理层面"的美以及基于"境界层面"的美，基于"心理层面"的美意指家具功能之于主观群体的舒适程度，基于"心理层面"的美意指主观群体借助家具的形式轮廓所产生的一种直观联想式反映，基于"境界层面"的美意指主观群体借助反思或启发达到引领目的的一种美。中国艺术家具是手工艺的产物，其内含的需求为美的第三层面；在定位方面，其表现为产品类型的不同。产品类型有二，即借助"普及型"产品与"引领型"产品，前者意指借助"效率型"工具所产的"量化型"产品，后者意指采用"非效率型"工具所造的"创新型"产品。"普及型"产品是手工劳动或机械化之实践活动方式的结果，"引领型"产品则是手工艺之实践活动方式的产物。中国艺术家具与手工艺密切相关，其当归属为"引领型"产品的范畴。

在中国艺术家具中，美与产品类型和文化相辅相成，美是文化的"间接"表现，产品则是文化的"直观"呈现。对于美而言，基于"境界层面"的美是"大美"，其与"通美"具有本质之别，大美具有反思性与启发性，通美具有普遍性，内涵反思性与启发性的大美，可对通美具有引领性，故此，与之相连的文化也具引领性；对于产品而言，中国艺术家具位列"引领型产品"范畴，产品若无文化的参与，其走不出"形而下"的层面，产品类型决定了所参与文化的类型，产品是引领型的，其所承载的文化自然不应例外。

通过上述分析可知，需求、定位决定着文化角色，基于"生理层面"的美与基于"心理层面"的美隶属通美，通美具有普遍性，以此为需求，所生产之家具产品为"普及型"产品，借助普及型产品所反映的家具文化隶属"普及型"；基于"境界层面"的美隶属"大美"，大美具有创造性，以此为需求，所造之家具隶属"引导型"产品，借助引导型产品所承载的家具文化应为"引导型"。由此可见，在家具设计中，文化角色包含"普及型"与"引导型"两种，中国艺术家具隶属后者，其内所承载的文化隶属"引导型"角色。

6.3 设计的生命周期性

设计是具有生命周期的，其生命周期可分为三个阶段，即设计生命的旺盛阶段、设计生命的稳定阶段与设计生命的同质阶段，在中国艺术家具中，其生命周期意指两方面，即工的生命周期与美的生命周期。对于工之生命周期而言，其包括工之生命的旺盛阶段、工之生命的稳定阶段与工之生命的同质阶段；对于美的生命周期而言，其包括美之生命的旺盛阶段、美之生命的稳定阶段与美之生命的同质阶段。

6.3.1 工的生命周期

在中国艺术家具中，工是制作过程，其与两个主要因素有关，即技与工具，两者与"工"的生命周期息息相关。对于"技"而言，其有"同时期"之"技"与"不同时期"之"技"的区别，可谓种类繁多、门类不一。"技"是实现主观群体的心理倾向与精神境界的方式与途径，故其并非孤立独存，故此，种类繁多的"技"可分为两类，即以实现"心理倾向"为主的"技"与以实现"精神境界"为主的"技"。心理倾向是大众审美的内在反映，精神境界是小众审美的内在反思。两种形式的"技"具有如下特点，以实现"心理倾向"为主的"技"隶属"效率型"之"技"，以"精神境界"为主的"技"则为"非效率型"之"技"。前者致用于大众，其实现途径与方式（即"技"）与手工劳动或机械生产相辅相成；后者致用于小众，其实现途径与手工艺的实践活动方式同气连枝。"技"作为家具制造的途径与方式，对"工"的生命周期具有影响作用，技的影响表现在两方面：第一，"效率型"技对工之生命周期的影响性。在前述的内容中已提及，工之生命周期包含三个阶段，即旺盛阶段、稳定阶段与同质阶段，"效率型"技对后面两个阶段具有影响性，其影响主要体现在以下两方面：第一，"效率型"技是工之生命周期实现稳定的关键，对于设计而言，稳定与需求的量密切相关，而"效率型"技是满足需求量化的重要途径与方式，由此可见，"效率型"技与工之生命周期的稳定性无法割裂。其次，"效率型技"可加速工之生命周期陷入同质化阶段。同质化是某种实现方式长期存在且以一种现象存在的结果，"效率型"技是借助"效率型"工具遵循"定型式"规律的指导达到量化的一种实现方式与途径，在大众需求未达到饱和状态时，其对工之生命周期的影响隶属积极范畴，但当大众对某一形式的需求达到饱和，"效率型技"对工之生命周期的影响逐渐显露副作用的一面，即同质化阶段的到来。第二，"手工艺型技"对工之生命周期的影响性。该种类型的技与"效率型"技具有本质的差异性，前者是设计创新的实现途径与方式，其对工之生命周期的影响在于生命周期的第一阶段。"手工艺型技"对生命周期的影响表现如下：首先，"手工艺型技"是工之生命周期具有完整性的关键因素。当"效率型技"令工之生命周期从稳定阶段跨入同质化阶段时，若无具有"本质性"创新之"技"的出现，工的生命周期将面临消亡，对于家具而言，消亡的结果意味着文化传承的间断。若出现与"效率型技"具有本质之别的"新实现方式"，工之生命周期则不会因同质化的延续而消亡，换而言之，工内所承载的文化依旧处于传承状态，在此种情况下，工之生命周期即为完整的生命周期。通过分析可知，具有"本质性"创新的实现方式是工之生命周期保持完整性的关键因素，文中所提的"手工艺型技"即为实现工之"本质性"创新的实现方式与途径，其与"效率型"技不属一类。其次，"手工艺型"实现方式具有引导性，其可引导"定型式"规律转型为"类型式"规律。规律是"效率型"技满足大众需求所遵循的指导模式，其包括"定型式"规律与"类型式"规律两种，前者是"效率型"技在同质化阶段时规律所呈现的一种"固定性"模式；后者则是经过"手工艺型技"的引导，规律（指导"效率型"技的规律）出现了转型，即"新规律"的出现。通过上述的分析可知，在工的生命周期中，"手工艺型技"在其中具有引导性。

对于工具而言，其是工之生命周期中的物质性因素，工具与实现方式密不可分，技有"效率型"与"非效率型"之别，工具亦有"效率型"与"非效率型"之差，前者与"标准化"关系密切，后者与"得心应手"相辅相成，以此为基础，笔者将工具分为两类，即"标准化"工具与"得心应手型"工具。在"标准化"工具方面，其主要存在于工之生命周期的后两个阶段，即稳定性阶段与同质化阶段。在此阶段，"标准化"工具存在如下特点：第一，"标准化"工具类似模具，具有速度快之特点。任何对比，均需参照对象，"标准化"工具亦不例外，比起"得心应手型"工具的速度，前者速度更胜一筹。"标准化"工具是手工艺与机械生产之实践活动方式的物质性因素，其目的为实现所做或所产的量化。第二，"标准化"工具存在"形式统一"的特点。"形式统一"是"标准化"工具参与制作或生产出现的一种结果性表现，该种结果具有双面性，其既可令实现工之生命周期的稳定性，亦可导致工之生命周期的同质化。除了"标准型"工具的存在，还有"得心应手型"工具，该工具存在如下特点：首先，"得心应手型"工具是手工艺实践活动方式中的产物，具有灵活、自由与无限的特点；其次，"得心应手型"工具是匠人认知能力的体现，在前述的内容中已提及，匠人有工匠、艺匠与哲匠之别，三者的区别在于三者的认知层面，工具即为外在表现之一，工匠视工具为实现"量化"与"标准"的中介，艺匠与哲匠则视工匠为实现"创新"的桥梁；最后，"得心应手型"工具是实现家具文化引导的关键，文化引导与文化普及具有本质之别，前者是与其他时期或其他阶段文化产生本质差异的关键，后者则是借助量化的形式将差异明显化的推动者。通过简述可知，"得心应手型"工具所具有的特点与"标准化"工具具有本质之别，其在家具设计的生命周期中具有如下作用：首先，保证工之生命周期的顺利运行。家具设计的生命周期分为新鲜期（即旺盛期）、稳定期与衰退期，"得心应手型"工具是工之生命周期保持旺盛的关键性物质要素；其次，缓解工之生命周期的同质化现象。"标准化"工具具有双面性，既是工之生命周期保持稳定的必要条件，亦可导致工之生命周期走向同质化，作为具有引导性的工具，"得心应手型"工具可借助其创新能力缓解因工具的标准化所导致的同质化现象。

综上可知，工之生命周期与两大因素息息相关，即"技"与"工具"，前者有"效率型技"与"手工艺型技"两种，后者有"标准化"工具与"得心应手型"工具两种，各司其职，各有各位，不同类型的"技"与"工具"在工的生命周期中的作用不同，"效率型技"与"标准化"工具具有双面性，既是工之生命周期稳定的保证，也是工之生命周期走向衰退或灭亡的因素；"手工艺型技"与"得心应手型"工具则是工之生命周期得以旺盛的关键，其是引导工之生命周期走出衰退的核心要素。

6.3.2　美的生命周期

美与主观群体的认知相辅相成，认知不同，美亦有别，笔者将美划分为三个层面，即基于"生理层面"的美、基于"心理层面"的美与基于"文化层面"的美。基于"生理层面"的美是主观群体对设计使用功能合理性的一种主观反映；基于"心理层面"的美是主观群体基于"形式轮廓"对设计结果的一种"直观性"反映，基于"心理层面"的美与现象无法分割，因此，此种美具有表象多样性的特点；基于"文化层面"的美是主观群体对一类设计现象的反思，此种美与基于"心理层面"的美截然不同，基于"文化层面"的美与本质息息相关，故此，该种类型的美具有统一性。

对于设计的生命周期而言，美与工相同，是设计生命周期的主要组成部分，美的生命周期分为三类，即美的新鲜期、美的普及期以及美的疲劳期（抑或"同质化"期）。美的新鲜期意指在此阶段的美与其他时期或其他阶段的美具有本质之别，此种不同的美是刺激主观群体心之所向的关键；美的普及期是主观群体追捧或跟风具有"引导性"美的阶段；美的疲劳期是设计的形式轮廓走向同质化的阶段，该阶段致使主观群体的直观反映趋向一致，此种一致化的倾向即为美之同质化现象生成的催化剂。

美生命周期的三个阶段并非孤立存在，其与"工"紧密相连，工是实现美的关键因素。对于家具而言，工可总结为两种，即以"效率"为主的工与以"手工艺"为主的工，前者的工与美生命周期中的"普及期"和"疲劳期"不可分割，后者的工与美生命周期中的"新鲜期"相应一致。在美的普及期与疲劳期中，工的作用与影响表现如下：第一，效率型的工可为美的普及提供必要的途径与方式。普及与引导不同，普及需要借助量化与标准化的途径达到实现的目的，量化即借助效率型的实现方式达到数量上需求，标准化则是将主观群体对设计的个性化需求进行过滤，仅剩共性化需求的一种实现手段，其目的是适应效率型的技与工具。由此可知，处于普及阶段的美离不开效率型的工。第二，效率型工可致使美走向疲劳期。量化过度与标准化失衡是主要原因。除了美的普及期与疲劳期，还存在美的新鲜期，其依旧离不开工的助益，此中的工与普及期和疲劳期的工有所区别，在美的新鲜期中，工隶属"手工艺型"的工，而非"效率型"的工。前者在美之新鲜期中的作用如下：首先，赋予美引导性。美的引导性在于两方面，即为美的普及提供可追捧或跟风的原型与缓解美的疲劳期。其次，赋予美特别性。美的特别性与工的创造性密不可分，"手工艺型"工是赋予美特别性的重要因素。一种美与另一种美具有区别性的关键在于"本质层面"的区别，而非"现象层面"的改良，"手工艺型"工具有灵活、自由与无限的特点，其可令美与普及期和疲劳期的美产生本质之别，此种具有本质之别的美即为"手工艺型"工赋予美的特别性。

综上可知，美具有层面之别，即基于"生理层面"的美、基于"心理层面"的美以及基于"文化层面"的美，美的层面性是主观群体认知差异性的产物，在此情况下，设计中的美产生了生命周期，包括美的新鲜期、美的普及期与美的疲劳期。三者并非孤立存在，其与工密不可分，效率型的工影响美生命周期中的两个阶段，即美的普及期与美的疲劳期。"手工艺型"工则影响美生命周期中的另一阶段，即美的新鲜期。

6.4 审美角度

对于家具设计而言，其有"中国的家具"与"在中国的家具"之别，无论两者中的哪种，内含美之需求后，均涉及"审美角度"的问题。美是思想倾向的产物，若摒除设计，单提审美，其会走向形而上之路，若结合设计，综合考量审美角度，则会走形而中之路，即立足家具角度看待审美。两种态度决定审美的两种立足点，走形而上之路的美是立足哲学角度的产物，走形而中之路的美则是立足家具角度的结果。

6.4.1 哲学角度

中国哲学与西方哲学截然不同，是人生哲学或价值哲学，包括三种表现形式[1-4]，即看待问题的方式、解决问题的途径以及分析问题的表现。在看待问题的方式方面，其包括尚刚、执中与贵柔；在解决问题的途径方面，其倡导以辩证待之；在分析问题的表现方面，其表现不一，具有派别之分，诸如儒家式分析、道家式分析、佛家式分析以及衍生式流派的分析等等，无论隶属何种分析类型，其均离不开两种表现。

对于家具而言，凡立足哲学角度阐述美学的设计，均与中国文化无法分割，换而言之，设计的类型隶属"中国的家具"（非"在中国的家具"）。基于此角度的审美观涉及阴阳和合、中和为道以及天人合一三方面。以此种论点作为审美角度，其特点表现如下：第一，角度不统一。在家具设计中，审美观是设计有无文化根基的关键，角度不统一，文化根基无从显现。第二，未能体现主观群体的某种态度。态度是主观群体审美倾向的关键，应有高度的概括性与引导性，诸如尚刚、执中与贵柔。第三，具体化倾向明显。过于具体等同于教条，此种角度的审美不利于中国文化的传承与发展。

综上可知，哲学也有静态哲学与动态哲学之别，静态哲学是适应所在时代存在的哲学，动态哲学是可传承的哲学，前者表现多种多样，后者是一种态度，即对待问题的态度与解决问题的态度。但就目前的家具设计而言，其审美角度均以静态哲学为对象。

6.4.2　工艺角度

通过对哲学角度的审美观分析，可知其并不是家具设计立足的合适角度，那么，形而中角度的审美观才是立足的正确方向，理由如下：第一，家具是综合体，既离不开形而下，也需要形而上的参与。形而下意指器物的物质层面，形而上意指主观群体的审美（包括心理反应式的美与意境的美）。第二，家具中的物质要素与主观群体的审美需要借助某种实现方式予以转化。第三，作为桥梁的实现方式与途径决定着家具中审美的表达。通过上述的简析可知，家具具有双面性，即物质性的一面（形而下）与精神性的一面（形而上），若无桥梁的转化，家具的两面性难以互融相兼，由此可见，上述所提的桥梁具有上承物质层面，下启精神层面的作用，该桥梁即为家具的实现方式与途径。

在家具的制作与设计中，其实现方式与途径意为"技"，同为"技"，其在不同实践活动方式下，"技"有不同的内涵，对于以手工艺实践活动方式为主的中国艺术家具而言，"技"为"技法"；对于以效率型或量化型（手工劳动或机械化）实践活动方式为主的家具而言，其内涵的"技"意为"技术"。"技法"也好，"技术"也罢，均为将主观群体的审美倾向融入制作或设计之中的途径与方法，以此种方法作为审美的立足似有不妥。审美观是主观群体看待某种家具的态度，该种态度不是对某种实现途径与方法的判断，而是对形而上下结合过程的一种审视，对于中国艺术家具而言，形而上下结合的过程即为制作与设计的互融过程，此过程等同于"工艺"。换而言之，中国艺术家具的审美观就是主观群体对中国艺术家具的工艺的看法与态度，即"工艺观"。

"工艺观"是以手工艺实践活动方式为主的家具的审美观，与"技术观"具有本质之别，前者体现的是主观群体对手工艺的看法与态度，后者则是对实现工具的看法与态度。手工艺灵活自由，具有两方面的优势，即实现文化的传承与本质的创新。文化隶属思想层面，新旧交替，新时代或新阶段的主观群体在思想方面出现了新需求，此种新需求具有矛盾性，表现为两点：第一，新需求与旧需求（即前一时代或前一阶段中主观群体的需求）在对待审美方向上具有一致性；第二，新需求具有求新的欲望，即当下所用与前代或前一阶段有所区别，换言之，新需求与新特色紧密相连。通过分析可知，思想决定需求，对于步入新时代或新阶段的主观群体们，其既希望延续前代文化的启示，还有求新的需求，在此阶段，需求的矛盾性凸显。对于家具而言，若依旧延续以总结前代或前阶段的规律为指导实现需求的满足，恐难达到解决矛盾性的目的。需求矛盾性的关键在于实现方式出现了固化，致使借助于前代或前一阶段相同的实现方式，却无法实现当下主观群体的新需求。手工艺与固化式的实现方式具有本质之别，其可借助灵活与多样的工具与技法满足当下主观群体的新需求，即借助手工艺实现审美方向的一致与求新的欲望，两者是实现文化传承的必要且关键的因素，审美方向（其与审美表现或倾向并非一事）的一致是文化传承保持共性的基础，新特色是推动文化（家具中所承载的文化）共性与时俱进的必要动力。由此可见，手工艺并非仅是一种可以实现当下主观群体新需求的方式或方法，而是需求实现的转化过程。除了文化传承，手工艺还可实现家具的本质性创新，本质性创新是当下主观群体求新意识的结果或产物，其是本时代或本阶段文化出现特色的关键，该特色不是对前代或前一阶段文化的推翻，而是批判式的继承，即继承其中具有启示性的文化或理念，但该种形式的文化或理念需借助符合当下主观群体审美的形式予以呈现，手工艺即为实现上述呈现的实践活动方式。综上可见，手工艺是具有态度的手工艺，而非一种仅为满足需求的途径或方法。详述工艺观的同时，需兼顾对技术观的阐述。技术观是与设计相关的一类人对某种"效率型工具"的看法与态度，效率型工具的特点与手工艺截然相反，其以标准、有限与固定见长。主观群体的需求包括共性化需求（一类主观群体与另一类主观群体类似的需求）与个性化需求（一类主观群体与另一类主观群体具有差异性的需求），效率型的工具只能实现前一类型的需求，故此，其无法达到文化传承的目的与实现本质性的创新，理由如下：第一，效率型工具的目的是量化，量化需规律的参与，借助规律仅是对前代或前阶段固有形式（形制、结构与技法等）的改良式繁衍，无法满足传承目的（即前代或前一阶段思想启示的递承）的实现；第二，效率型工具的特点是标准。标准是满足大多数主观群体需求的一种途径或手段，其外在表现为对某种引导性存在的追风（对于家具而言，其是对于某种引导性审美的追风），在家具设计中，追风只能实现"现象"的"新"，不能达到本质的"新"。由此可见，同为家具中的实现方式，工艺观与技术观具有本质的差异性。

综上可知，家具的审美观既不能立足"哲学角度"，也不是主观群体对某种实现方法或途径的看法与态度，其是一种过程，即借助实现方式或途径（即"技"）将主观群体的审美融入家具的过程，此过程是"工"。由于形成家具实践活动方式有所差异，"工"有"效率型工"与"创造型工"之分，前者以"技术观"为审美观，后者则以"工艺观"为审美观。中国艺术家具是以"手工艺"实践活动方式为主的家具形式，其以"工艺观"为审美观。

6.5 设计的思想体系

设计并非仅是一种解决问题的方法或途径，其是内含思想体系的体系，家具设计作为其中之一，自然不应例外。家具设计的系统离不开审美观、设计方法论、设计目的以及设计方法四方面核心内容的参与。对于审美观而言，其是家具设计立足的关键；对于设计方法论而言，其不仅是反思的结果，也是找寻设计方法的方法；对于设计目的而言，其是预设的设计目标与方向；对于设计方法而言，其是前述三方面要素进入实践环节的途径与手段。

6.5.1 审美观

审美观即主观群体对于设计的看法或态度，在家具设计中，其存在的作用如下：第一，审美观对设计立足的角度具有影响性。通过上述的陈述可知，在家具设计中，审美观存在"立足哲学"角度与"立足实践活动方式"角度。随着实践活动方向的转变（从以"物质生产"为主到"精神文明"的追求），家具也被赋予更多的文化内涵，但此文化内涵是基于使用功能基础上的精神文明，而非脱离使用的形而上。立足哲学角度审视家具设计，其为脱离本体存在（即家具）的一种表现。但另一立足点与之具有本质的差异，实践活动方式是时代特色或思想（包括哲学）完成转化的关键，思想或审美隶属可言无形的东西，若不实施转化，其无法融入特定对象（本书意指家具）中，成为实践活动方式的一部分。通过简析可知，以"哲学角度"为审美观，立足点"面大"且"空"，反之，以"实践活动方式"角度作为立足，既合适又贴切。第二，审美观对设计方向具有影响作用。基于合理的立足点而论，实践活动方式有二，即"效率型"实践活动方式（意指手工劳动或机械化）与"创造型"实践活动方式（意指手工艺），两种实践活动方式具有本质之别，决定着家具设计的走向。立足"效率型"实践活动方式，家具设计走量化之路；立足"创造型"实践活动方式，家具则走手工艺之路。

综上可知，在审美观的问题上，对家具设计的启示如下：首先，家具设计需要审美观，其是承认家具内含文化的一种表现；其次，审美观具有宏观性，立足"哲学"角度与立足"实践活动方式"角度；最后，审美观具有微观性，此微观性是基于宏观立足角度合理的基础上。对于家具设计而言，其审美观应以"实践活动方式"为立足点，实践活动方式包括两类，即"效率型"实践活动方式与"创造型"实践活动方式，中国当代艺术家具以手工艺为之，故其审美观以"创造型"实践活动方式为立足，其他家具若与之同向，审美观不变，若其他家具与之不同，审美观当变。

6.5.2 设计方法论

设计方法论是对设计的一种反思，该种反思涉及如下四方面：第一，家具的存在状态；第二，家具与文化传承的关系；第三，家具的实践活动方式[5-6]；第四，如何选择家具设计的方法论。

对于第一方面，家具的存在状态包括两类：第一，传统家具的存在状态；第二，现代家具的存在状态。家具的存在状态不同，其方法论的找寻与得出也截然相殊。在传统家具的存在状态方面，其包括两种形式的存在，即消失的存在与尚存的存在。消失的存在意指历经朝代的更迭，家具出现消亡，此种消亡代表曾经的存在，即笔者所提的消失的存在。除了消失的存在，还有尚存的传统家具一类，其来源包括两部分，即出土的传统家具与传世的传统家具。在现代家具的存在状态方面，其与传统家具的存在情况不同，现代家具正值当代，其存在较为丰富。家具的存在状态对设计具有影响作用，其影响即为方法论的找寻，对于内含两类存在（消失的存在与尚存的传统家具）的中国传统家具，其所采用的找寻方法论的途径与"量大"且"标准"的现代家具所采用的找寻途径截然不同。中国艺术家具与中国传统家具内涵的造物理念相同，其方法论与基于工业设计的现代家具不可通用。

对于第二方面而言，家具与文化的传承关系密切。在家具设计中，文化的传承意为当下中国家具与中国传统家具的联系，此种联系需要两种力量的助益，即引导性文化与普及性文化，前者的作用在于将两者（当下的中国家具与中国传统家具）的联系借助具有创新能力的实践活动方式，达到所在时代"美之需求"的目的；后者的作用在于借助效率型的实践活动方式，达到所在时代对"量之需求"的目的。当下的中国家具（非"在中国的家具"）包括两种形式，即借助具有创新能力的实践活动方式实现的家具与借助效率型实践活动方式实现的家具，中国当代艺术家具隶属前者，其在文化传承中的角色定位为文化引导型，是文化传承的关键因素。

对于第三方面而言，家具的实践活动方式可分为两大类，即效率型的实践活动方式与创新型的实践活动方式，前者既包括手工劳动，也包括机械生产，手工劳动是中国古代实现量化的一种途径，其可为高效率的工具所替代，机械生产是现代实现量化的一种工具，其可替代手工劳动，实现量的快速繁衍。借助效率型实践活动方式所成的家具具有标准型，可借助对一定量同类型家具的归纳、总结与演绎得到一种具有共性的规律；借助创新型实践活动方式所成的家具具有灵活性，其缓解因"规律定型"所引起的"同质化现象"。

对于第四方面而言，其涉及方法论的找寻途径。方法论的找寻具有两种途径，一为以"规律"为途径进行找寻，二为以"非规律"为途径进行找寻。前者也好，后者也罢，均具有条件性与目的性。之于条件而言，基于"规律"方式的找寻途径，其需被找规律的对象具有"同质性"，且该同质性的家具具有一定数量。此种条件内含两条重要信息：第一，具有"同质性"的家具是效率型实践活动方式的产物；第二，一定的存世量意为此种家具的量较大，即走"量化"途径的家具形式。基于"非规律"方式的找寻途径，其无须借助"量化"与"同质性"为条件。"规律"是对"静态存在"的一种总结与归纳，而"非规律"则是对思想与启示的延续，该种思想或启示是家具与其他的联系或关系。此种条件内含如下信息：第一，借助此种途径找寻的方法论对存世量无要求，故此，较为适合中国传统家具；第二，具有思想或启示的家具应是具有创造性的家具，而非跟风式的家具。除了条件性，找寻方法论还具有目的性，基于"规律"方式的找寻途径，其目的是普及文化，以实现对某种引领型文化的追捧。基于"非规律"方式的找寻途径，其目的是引导文化，实现文化在不同时期的顺利过渡。

通过分析可知，在构建方法论之前，需要反思与方法论相关的因素，在家具设计中，三种因素影响着方法论的选择，即家具的存世状况、家具与文化传承的关系、家具的实践活动方式。家具的存世状况影响方法论的得出方向，有些家具形式可以满足规律总结的条件，但有些家具形式并不满足规律总结的条件。文化传承决定着方法论的形式，以普及型文化为主的家具方法论，其需为"量化"提供指导。以引导型文化为主的家具设计方法论，其需为"关系的构建"提供方向。实践活动方式是家具设计方法论能否践行的根本性决定因素，效率型的实践活动方式决定了家具设计方法论的性质也是效率型的，同理，创造型的实践活动方式决定了家具设计方法论的性质亦为创造型的。中国当代艺术家具设计与中国古代艺术家具和中国近现代艺术家具具有同根性，因此，其方法论的找寻途径既需具有文化传承性，又需具有创造性。

6.5.3 设计目的

设计目的是主观群体预设的设计目标与方向，其具有宏观目的性与微观目的性之别，在宏观目的方面，其是家具设计点合理与否的关键，家具设计有"中国的家具"与"在中国的家具"之别，前者是"中国造物"理论体系的产物，后者是"西方设计"理论体系的结果，由此可见，设计的宏观目的与家具的性质紧密相连。

在微观目的方面，其涉及"设计对象"与"使用对象"两方面内容，设计对象意指家具本身，其在设计目的中的角色为"致用利人"，当以物质资料生产为主时，家具设计的目的是满足使用对象"生理层面"（即家具的舒适性）的需求，当步入精神文明创造的阶段，家具设计的目的则是满足使用对象"心理层面"与"文化层面"的需求，"生理层面"在家具设计中意为使用功能，"心理层面"与"文化层面"则是基于"生理层面"的一种提升。

在家具设计的微观目的中，除了"设计对象"，还有"使用对象"，使用对象即家具设计中的人，人与需求紧密相连。当时值以物质资料生产为主的阶段，所有的人的需求具有相同性，即对"生理层面"满足的需求，换而言之，对家具"使用功能"的高度关注。当进入"求美、求丽与求乐"的阶段，人对家具设计的需求出现差异性，大众追求"心理层面"的满足，小众则关注"文化层面"的提升。在此阶段，家具设计出现本质性的差异，基于"心理层面"需求的家具，其设计偏向感性，该种感性是大众层面的主观群体借助形式轮廓产生的一种直观反应。基于"文化层面"提升的家具，其设计偏向理性，该种设计是小众层面（此处的小众意为对问题的理解深入本质层）的主观群体对一类现象的反思，该种反思对家具文化具有引领作用。

中国当代艺术家具隶属"中国的家具"范畴，但其同基于工业设计的"中国的家具"具有本质之别，中国当代艺术家具是以手工艺实现活动方式为主的家具形式，其设计目的为实现中国造物理念的传承，具体表现如下：第一，借助手工艺的实践活动方式，实现中国当代艺术家具与中国古代艺术家具的顺利衔接（此种衔接意为思想启示的衔接，而非静态形式的挪移）。衔接的重点是中国造物理念的传承与发展，虽同为家具，但古代艺术家具的实践活动方式与当下有别，两者进行衔接时，存在实践活动方式矛盾冲突的问题，手工艺是解决上述冲突，实现顺利过渡与衔接的关键。第二，实现文化引领的目的。文化引领与设计周期紧密相连，中国当代艺术家具是以手工艺为主的家具形式，手工艺实现活动方式具有高度的灵活性，可令家具实现本质性的创新，以缓解同质化现象。第三，构建以中国文化传承为立足的设计方法论。对于家具设计而言，方法论包括立足工业设计角度与立足工艺设计角度两类，前者与规律紧密相连，后者则与思想息息相关，基于规律所构建的方法论涉及物、事以及理三部分内容，基于思想所构建的方法论涉及知与行两部分内容，中国当代艺术家具作为中国造物理念的传承者，其需以构建立足设计角度的方法论为目的。

综上可知，家具设计的目的具有层面性，既有宏观层面，又包含微观层面。宏观层面涉及文化立足，微观层面关乎家具性质。

6.5.4 设计方法

设计方法是设计的思想体系落地实践的桥梁，因此，设计方法并非独立存在，其是联系观的设计方法。

第一，设计方法是审美观下的设计方法。对于家具设计而言，由于实践活动方式不同，主观群体对家具的看法与态度（即审美观）截然不同，基于效率型实践活动方式的家具设计，其审美观的立足点在于"技术美学"，即"技术观"。反之，基于创造型实践活动方式的家具设计，其审美立足点在于"工艺美学"，即"工艺观"。以"技术观"为审美观的家具设计，其设计方法与工业设计紧密相连，以"工艺观"为审美观的家具设计，其设计方法与工艺设计无法分割。与工业设计紧密相连的设计方法，需借助规律的助益，与工艺设计唇齿相依的设计方法，则需思想的配合参悟。

第二，设计方法是方法论下的设计方法。设计方法论即为找寻设计方法的方法，设计方法的本质不同，所得的设计方法也截然不同。基于"事理"为主的设计方法论，其设计方法侧重对"原型"的探究，基于"知行"为主的设计方法论，其设计方法侧重对"关系"的构建。对"原型"的探究是借助总结的方式，得出同一类"原型"的共性，而后以此共性为规律，进行形式轮廓的转化与简化，对"关系"的构建则是借助"跨界"的方式，构建"本物"与"其他物"间的关联性。借助"原型"得出的"共性"是静态的，借助"跨界"构建的"关系性"是动态的，对于家具设计而言，静态的"共性"的不断繁衍，会出现产品同质化的现象，动态的"关系性"则可实现文化的传承。

第三，设计方法是设计目的下的设计方法。设计方法需与设计目的保持同步，即设计方法中蕴含设计的目的性。当家具的实现方式基于效率型实践活动方式，所采用的设计方法应具有"量化"的特征；当家具的实现方式基于创造型实践活动方式，所采用的设计方法应与手工艺相辅相成。

中国当代艺术家具是隶属工艺设计范畴的家具，其设计方法应体现如下方面的特征：第一，中国当代艺术家具的设计方法立足"工艺观"，体现手工艺精神；第二，中国当代艺术家具的设计方法需以借助找寻思想的途径为方法，提出合适的设计方法，即以知行（而非"事理"）作为设计方法提出的途径；第三，中国当代艺术家具的设计方法需结合设计目的，即实现文化的传承、达到文化的引领、缓解当前的同质化。

6.6　小结

中国艺术家具包括中国古代家具、中国近现代家具与中国当代艺术家具，在对其进行研究的过程中，五点具有启示性：

第一，中国艺术家具的实践活动方式。实践活动方式包含效率型实践活动方式（手工劳动与机械生产）与创造型实践活动（手工艺），中国艺术家具的实践活动方式隶属后者，实践活动方式不同，家具的属性与定位具有差异性，效率型实践活动方式与大众化家具密不可分，创造型实践活动方式与小众化家具紧密相连。

第二，实践活动方式与创造性息息相关。对于家具设计，创造性意为本质性的创新，实践活动方式有二，但不是每种方式都能达到本质性创新的目的，效率型实践活动方式包括手工劳动与机械生产，其目的是借助标准化的工具实现家具的量化，由于实现工具特性的限制，借助此种实践活动方式不能达到满足所在时代主观群体需求的创新。除了效率型的实践活动方式，还有创造型实践活动方式的存在，其以手工艺为主。手工艺具有灵活、多样与无限的特点。创造型实践活动既可借助灵活的实践方式与工具体现所在时代的特色，还可满足主观群体的个性化需求。

第三，设计具有生命周期性。设计与人息息相关，人是变量，其审美并非一成不变，正因如此，才有设计周期性的产生。设计的生命周期由两部分组成，即工的生命周期与美的生命周期，两者均会历经新鲜期、稳定期与同质期。在此过程中，既需量化式家具的普及，更需创造性家具的引导，两者良性运转，方能称为健康的设计生命周期。

第四，家具的审美角度问题。审美角度是主观群体是否立足家具角度看待家具的关键。家具的核心是"致用利人"，故其审美观应与家具相辅相成。工艺是家具"致用利人"的核心实现方式，因此，家具的立足点应锁定在"工艺"方面，而非"哲学层面"。

第五，设计的思想体系。就目前而言，家具并非没有思想体系，只是缺失立足中国文化的家具设计思想体系。中国艺术家具隶属综合体，其不仅包括时间中的家具，还包括空间中的家具，两者具有相通的造物理念，此造物理念即为设计的思想体。首先，在审美观方面。中国当代艺术家具与中国古代艺术家具相通，主观群体对中国当代艺术家具的态度与看法不应脱离家具的实践活动方式。其次，在设计的方法论方面。中国当代艺术家具的实践活动方式是手工艺的，手工艺不具标准性，故此，主观群体无法借助统计的途径寻求同类间的规律。鉴于上述所言可知，基于手工艺实践活动方式的中国当代艺术家具无法采用找寻规律的方式得出方法论。除了基于"规律"的方法论，还有基于"思想"的方法论，中国当代艺术家具作为中国文化传承的引导者，需以后者的方法论为指导。再次，在设计目的方面。中国当代艺术家具设计的目的是实现两种需求，即文化传承的需求与引导量化式设计走出同质化的需求。最后，设计方法的提出。中国当代艺术家具的设计方法是手工艺实践活动方式下的设计方法，相较机械生产，其设计方法具有灵活性，灵活性的目的在于实现设计的引导与文化的传承。

第 6 章参考文献

［1］列宁. 哲学笔记［M］. 中共中央马克思恩格斯列宁斯大林著作编译局，译. 北京：人民出版社，1956.

［2］张岱年，方克立. 中国文化概论［M］. 2版. 北京：北京师范大学出版社，2004.

［3］冯契. 逻辑思维的辩证法［M］. 上海：华东师范大学出版社，1996.

［4］陈庆坤. 中国近代启蒙哲学［M］. 长春：吉林大学出版社，1988.

［5］金易，夏芒. 实用美学：技法美学［M］. 成都：四川大学出版社，2016.

［6］季如迅. 中国手工业简史［M］. 北京：当代中国出版社，1998.

术语解析

01 贴金

在器物之上贴饰金箔的过程，在贴饰金箔前，需要在漆地上涂抹金胶，待其出荫后，方可在金胶上贴饰金箔。但是在贴饰的过程中，需用竹夹子夹着金箔和所衬隔金箔的纸片，为了保证金箔粘贴结实，可用手指按拂隔着金箔的纸片，但力度不宜过大，待金箔粘贴紧实后再将纸片撤去。另外，贴金有两种形式，一为"部分"贴金，二为"全部"贴金，对于后者而言，其是"金髹"的做法之一，又名"浑金漆"。

02 上金

将金粉从金筒中倾出，而后用丝绵（茧球）蘸裹金粉，施于打好金胶的器物表面，该过程被称为"上金"，在上金的过程中，需注意的是丝绵所蘸之金粉必须充足饱满，否则会出现"粘不上"的过失。

03 泥金

泥金是将研磨得极细的金粉涂于器物之上，由于所需的金粉要细，故其在金箔的用量方面多于贴金与上金，从《工部则例》的记载中可知"用金量"之不同，在贴金方面，《工部则例》中言："凡平面使漆贴金，内务府、都水司俱无定例。今拟每折见方一尺，用漆朱二钱，罩漆三钱，红金一贴二张五分。"在上金方面，《工部则例》中记载："内务府每折见方一尺用漆五钱，漆朱五钱，红金三贴。都水司每折见方一尺，用漆三钱，漆朱三钱，红金三帖。今拟每折见方一尺，用笼罩漆三钱，漆朱二钱，红金三贴。"在泥金方面，《工部则例》中言："内务府每折见方一尺用金三百二十张，制造库无定例。金拟每折见方一尺用广熟漆一钱，金三十二贴，水胶一钱九分二厘。"由此可见，泥金的金箔用量最大，上金次之，而贴金最少。若要得到极细的金粉，需按此法研磨三次，即将若干张金箔放在瓷釉碟中，将之与胶水调和，然后用手指研磨，直到胶水干凝为止，最后以开水浇入干凝的胶水中，待胶水化开，金粉沉底，将水与胶水一并倒出，只剩金粉于碟中，照此法操作三次，即可得到质地较为细腻的金粉，但在最后一次操作时需注意，所得的金粉需用细箩筛之，才能得到极细的金粉。

04　一贴三上九泥金

该句既包含了明金金髹的三种，即贴金、上金与泥金，还体现了三者之用金量的不同，从贴金到上金再到泥金，所用金箔之量呈逐级递增之势，除此之外，三者所用之金还有性质之别，即金片、金粉与精致金粉的异同。

05　刷丝

即刷子刷出来的细纹，以"纤细分明"为佳，正如杨明所言"如机上经缕为佳"，其产生在匏漆的过程之中，该痕迹是人为所致，而非过失之举。

06　绮纹刷丝

绮纹刷丝与刷丝之别在于形态之上，前者属"曲纹类"，而后者则属"直线类"，绮纹刷丝变化多端，包括流水、洞濛、连山、波叠、云石皴、尤蛇鳞等，从前述之名称中可感知绮纹刷丝之回婉流动的态势。

07　刻丝花

亦为刷迹的一种，刻丝源于宋代（又名缂丝，以通经断纬之工艺为特点），该种刷迹不同于绮纹刷丝，前者之地子与花纹的颜色有别，正如刻丝一般，地子一种颜色，花纹为另一种颜色，而刷丝与绮纹刷丝则与之不同，地子之色与花纹之色并无区别而言。

08 蓓蕾漆

蓓蕾是南方俗语,意为"小疙瘩",类似金银器中的"鱼子纹",将之引入漆艺之中,意在形容漆面的不光滑,该种漆面上的小颗粒是有意为之,并非操作失误所致,为了与平滑的漆面相区别,匠师们将这种附有"小颗粒"的漆面称为"蓓蕾漆",蓓蕾漆是"绞漆变涂"的做法之一。另外,由于纹理形态的差别,可将蓓蕾漆分为秾花(颗粒致密者)、沦漪、海石皴(颗粒较大者)等类型。

09 刷迹

刷迹是人工制造纹饰的一种方式与方法,诸如刷丝、绮纹刷丝与刻丝花等均隶属刷迹之列。

10 刷痕

刷痕与刷迹不同,前者是过失之操作,而后者是为了营造特殊纹理的人为之举,如绮纹刷丝、刻丝花与蓓蕾漆等,均是刷迹所致。但对于刷痕而言,其并非人为所行的一种有意之举,而是由于刷过硬、漆过稠或杂质(漆面、刷与漆中均有可能夹杂杂质)所致。

11 梅花断

形似梅花瓣的断纹。

12 牛毛断

指细密如牛毛的断纹,漆灰薄而坚实的漆器常会出现此种断纹,明代龙吟联珠式琴之上的断纹,便是牛毛断的案例。

13 冰裂断

其形犹如冰裂之状的断纹。

14 蛇腹断

意指长条而平行的断纹，状如蛇腹上的纹理，唐"大圣遗音琴"纸上的断纹，便是蛇腹断的案例。

15 龟纹断

形似龟裂纹的断纹。

16 乱丝断

其状犹如哥釉之"开片"。

17 荷叶断

类似荷叶叶脉的断纹。

18 金箔罩漆开墨

该法与"金箔罩漆开朱"类似，只是对花纹之上纹理的处理方式不同，金箔罩漆开墨是以黑色（墨）勾描花纹之上纹理，此法即杨明所言之"黑理勾描金罩漆"。

19 金箔罩漆开朱

该法与"金箔罩漆开墨"类似，只是对花纹之上纹理的处理方式不同，金箔罩漆开墨是以黑色（墨）勾描花纹之上纹理，此法即杨明所言之"黑理勾描金罩漆"。

20 平金开墨罩漆

即金箔罩漆开墨，是以黑色钩描纹饰之纹理，而后再用漆罩于其上。

21　明金洒金

其与洒金的区别在于是否施以罩漆，明金洒金无须施以罩漆，而洒金则需施加罩漆。

22　浑金描金

即在纯金漆的器物之上再加描花纹的做法，浑金描金的做法有二，一是以"填金"之法成之，即在金漆地子上勾出花纹轮廓，再用有别于地子颜色之金予以填之；二是以"晕金"之法成之（"晕"是古建筑彩画中的术语，而后被漆器领域借鉴），即用不同颜色的金箔从内到外地晕出花纹，所成之花纹深浅有别，层次感较强。利用晕金之法，可遵循"深—浅—深—浅—……"之顺序（花纹的中心颜色最深），正如《营造法式·彩画作制度·五彩遍装》中所言的"叠晕之法，自浅色起，先以青华，次以三青，次以二青，次以大青，大青之内，用深墨压心"，亦可按照以浅开始，逐级变深，而后再浅，最后再深的顺序，无论是何种顺序，均需注意保持每层的轮廓清晰，即所用之色需与地子有所区别。

23　黑漆理

即描金图案中以黑漆勾描纹理的做法。

24　彩金象

即以不同颜色之金箔或金粉（如库金、赤大金与田赤金等）完成物象与纹饰的过程。之于金箔而言，其是采用"贴"之法来实现图案的；之于金粉而言，其则是以"上"之手段形成物象的，除了金之形态的不同外，彩金象描金还有纯金地与非金地之别，对于纯金地而言，其是在金漆地上"贴"或"上"金箔或金粉来完成物象，由于地子均为金色所成，故需时时注意金之色泽的安排。清乾隆时期的三凤纹朱漆描金碗与清云龙纹识文描金长方盒均是此种描金的案例之一。在前者的案例中，凤头的金色呈深黄色，而凤头后飘起的羽毛与凤身则呈浅黄色，这一深一浅便形成了彩金象描金；在后者的案例中，所用之金色与前者亦有区别，匠师以赤色金描述云纹的轮廓，而后再用正黄色金涂填空白之处，这一赤一黄的金色，同样是彩金象描金的案例。

25　金理钩描漆

在胎体之上以漆描画花纹，而后用金色钩描花纹之纹理的过程，称为金理钩描漆。北京故宫博物院所藏之嘉靖双龙纹笔即为金理钩描漆的案例之一。

26　划理描漆

即花纹之上的纹理是以戗刻之法形成的，划理描漆与黑理钩描漆的不同之处在于纹饰中纹理的形式，划理描漆的纹理属"阴"（即纹理低于花纹），而黑理钩描漆中的纹理属"阳"（即纹理高于花纹）。

27　彩油错泥金

其是在器物的漆层上同时施加彩油与泥金两种工艺，以成纹饰图案。提及彩油错泥金，其离不开杨埙的改进与发展，据《皇明之则·杨义士传》中记载"宣德间，尝遣人至倭国，传泥金画漆之法以归，杨埙遂习之，而自出己意，以五色金钿并施，不止旧法纯用金也，故物色各称，天真烂然，倭人见之，亦指称叹，以为不可及"，从中可知，杨埙对这彩油错泥金之法贡献甚大。

28　金银箔贴花

其又名"金箔"，其是青铜之"错金银"在髹漆领域中的递承与变种，即将刻镂完毕的金银箔片粘贴于所需部位，然后髹几道与底色相同的大漆，以使贴花与漆面齐平，待其干燥后，将金银箔片之上漆层打磨掉即可，此项工艺在秦汉时均有存在，如湖北云梦县睡虎地出土的"漆卮"（河北省博物馆）、江苏省扬州市邗江区文物管理委员会所藏之汉银扣贴金箔云虡纹漆奁、安徽省博物馆所藏的汉代彩绘银平脱奁与双层彩绘金银平脱奁（其中的平脱即为"金银箔贴花"），即为现存案例。

29 金银平脱漆器

该工艺是唐代极为繁盛的漆器工艺之一，在《通鉴》《酉阳杂俎》《安禄山事迹》与《杨太真外传》中均讲到平脱器物，如平脱屏风帐、平脱函、平脱盘、平脱叠子（即碟子）、平脱盏与平脱胡平床等，足以证明当时金银平脱漆器的盛行。除了文献的记载，还有部分实物的存在，如日本正仓院所藏的"唐金银平脱漆器葵花镜"与"金银平脱琴"、上海博物馆所藏的唐"羽人飞凤花鸟金银平脱镜"等，均为金银平脱的佳例。通过观察实例上的图案纹饰可知，其虽与错金银、金银箔贴花有着递承关系，但平脱中的纹饰更为精致，如"羽人飞凤花鸟金银平脱镜"中的花鸟、飞碟、羽人、飞鸟等，其上之纹理均以加工精细见长，这便是唐之金银平脱的独特之处，即漆工与金工的互融。在金银平脱漆器中，其制作大致分为三个步骤：一为将加工好的金银片或丝依照设计的纹饰与图案贴覆于漆地之上；二为加涂漆层以便花纹图案与漆地保持齐平，除此之外，加涂漆层还有固定所嵌之金与银的功效；三为干燥后打磨，在磨显花纹的过程中，需注意磨之"度"，否则会出现"抓痕""脱落"等过失。综上可见，金银平脱的制作与错金银和金银箔贴花极为类似。

30 嵌金银丝

金银丝镶嵌是硬木上的一种装饰技法，其虽诞生于明代，但历史可谓悠久至极，从青铜器之上的"金银错"，到汉代的"金银箔贴花"（又名"金箔"）再到唐代的"金银平脱漆器"，均是促进"金银丝"镶嵌技术得以成熟的关键。由于"金银丝"镶嵌的依附性较强（其必须以成型的工艺品为母体），故在明清之时，其常被施以小件工艺品之上以为装饰，随着时间的推移，金银丝镶嵌逐渐突破了原有的局限性，被匠师们将其融入大件的家具设计之中。不仅如此，金银丝在镶嵌技法方面，亦有所创新，即在传统"实嵌"法的基础上，又衍生出"点嵌法""虚嵌法""密嵌法""珠嵌法"等。

31 衬色螺钿

即在螺钿下衬以色漆的做法。

32　嵌镶甸

螺钿高于漆面的做法。

33　嵌宝钿

该法是唐代漆器的装饰方法之一，只不过该种漆器的胎体为青铜。宝钿是螺钿与百宝（如琥珀与玛瑙等）的混合，那么嵌宝钿便是将上述的混合材质嵌于铜镜之上以组成具有装饰性的图案纹饰。

34　虎皮漆

又名"犀皮"与"波罗漆"，其是北京文物行业对犀皮的称谓，"虎皮漆"之所以又名"波罗漆"，原因在于"虎"与"波罗"同义（在唐代的云南南诏，人们称"虎"曰"波罗"），故在漆器中，将颇似虎纹的波罗漆又名为"虎皮漆"。

35　打捻

打捻即犀皮中的"起花"之法，即以"手"或"薄竹片"在稠漆地上推出"小尖儿"的过程，欲想实现犀皮之回转流畅的纹饰，此过程尤为重要，对于手而言，其作为实现工具之一，可随时调节所推之"小尖儿"的位置与方向，故具有灵活、自由与多样之特点；对于"薄竹片"而言，其亦为打捻之工具，为了达到"起花"之效，薄竹片需经做特殊处理，即以烧红的铁条将其烙成齿状，而后用此种特制的竹片按照一定的顺序在稠漆地上刮起花纹。通过比较可知，后者之打捻较前者之打捻简单，但需注意竹片的走向，否则会出现纹饰欠缺流畅之病。

36　屑金金理隐起描金

即在物象上以金勾勒其纹理的处理方式。

37 屑金黑理隐起描金

即在物象上以黑漆勾勒其纹理的处理方式。

38 屑金划理隐起描金

即在物象上以刀划之法成就其纹理的手段。

39 泥金金理隐起描金

即以"金理"（金理指的是用金勾勒纹理的做法）处理物象之纹理的手段。

40 泥金黑理隐起描金

即以"黑理"（黑理指的是用黑漆勾勒纹理的做法）处理物象之纹理的手段。

41 泥金划理隐起描金

即以"划理"（划理即以刀划之法处理纹理的做法）处理物象之纹理的手段。

42 干设色

干设色指的是在堆起纹饰图案的过程中，并未将色料融入堆起物中，而是在完成堆起之后，再将色料擦抹在所堆的纹饰之上，即"擦粉擦抹"。

43 湿设色

其与干设色类似，只是在堆起物象的过程中，色粉不是擦抹在所堆起的纹饰之上，而是将其与"堆起料"混合后再行堆起纹饰，可见，其与"合漆写起"颇为接近。

44 干设色金理隐起描漆

将色粉擦抹于纹饰图案上，而后再以"金理"之法成就纹饰之纹理的做法。

45 干设色黑理隐起描漆

与干设色金理隐起描漆相同，只是纹饰上纹理的处理方式略有差异，干设色黑理隐起描漆是以"黑理"（即用黑漆勾勒纹理）之法处理纹饰之纹理的做法。

46 干设色划理隐起描漆

与干设色金理隐起描漆和干设色黑理隐起描漆亦相同，只是纹饰上纹理的处理方式略有差异，干设色划理隐起描漆是以"划理"（即用刀刻之方式）之法赋予画面以丰富之感。

47 湿设色金理隐起描漆

其与干设色金理隐起描漆类似，只是在堆起物象的过程中，色粉不是擦抹在所堆起的纹饰之上，而是将其与"堆起料"混合后再行堆起纹饰，可见，其与"合漆写起"颇为接近。

48 湿设色黑理隐起描漆

即用色粉与堆起料混合物堆起花纹，而后在花纹纹理上用黑漆加以勾描的过程。

49 湿设色划理隐起描漆

其与湿设色黑理隐起描漆的形成过程相同，只是物象之纹理以"划理"之法成之。

50 镰仓雕

其是日本对先"雕"后"涂刷"朱漆的叫法，在镰仓时代（1185—1333），宋之漆雕经明州（今之宁波）传入日本，日本工匠并未效仿逐层涂漆之一定厚度，而后再行雕刻的做法，而是在木胎上直接髹黑漆，该种做法与商代先雕后髹朱漆的做法类似，由于是镰仓（镰仓位于日本神川县东南部，其是临近相模湾的城市）时代产生，故有"镰仓雕"之称。

51 漆冻

其是一种可塑性很强的灰漆，即以漆冻子作胎，该胎骨常与"堆彩""堆红"工艺结合使用（以"漆冻子"作胎是堆红与堆彩的做法之一，因为除了以冻子为之外，还可采用"漆灰"为之）。

52 红间黑带

其与"乌间朱线"一样，红间黑带亦是剔犀的形式之一，即在红漆层中夹杂黑漆的做法。

53 乌间朱线

其是剔犀所成的效果之一，即在黑漆层中夹杂红漆的做法。

54 针刻

该工艺不仅属于漆器之领域，在青铜器之上（即以尖锐的铁工具刻划纤细的装饰）也有存在。漆器之上的针刻，又称"锥画"，即在尚未干透的漆膜上刻画图案的过程。漆器中之针刻早在春秋战国时就已存在，如山东临淄郎家庄1号墓中的漆器残片、长沙楚墓中出土的战国针刻漆奁即是见证。随着时间的推移，在西汉晚期，"针刻"迎来了繁盛之世，由于木胎等较铜胎易刻，故漆器之针刻已与青铜之"针刻"截然有别。除此之外，对于针刻之工艺的引入与发展，还为日后的"戗金"工艺奠定了坚实的基础。